普通高等教育计算机系列教材

用微课学
3ds Max 2019 中文版
基础案例教程

何柳青　邓　飞　主　编

廖雯昕　副主编

U0225997

电子工业出版社

Publishing House of Electronics Industry

北京·BEIJING

内 容 简 介

本书系统地介绍了 3ds Max 2019 的基础操作和应用技巧,包括 3ds Max 2019 的界面操作、多边形建模、样条线建模、复合建模、材质贴图、环境设置、粒子系统、灯光、渲染等,同时结合实战应用案例,详细讲解了每个知识点,将知识点融会贯通,力求做到举一反三。本书在讲解常用知识的基础上,精心挑选了实战性较强的案例将流程与技巧传授给读者,除了介绍软件原有的基础功能,还讲解了新版本的部分重点功能,并且兼顾了使用旧版本软件的读者,适合大部分读者学习。

本书既可以作为高等院校相关专业教材,又可以作为三维爱好者的自学用书。

图书在版编目(CIP)数据

用微课学 3ds Max 2019 中文版基础案例教程 / 何柳青,邓飞主编. —北京:电子工业出版社,2020.8

ISBN 978-7-121-39507-9

Ⅰ. ①用… Ⅱ. ①何… ②邓… Ⅲ. ①三维动画软件－高等学校－教材 Ⅳ. ①TP391.414

中国版本图书馆 CIP 数据核字(2020)第 165743 号

责任编辑:徐建军   特约编辑:田学清
印   刷:固安县铭成印刷有限公司
装   订:固安县铭成印刷有限公司
出版发行:电子工业出版社
          北京市海淀区万寿路 173 信箱   邮编:100036
开   本:787×1 092   1/16   印张:19.5   字数:512 千字
版   次:2020 年 8 月第 1 版
印   次:2025 年 1 月第 7 次印刷
定   价:58.00 元

前　言

3ds Max 是由美国 Autodesk 公司开发的三维动画渲染和制作的应用软件。3ds Max 的出现大大降低了影视 CG 制作的门槛，它首先运用于电脑游戏和动画制作中，后续开始参与影视作品的制作，本书使用的版本是 3ds Max 2019。3ds Max 具有功能强大、多插件支持、入门难度低、多软件支持接口等特点，是三维爱好者及从业者必学的软件之一。同时，3ds Max 在行业领域中应用甚广，包括游戏制作、建筑设计、动画漫游、栏目包装、影视特效、虚拟现实等，整个行业链已经比较成熟，是三维行业必学的软件之一。为了让广大读者更好地学习该软件，我们组织了两位具有多年行业实战经验与教学经验的教师编写本书，旨在起到抛砖引玉的作用。

本书在章节内容编排上按照院校教学的特点，共分为 14 章。前 12 章主要讲解每一个模块的基础知识，以及涉及此知识点的实战案例。后 2 章为综合应用，结合前面所学内容，并且归纳了一些实用技巧。本书每章按照"学习目标→学习内容→章节知识详解→案例应用→本章小结→课后练习"的布局编排，通过由浅入深的学习方式，令读者对章节知识的整体框架有明确的理解，从而更扎实地学习每个知识点。本章小结对整章重点内容进行了概括，将易犯的错误和重难点罗列出来，加深读者对知识的理解。全书对案例内容进行了严格筛选，力求做到涵盖绝大部分常用知识点，强调案例的实用性和针对性。编者根据多年的教学与实战经验，对本书内容进行了优化和提炼，重点讲解基础知识和常用技巧，力求做到稳打基础、突出重点、理论联系实际。在内容讲解过程中，编者根据经验加入少量提示，以便读者学习和理解，从而减少学习阻力。本书内容充实、条理清晰、图解较多、步骤详细、实用性强，便于读者理解和掌握。

本书有以下特点。

（1）内容符合相关行业的制作要求，如动漫、影视、栏目包装、多媒体应用等，所有案例以实用性为出发点，并且易于掌握。

（2）编者分别是经验丰富的专职教师、网络课程讲师，有多年项目制作经验，曾参与多个商业项目制作，大部分案例取材于实际应用并加以改编，有较高的实战性。

（3）着重对学习方法的应用，对操作步骤加以提炼，并且进行适当总结，通过引导的方式产生发散思维，力求做到举一反三、活学活用。

（4）讲解从零基础开始，做到理论与实战互相兼顾，知识点词条介绍详细并尽量附带图解，操作步骤清晰，读者学习完本书即可做出相应水平的作品。

本书由何柳青、邓飞担任主编，负责章节内容的策划与编写，其中何柳青编写第 4、5、6、7、8、11、12、13 章，邓飞编写第 1、2、3、9、10、14 章。参与本书验证及编写工作的还有廖雯昕，感谢她对本书所做的工作与支持。

为了方便教师教学，本书配有电子教学课件及相关资源，请有需要的教师登录华信教育资源网（www.hxedu.com.cn）注册并免费下载，如有问题可在网站留言板留言或与电子工业出版社联系（E-mail:hxedu@phei.com.cn）。

　　本书是编者在总结多年教学经验和三维制作经验的基础上编写而成的，编者在探索教材建设方面做了许多努力，也对书稿进行了多次审校，但由于编写时间及水平有限，难免存在疏漏之处，希望读者能给予批评指正。

编　者

目　录

第1章

认识 3ds Max 2019

3ds Max 是一款三维建模渲染和动画制作的软件，在计算机上可以快速创建专业品质的 3D 模型、照片级真实感的静止图像及电影品质的动画。本章介绍 3ds Max 2019 的发展与应用、界面布局和基础设置。

学习目标

➢ 了解 3ds Max 2019 的界面布局。
➢ 掌握自定义用户界面的参数设置。
➢ 熟练使用视口控制工具。

学习内容

➢ 3ds Max 的项目工作流程。
➢ 3ds Max 2019 的界面布局。
➢ 自定义用户界面。
➢ 视口配置与视口控制。

1.1 3ds Max 2019 概述

1.1.1 3ds Max 的发展与应用

1. 3ds Max 的发展

3ds Max 的前身是 Discreet Logic 公司基于 DOS 操作系统开发的 3D Studio 系列软件，在 Autodesk 公司将 Discreet Logic 公司并购后，3D Studio 正式更名为 Autodesk 3ds Max。Discreet Logic 公司在 1996 年开发的 3D Studio Max 1.0 是真正意义上能在 Windows 平台上运行的软件，在 1999 年 4 月发布的 3D Studio Max R3 是带有 Kinetix 标志的最后版本。3ds Max 在经历了从 4.0 版到 7.0 版的发展后，正式更名为 Autodesk 3ds Max。2005 年 10 月，Autodesk 公司正式发布了 3ds Max 8。本书讲解的是 Autodesk 3ds Max 2019，它提供了功能非常强大、种类非常丰富的工具集。根据用户反馈，3ds Max 2019 进行了如下改进。

- "轨迹视图"、"场景资源管理器"和"状态集"已经窗口化。
- 当流体微调器表示不确定状态的对象或值时,会提供视觉提示,并且改进共享视图。
- 带纹理的 Autodesk 材质和 VRay 材质可以使用共享视图导出。
- Alembic 与 Maya 的互操作性有所改进,继续提供 Alembic 支持。
- Maya 的自定义属性已分组,用于支持变换和图形属性,并且顶点颜色集与 Maya 导入和导出已兼容。
- 对 OSL 源编辑器进行了改进,改进了边框高亮显示、语法高亮显示和停靠能力。
- 视口得到增强以支持 OSL 功能(如节点属性和改进的"凹凸"贴图支持)。
- 导入 Revit 文件的速度是以前的两倍(取决于数据集)。
- 从 Revit 导入的灯光可以正确工作和渲染,并且改进了"导入"对话框,使其更易于理解和使用。

3ds Max 2019 的启动界面如图 1.1 所示。

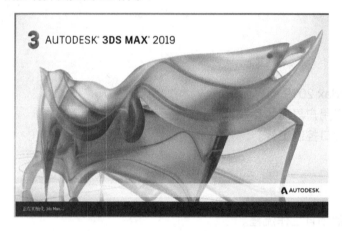

图 1.1　3ds Max 2019 的启动界面

2. 3ds Max 的应用

Autodesk 3ds Max 是一款非常优秀的三维建模渲染与动画制作的软件。3ds Max 由于基于 PC 的低配置要求、灵活的建模方式、支持插件的扩展功能,因此被广泛应用于影视、广告、3D 游戏、建筑室内外表现、工业设计等领域。

在影视动画与特效领域,很多大型影视场景特效和动画角色都会使用 3ds Max 制作。在国内外影视行业中有很多高品质的代表作,如《2012》《阿凡达》《地心历险记》《死神来了 II》《刀锋战士III》《斗魂卫之玄月奇缘》等。3ds Max 在影视动画与特效领域的应用如图 1.2 所示。

图 1.2　3ds Max 在影视动画与特效领域的应用

在电视栏目包装领域，为了增强观众对电视栏目的识别能力和确立品牌地位，往往会使用 3ds Max、AE、Photoshop 等软件制作出艺术品级的效果。3ds Max 在电视栏目包装领域的应用如图 1.3 所示。

图 1.3　3ds Max 在电视栏目包装领域的应用

在建筑室内外表现领域，3ds Max 的强大功能得到了最大程度的应用。使用 3ds Max 的模型、灯光、材质、VRay 渲染器、AfterBurn、DreamScape、Ivy、Trees Storm 等可以制作出照片级的各种场景效果图。3ds Max 在建筑室内外表现领域的应用如图 1.4 所示。

图 1.4　3ds Max 在建筑室内外表现领域的应用

在游戏设计领域，使用 3ds Max 多边形建模技术与贴图技术，配合使用 ZBrush、Unity 3D、Body Paint 等软件，可以制作角色、道具、装备，绘制人物、盔甲、衣服等相关的纹理，制作手 K 动画和各种游戏常规类动作。目前，3D 类的网页游戏、手机游戏、次世代网游、次世代主机游戏非常多，如魔兽世界、古墓丽影、王者荣耀、绝地求生等。3ds Max 在游戏设计领域的应用如图 1.5 所示。

图 1.5　3ds Max 在游戏设计领域的应用

在工业产品设计领域，为了设计出具有一定实用功能和审美价值的工业产品，设计人员往往将 3ds Max 与 Rhino 结合起来制作工业产品模型，即在使用 Rhino 建模后，将模型导入 3ds Max 中，在设置好材质、贴图及灯光后进行渲染，制作出专业级的工业产品模型效果图。3ds Max 在工业产品设计领域的应用如图 1.6 所示。

图 1.6　3ds Max 在工业产品设计领域的应用

1.1.2　3ds Max 的项目工作流程

在一般情况下，使用 3ds Max 在计算机中快速创建专业品质的 3D 模型、具有真实感的静止图像、电影品质的动画等，可以按照以下工作流程进行。

1. 设置场景

在运行 3ds Max 时，会启动一个未命名的新场景。首先设置系统单位，可通过选择"自定义"→"单位设置"命令，在弹出的对话框中进行设置。然后设置栅格间距，可通过选择"工具"→"栅格和捕捉"→"栅格和捕捉设置"命令，在弹出的对话框中进行设置。最后备份和保存场景，经常备份和保存场景可以避免操作失误导致的文件丢失。

2. 创建对象模型

在场景设置完成后就可以创建对象了。在"创建"命令面板中选择对象类型，然后在视口中通过单击或拖动鼠标创建对象；在"修改"命令面板中，通过设置参数和选择合适的修改器修改对象，从而形成 3D 模型。

3. 制作和使用材质

在模型创建完成后，使用材质编辑器制作材质和贴图。首先通过设置基本的材质属性制作具有真实感的单色材质，然后通过应用贴图提高材质的真实度，最后将制作好的材质指定给对象模型，可控制对象曲面的外观。

4. 放置灯光和摄影机

在"创建"命令面板中，可以选择灯光或摄影机的类型放入视口中。首先需要为整个场景提供照明；然后对特定的对象位置提供照明，增加场景的美感和真实感；最后可以设置摄影机动画来产生电影效果，如推拉和平移拍摄。在场景中放置灯光和摄影机就像在电影布景中放置灯光和摄影机一样。

5. 设置场景动画

如果要将场景以动画的形式输出，那么需要给对象设置动画。单击动画控制区的"自动关键点"按钮启用"自动创建动画"工具，拖动时间滑块，并且在场景中变换对象或更改参数，即可创建动画效果。也可以通过打开"轨迹视图"窗口或更改"运动"命令面板中的选项来编辑动画。

6. 渲染场景

在渲染场景之前一般都会定义场景的环境和背景。在"渲染"菜单中选择"环境"或"效果"命令，打开"环境和效果"窗口，可以设置背景颜色或环境贴图来添加效果，并且通过单击工具栏中的"渲染设置"按钮🖼对场景进行渲染。

1.2　3ds Max 2019 的界面布局

3ds Max 2019 主界面默认以暗色显示，为了更好地显示本书中的图片，我们修改了用户界面设置，使主界面以亮色显示。3ds Max 2019 的界面布局如图 1.7 所示。

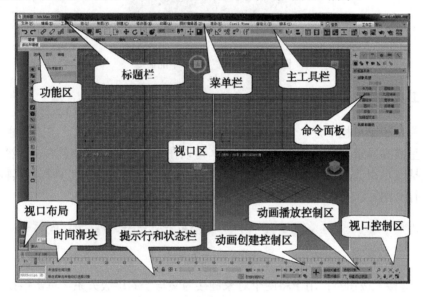

图 1.7　3ds Max 2019 的界面布局

1.2.1　菜单栏

菜单栏位于主界面的上端，包括"编辑""工具""组""视图""创建""修改器""动画""图形编辑器""渲染""自定义""帮助"等共 17 个菜单。每个菜单中都有特定功能的子菜单（功能命令）。菜单栏在 1280px×1024px 的分辨率下能全部显示出来，如图 1.8 所示。

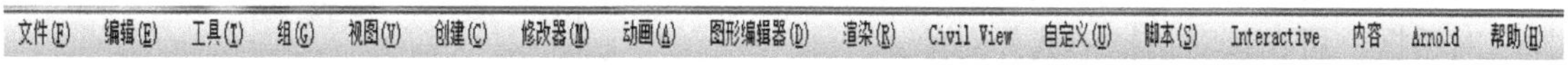

文件(F)　编辑(E)　工具(T)　组(G)　视图(V)　创建(C)　修改器(M)　动画(A)　图形编辑器(D)　渲染(R)　Civil View　自定义(U)　脚本(S)　Interactive　内容　Arnold　帮助(H)

图 1.8　菜单栏

在菜单栏中单击"文件"按钮，会弹出"文件"菜单列表，包括"新建""重置""打开""保存""另存为""导入""导出""发送到""参考""项目""文件属性"等命令，命令后面的三角形表示还有次级命令，如图 1.9 所示。

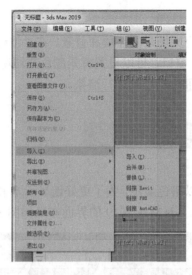

图 1.9 "文件"菜单中的命令

1.2.2 主工具栏

主工具栏位于菜单栏下方，包括大部分常用工具，如图 1.10 所示。主工具栏中被选中的工具按钮会呈高亮显示。如果要添加更多工具，可以在工具栏的空白位置右击，然后根据需要在弹出的快捷菜单中选择相应的工具。主工具栏中的每个按钮对应的工具都有其特定的功能，下面分别进行介绍。

图 1.10 主工具栏

"选择并链接"按钮：用于将两个对象链接为父与子的层级关系。单击该按钮，选择一个或多个对象作为子对象，然后将链接光标从选定对象拖到单个父对象。

"断开当前选择链接"按钮：单击该按钮可切断选定对象与其父对象之间的链接。

"绑定到空间扭曲"按钮：用于将场景中的选定对象绑定到空间扭曲对象上。单击该按钮，在要绑定的对象和空间扭曲对象之间拖出一条线，空间扭曲对象会闪烁片刻以表示绑定成功。空间扭曲能创建使其他对象变形的力场，从而创建出涟漪、波浪等效果。

"选择对象"按钮：用于选择场景中的对象。

"按名称选择"按钮：用于按名称选择场景中的对象。单击该按钮，弹出"从场景中选择"对话框，可在该对话框中选择对象。

"矩形选择区域"按钮：用于选择矩形区域内的对象。按住该按钮即可弹出相关按钮列表，从上到下依次为"矩形选择区域"按钮、"圆形选择区域"按钮、"围栏选择区域"按钮、"套索选择区域"按钮和"绘制选择区域"按钮。

"窗口/交叉"按钮：用于在窗口模式和交叉模式之间进行切换。在交叉模式中，可以选择所选区域内的所有对象或子对象，以及与所选区域边界相交的对象或子对象。在窗口模式中，只能选择所选区域内的对象或子对象。

"选择并移动"按钮：用于移动场景中的对象。先单击该按钮，然后选择场景中的对象，就可以拖动鼠标按照坐标轴方向移动该对象了。

"选择并旋转"按钮：用于旋转场景中的对象。先单击该按钮，然后选择场景中的对象，就可以拖动鼠标按照坐标轴方向旋转该对象了。

"选择并均匀缩放"按钮：用于均匀缩放场景中的对象。按住该按钮即可弹出相关按钮列表，从上到下依次为"选择并均匀缩放"按钮、"选择并非均匀缩放"按钮和"选择并挤压"按钮。

"使用轴点中心"按钮：用于确定缩放和旋转等操作的几何中心的访问方法，按住该按钮即可弹出相关按钮列表，从上到下依次为"使用轴点中心"按钮、"使用选择中心"按钮和"使用变换坐标中心"按钮。

"选择并操纵"按钮：通过在视口中拖动操纵器来编辑对象、修改器和控制器的参数。在"选择对象"按钮或其他对象操作按钮为激活状态时单击该按钮才可以操纵对象。但在选择一个操纵器辅助对象之前必须禁用"选择并操纵"按钮。

"键盘快捷键覆盖切换"按钮：用于在只使用主界面快捷键和同时使用主快捷键和组快捷键之间进行切换。

"捕捉开关"按钮：用于在创建和变换对象期间捕捉现有几何体的特定部分，也可以捕捉栅格切换、中点、轴点、面中心和其他选项。

"角度捕捉切换"按钮：用于将场景中的对象以设置的增量围绕指定坐标轴旋转。在默认情况下，旋转角度以 5° 递增。

"百分比捕捉切换"按钮：用于将场景中的对象按指定的百分比缩放，默认值为 10%。

"微调器捕捉切换"按钮：用于设置 3ds Max 中所有微调器单击一次的增加值或减少值。

"管理选择集"按钮：单击该按钮，弹出"命名选择集"对话框，在该对话框中可以管理当前命名选择集；如果在选中某个子对象后单击该按钮，则弹出"编辑命名选择"对话框，在该对话框中可以管理子对象的命名选择集。

"镜像"按钮：单击该按钮，弹出"镜像"对话框，在该对话框中可以设置相应的参数。

"对齐"按钮：用于将当前选择的对象与目标对象对齐。按住该按钮即可弹出相关按钮列表，从上到下依次为"对齐"按钮、"快速对齐"按钮、"法线对齐"按钮、"放置高光"按钮、"对齐摄影机"按钮和"对齐到视图"按钮。

"场景资源管理器"按钮：用于组织和管理复杂场景中的对象。可以新建层，查看和编辑场景中所有层的设置及与其相关联的对象，指定光能传递解决方案中的名称、可见性、渲染性、颜色、对象及包含的层等。

"显示功能区"按钮：单击该按钮，即可显示功能区。功能区界面是高度自定义的上下文相关工具栏，包含"建模"选项卡、"自由形式"选项卡、"选择"选项卡、"对象绘制"选项卡和"填充"选项卡。

"曲线编辑器"按钮：单击该按钮，打开曲线编辑器。曲线编辑器可以处理在图形中表示为函数曲线的运动。使用曲线上的关键点及其切线控制柄，可以轻松查看和控制场景中各个对象的运动和动画效果。

"图解视图"按钮：图解视图是基于节点的场景图，通过它可以访问对象属性、材质、控制器、修改器、层次和不可见场景关系。

"材质编辑器"按钮：用于创建和编辑材质及贴图，包括精简材质编辑器和 Slate 材质编辑器两个材质编辑器界面。

"渲染设置"按钮：单击该按钮，弹出"渲染设置"窗口，在该窗口中有多个选项卡，可根据需要对相关参数进行设置。

"渲染帧窗口"按钮：单击该按钮，打开"渲染帧窗口"，根据需要选择渲染区域并对其进行相应的操作。在设置完成后，单击窗口中的"渲染"按钮，即可开始渲染。

"渲染产品"按钮：又称"快速渲染"按钮。单击该按钮可以直接显示渲染效果。

1.2.3 命令面板

命令面板位于主界面的右侧，包括"创建""修改""层次""运动""显示""应用"共 6 个命令面板，每个命令面板中都包含多个选项，如图 1.11 所示。

图 1.11 命令面板

"创建"命令面板：包含用于创建对象的控件，这是在 3ds Max 中构建新场景的第一步。"创建"命令面板中包括"几何体""图形""灯光""摄影机""辅助工具""空间扭曲""系统"共 7 种对象类型。

"修改"命令面板：包含将"修改器"应用于对象及修改可编辑对象的控件，可以显示场景中被选对象的名称、颜色和基本属性，在"修改器"列表中，有 3 种不同类型的"修改器"可供选择。

"层次"命令面板：包含管理层次、关节和反向运动学中链接的控件。"层次"命令面板中包含"轴""IK""链接信息"共 3 个选项卡。"轴"选项卡用于调整对象轴点的位置和方向。反向运动学"IK"是在层次链接概念基础上创建的设置动画的方法，该选项卡用于翻转链操纵的方向。"链接信息"选项卡中包含"锁定"卷展栏和"继承"卷展栏，"锁定"卷展栏中的参数主要用于阻止锁定对象沿着特定轴变换，"继承"卷展栏中的参数主要用于约束选定对象继承其父对象的"移动""旋转""缩放"变换。

"运动"命令面板：包含"指定控制器"卷展栏、"PRS 参数"卷展栏、"位置 XYZ 参数"卷展栏、"关键点信息（基本）"卷展栏和"关键点信息（高级）"卷展栏。

"显示"命令面板：包含用于隐藏和显示对象的控件，以及其他显示选项。使用"显示"命令面板可以隐藏、取消隐藏、冻结和解冻对象，改变对象的显示特性，加速视口显示，以及简化建模步骤。

"实用程序"命令面板：包含用于管理和调用实用程序的控件。

1.2.4 视口区

1．常用视口类型

在默认情况下，3ds Max 2019 的视口区有 4 个视口，分别用于显示顶视图、前视图、左视图、透视图，分别可以通过快捷键 T、F、L、P 切换视口。视口区左边有一个"四元菜单"按钮，表示当前的视口布局是标准视口布局。单击"创建新的视口布局选项卡"按钮，弹出"标准视口布局"选项列表，其中共有 12 种布局选项可供选择，如图 1.12 所示。

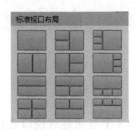

图 1.12 "标准视口布局"选项列表

2．视口配置

在菜单栏的"视图"菜单中，找到"视口配置"子菜单，或者右击视口控制区，弹出"视口配置"对话框，该对话框中包括"背景""布局""安全框"等选项卡，如图 1.13 所示。其中，"背景"选项卡用于对视口的背景进行配置，"安全框"选项卡用于设置在活动视口中显示安全框。透视图中间的黄色线框就是安全框，如图 1.14 所示。

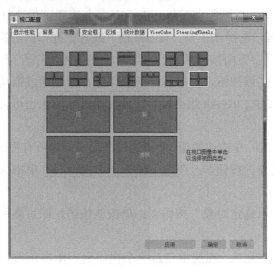

图 1.13 "视口配置"对话框

3．"视口标签"菜单

在 3ds Max 2019 的每个视口左上角有 3 个标签按钮，用于控制视口显示。单击"常规视口标签"按钮，可以设置最大化视口、显示栅格和配置视口等；单击"观察点视口标签"按钮，可以切换视图类型、显示安全框等；单击"标准视口标签"按钮，可以设置高质量、性能、照明和阴影等；单击"明暗处理视口标签"按钮，可以选择对象在视口中的显示方式，在透视图中默认为"真实"显示方式，在其他视图中默认为"线框"显示方式。

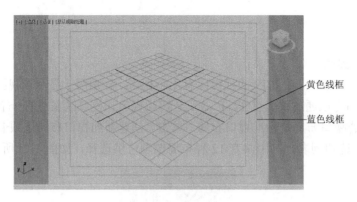

图 1.14　安全框

1.2.5　视口控制区

在 3ds Max 2019 主界面右下角的 8 个按钮是对视口进行控制的工具。在透视图激活的状态下，视口控制区如图 1.15 所示；在正交视图激活的状态下，视口控制区如图 1.16 所示。

图 1.15　透视图视口控制区

图 1.16　正交视图视口控制区

部分按钮的右下角有一个黑色小三角，表示有多个选项可供选择。在单击某个按钮后，该按钮会呈高亮显示，表示选择该工具；按 Esc 键，或者在视口区右击，该按钮取消呈高亮显示，表示取消选择该工具。下面按照从左到右、从上到下的顺序介绍各个按钮的功能。

"缩放"按钮：单击该按钮，再单击一个视口区，即可通过拖动鼠标对该视口中的视图进行缩小或放大操作；按住 Ctrl+Alt 组合键，并且滚动鼠标滚轮也可以对该视图进行缩小或放大操作。

"缩放所有视图"按钮：单击该按钮，即可通过拖动鼠标对所有视图进行缩小或放大操作。

"最大化显示选定对象"按钮：在选中任意一个视口后，单击该按钮，即可将该视口中所有可见对象最大化显示。

"所有视图最大化显示选定对象"按钮：单击该按钮，即可将所有视口中的可见对象最大化显示。

"最大化视口切换"按钮：在选中任意一个视口后，单击该按钮，即可将选中的视口在正常大小和全屏大小之间进行切换。

"缩放区域"按钮：对单个视口中的选定区域进行缩放操作。在单击该按钮后，即可在任意一个视口中用鼠标拖曳出一个虚线矩形框形状的选定区域，可以对选定区域中的任意对象进行放大或缩小操作。

"视野"按钮：调整视口中可见的场景数量和透视光斑量。在单击该按钮后，在透视图中向下拖动鼠标可以加大视野角度、缩短镜头长度、显示更多的场景、扩大透视图范围，反之将缩小视野角度、增加镜头长度、显示更少的场景、使透视图展平。

"平移视图"按钮：对选定视图进行平移操作。在单击该按钮后，可以在任意一个视图中通过拖动鼠标对该视图进行移动。

"2D 平移缩放模式"按钮：2D 平移缩放模式可用于平移或缩放视口，无须更改渲染帧。在透视图或摄影机视图中不显示此弹出按钮，而是显示"平移和穿行"弹出按钮，在正交视图中仅显示"平移"按钮。

"环绕"按钮：对单个视口进行角度调节，将视口中心作为旋转中心。

"环绕子对象"按钮：将当前选定子对象的中心作为旋转中心。

1.2.6　动画/时间控制区

动画/时间控制区位于 3ds Max 2019 主界面下方，用于控制动画的播放效果。动画控制区和时间控制区分别如图 1.17 和图 1.18 所示。

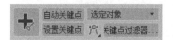

图 1.17　动画控制区

图 1.18　时间控制区

"自动关键点"按钮：单击该按钮，切换至"自动关键点"动画模式，在该模式下，对场景中对象的位置、旋转和缩放等的更改都会自动生成关键帧。在"自动关键点"按钮处于非激活状态下，这些更改会应用到第 0 帧。

"设置关键点"按钮：单击该按钮，切换至"设置关键点"动画模式，在该模式下，可以使用"设置关键点"按钮和"关键点过滤器"按钮的组合，为选定对象的各个轨迹创建关键点。

"新建关键点的默认入/出切线（自动切线）"按钮：该按钮提供快速设置默认切线类型的方法。改变切线类型不会影响现有的关键帧，只会影响新的关键帧。

"关键点过滤器"按钮：可以指定在使用"设置关键点"按钮时创建关键点所在的轨迹。默认轨迹为"位置"、"旋转"、"缩放"和"IK 参数"。

"时间配置"按钮：单击该按钮，弹出"时间配置"对话框，在该对话框中可以对帧速率、时间显示、播放和动画进行设置，可以更改动画的时长，还可以设置活动时间段和动画的开始帧和结束帧。

1.3　3ds Max 2019 的基础设置

1.3.1　案例丨——自定义用户界面

步骤 1：启动 3ds Max 2019，选择"自定义"→"加载自定义用户界面"命令，在弹出的"加载自定义用户界面方案"对话框中有 3 种 UI 文件，如图 1.19 所示，在选择"ame-light.ui"文件后主界面会呈亮色显示。

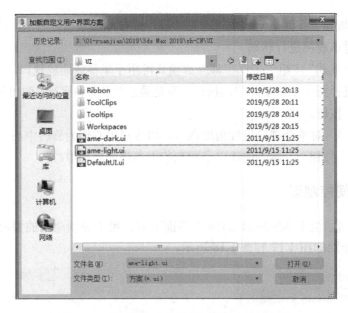

图 1.19　"加载自定义用户界面方案"对话框

步骤 2：选择"自定义"→"自定义用户界面"命令，在弹出的"自定义用户界面"对话框中选择"颜色"选项卡，在"元素"下拉列表中选择"视口"选项，然后在下面的列表框中选择"视口背景"选项，单击右边的"颜色"色块，在弹出的"颜色选择器"对话框中选择白色，如图 1.20 所示。单击"确定"按钮，返回"自定义用户界面"对话框，单击右边"立即应用颜色"按钮，除透视图的视口外，其他 3 个视口的背景颜色都变成了白色，如图 1.21 所示。

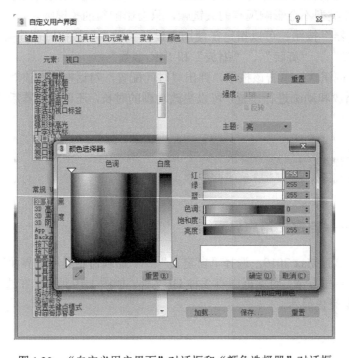

图 1.20　"自定义用户界面"对话框和"颜色选择器"对话框

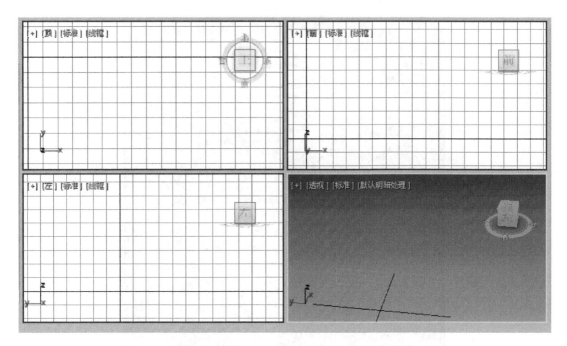

图 1.21 除透视图的视口外，其他 3 个视口的背景颜色变成白色

步骤 3：如果要还原视口背景颜色，可以再次单击"自定义用户界面"对话框中的"颜色"色块，在弹出的"颜色选择器"对话框中将"亮度"的值修改为 125，如图 1.22 所示。单击"确定"按钮，返回"自定义用户界面"对话框，单击"立即应用颜色"按钮即可。

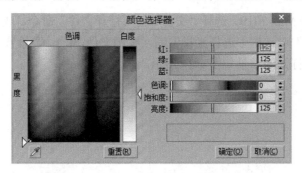

图 1.22 恢复视口背景颜色

1.3.2 案例 Ⅱ——文件自动备份

3ds Max 2019 在运行过程中占用的系统资源较多，容易出现文件自动关闭或死机的现象，解决方法是文件备份。

步骤 1：启动 3ds Max 2019，选择"自定义"→"首选项"命令，弹出"首选项设置"对话框。

步骤 2：在"首选项设置"对话框中选择"文件"选项卡，在"文件处理"选区中勾选"保存时备份"复选框，在"自动备份"选区中可根据需要修改"Autobak 文件数"和"备份间隔（分钟）"的值，如图 1.23 所示。

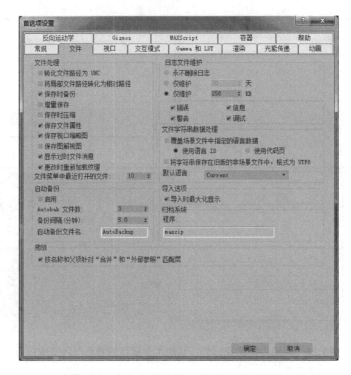

图 1.23 "首选项设置"对话框的参数设置

1.3.3 案例Ⅲ——设置系统单位

步骤 1：启动 3ds Max 2019，选择"文件"→"打开文件"命令，或者按 Ctrl+O 组合键，在弹出的"打开文件"对话框中选择素材中的"案例文件\第 1 章\设置系统单位.max"文件，单击"打开"按钮，打开的场景如图 1.24 所示。

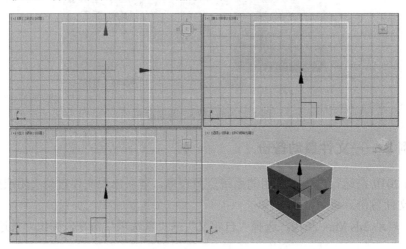

图 1.24 "设置系统单位.max"文件的场景

步骤 2：选中场景中的长方体，单击"修改"命令面板按钮，在下面的"参数"卷展栏中可以看到"长度""宽度""高度"的值均为 50.0，没有单位。选择"自定义"→"单位设置"命令，弹出"单位设置"对话框，在"显示单位比例"选区中选择"公制"单选按钮，在下面的下拉列表中选择"毫米"选项，如图 1.25 所示。

　　步骤 3：单击"单位设置"对话框中的"系统单位设置"按钮，弹出"系统单位设置"对话框，在"系统单位比例"选区中设置"1 单位=1.0 毫米"，如图 1.26 所示。依次单击两次"确定"按钮，在"修改"命令面板中的"参数"卷展栏中即可显示对应的毫米单位。

图 1.25　"单位设置"对话框　　　　　　　图 1.26　"系统单位设置"对话框

1.3.4　案例Ⅳ——视口布局设置

　　步骤 1：启动 3ds Max 2019，选择"文件"→"打开文件"命令，或者按 Ctrl+O 组合键，在弹出的"打开文件"对话框中选择素材中的"案例文件\第 1 章\视口布局设置.max"文件，单击"打开"按钮，打开的场景如图 1.27 所示。

图 1.27　"视口布局设置.max"文件的场景

　　步骤 2：选择"视口"→"视口配置"命令，弹出"视口配置"对话框，如图 1.28 所示。选择"布局"选项卡，然后选择第二行第三个图标，单击"确定"按钮，设置视口布局后的场景如图 1.29 所示。此外，可以单击视口区左边的"创建新的视口布局选项卡"按钮，在弹出的"标准视口布局"选项列表中进行设置。

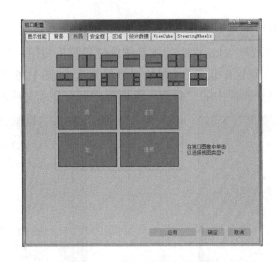

图 1.28　"视口配置"对话框

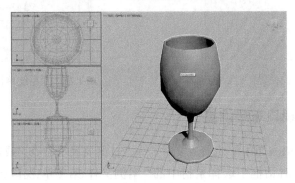

图 1.29　设置视口布局后的场景

1.3.5　案例Ⅴ——使用视口控制工具

步骤 1：启动 3ds Max 2019，选择"文件"→"打开文件"命令，或者按 Ctrl+O 组合键，在弹出的"打开文件"对话框中选择素材中的"案例文件\第 1 章\使用视口控制工具.max"文件，单击"打开"按钮，打开的场景如图 1.30 所示。

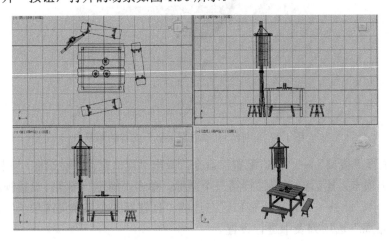

图 1.30　"使用视口控制工具.max"文件的场景

步骤 2：在透视图激活的状态下，单击视口控制区中的"缩放"按钮 ，在透视图中向上拖动鼠标，放大显示透视图中的对象，如图 1.31 所示。单击"最大化显示"按钮 ，最大化显示透视图中的对象，如图 1.32 所示。

图 1.31　单击"缩放"按钮后的放大效果

图 1.32　单击"最大化显示"按钮后的效果

步骤 3：单击"缩放所有视图"按钮 ，在任意一个视口中向下拖动鼠标，将所有视口缩小成如图 1.33 所示的状态。然后单击"所有视图最大化显示选定对象"按钮 ，将所有视口中的对象都最大化显示，如图 1.34 所示。但视口控制区中的"缩放所有视图"按钮 仍然处于激活状态并呈高亮显示，按 Esc 键即可取消激活。

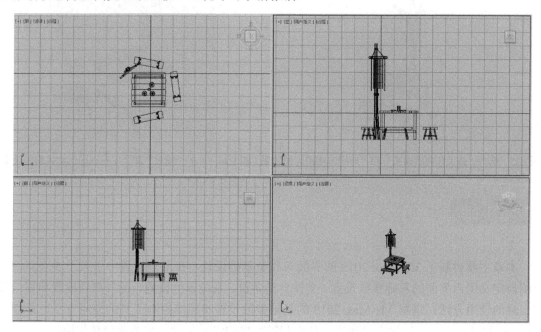

图 1.33　单击"缩放所有视图"按钮后的效果

步骤 4：在透视图激活的状态下，单击视口控制区中的"最大化视口切换"按钮 ，此时场景中只显示透视图，单击视口控制区中的"环绕"按钮 ，将透视图中的角度调节为如图 1.35 所示的状态。

步骤 5：单击视口控制区中的"缩放"按钮 ，将对象放大，继续单击视口控制区中的"平移视图"按钮 ，将透视图平移到如图 1.36 所示的位置。

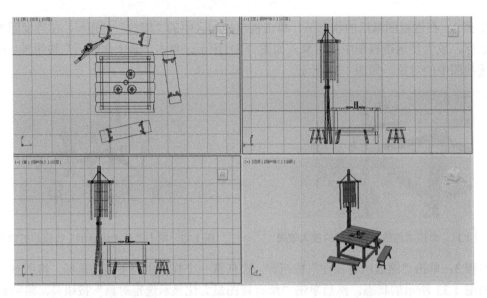

图 1.34　单击"所有视图最大化显示选定对象"按钮后的效果

图 1.35　单击"最大化视口切换"和"环绕"按钮后的效果　图 1.36　单击"缩放"和"平移视图"按钮后的效果

本章小结

本章主要讲解了 3ds Max 2019 的界面布局及基础设置，在基础设置中引入了 5 个案例来介绍自定义用户界面的基础参数设置、文件自动备份、系统单位设置、视口布局设置和视口控制工具的使用方法。掌握 3ds Max 2019 的基础参数设置和视口控制工具的使用方法，是学习 3ds Max 的第一步，为后续学习建模、灯光和摄影机的设置起到了重要的铺垫作用。

课后练习

一、选择题

1．3ds Max 由（　　）公司开发。

A．Autodesk　　　　　B．Adobe　　　　　C．Microsoft　　　　　D．Macromedia

2．下列视图不是 3ds Max 2019 的 4 个默认视图之一的为（　　）。

A．顶视图　　　　　　　B．右视图　　　　　　　C．前视图　　　　　　　D．透视图

3．按键盘上的（　　）键，可以将当前视图切换为顶视图。

A．F　　　　　　　　　　B．T　　　　　　　　　　C．L　　　　　　　　　　D．U

4．在 3ds Max 中，按（　　）组合键可以打开文件。

A．Alt+Q

B．Ctrl+O

C．Alt+N

D．Ctrl+N

5．以下关于单位设置叙述正确的是（　　）。

A．可以通过"重缩放世界单位"更改系统单位设置

B．不可以自定义显示单位比例

C．主栅格单位随系统单位中的设置更改而更改

D．"单位设置"对话框中"公制"的最小单位为毫米（mm）

二、思考题

在 3ds Max 2019 的主工具栏中，可以用于选择场景中的对象的按钮有哪些？

第 2 章

3ds Max 2019 场景对象的操作

3ds Max 2019 提供了许多工具，并不是在每个场景的工作中都会用到所有工具，但基本在每个场景的工作中都会使用"选择对象""选择并移动""选择并旋转"等工具进行操作，"对齐"和"捕捉开关"工具的使用频率也很高。因此，本章主要介绍创建场景对象时的基本操作工具。

学习目标

➢ 了解对象属性的查看方法。
➢ 掌握对象的基本操作工具的使用方法。

学习内容

➢ 3ds Max 对象的选择。
➢ 3ds Max 对象的变换。
➢ 3ds Max 对象的复制。
➢ 3ds Max 对象的对齐和捕捉。

2.1 对象的属性

在 3ds Max 2019 中，创建的对象不仅有自身的固有属性，还可以通过相关命令为其设置通用属性，这些通用属性主要用于控制对象在场景中是否隐藏、是否参与渲染等全局设置。下面通过实际操作讲解对象属性的基本信息。

步骤 1：启动 3ds Max 2019，选择"文件"→"打开文件"命令，或者按 Ctrl+O 组合键，在弹出的"打开文件"对话框中，选择素材中的"案例文件\第 2 章\对象的属性.max"文件，单击"打开"按钮，打开的场景如图 2.1 所示。

图 2.1 "对象的属性.max"文件的场景

步骤 2：右击场景中"房子"模型的墙体部分（红色），在弹出的快捷菜单中选择"对象属性"命令，如图 2.2 所示，打开"对象属性"对话框，如图 2.3 所示。

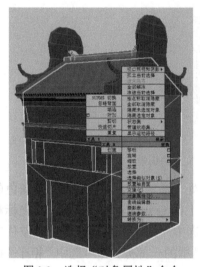

图 2.2 选择"对象属性"命令

图 2.3 "对象属性"对话框

步骤 3：在"对象属性"对话框中，将"名称"文本框中的内容删除，然后输入自定义的名称"墙"，即可将对象的名称由原来的"Box01"修改为"墙"。单击"名称"文本框后的色块█，弹出"对象颜色"对话框，如图 2.4 所示。在"对象颜色"对话框中的调色板中选择蓝色，单击"确定"按钮，即可将"墙"对象的颜色更改为蓝色。

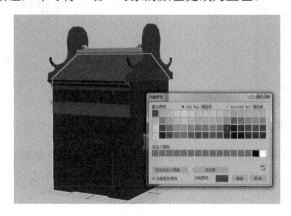

图 2.4 "对象颜色"对话框

2.2 对象的选择

3ds Max 软件的大多数操作，都是针对场景中某个或某几个选定的对象进行的，在使用各种命令之前，必须先选择对象，因此对象的选择操作非常重要。在 3ds Max 中进行选择操作有很多种方法。使用鼠标和键盘配合进行选择，再结合使用各种命令，是最常用的方法。

1．基本选择

步骤 1：启动 3ds Max 2019，按 Ctrl+O 组合键，在弹出的"打开文件"对话框中选择素材中的"案例文件\第 2 章\对象的选择.max"文件，单击"打开"按钮，打开的场景如图 2.5 所示。

图 2.5 "对象的选择.max"文件的场景

步骤 2：确认主工具栏中的"选择对象"按钮■处于激活状态，如果按钮是灰色的，则表示该按钮未被激活，可以直接单击该按钮或按键盘上的 Q 快捷键将其激活。将光标移动到"柜子"模型上方，光标变成十字形，此时单击即可选中"柜子"模型。也可以按住鼠标左键进行拖动，会形成一个虚线框，只要框住"柜子"模型的一部分，即可选中"柜子"模型，如图 2.6 所示。注意，选中的对象会显示线框效果，如图 2.7 所示。

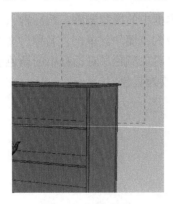
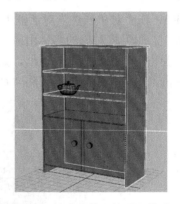

图 2.6 框选效果   图 2.7 被选中的"柜子"模型

步骤 3：按住键盘上的 Ctrl 键并单击其他对象，被单击的对象都会处于被选中的状态，如图 2.8 所示。如果按住 Alt 键并单击已经选中的对象，那么被单击的对象会取消被选中形态，如图 2.9 所示。

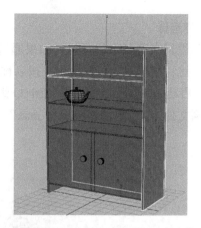

图 2.8　按住 Ctrl 键选中"茶壶"模型　图 2.9　按住 Alt 键取消选中"茶壶"模型及其所在的"隔板"模型

步骤 4：在主工具栏中按住"矩形选择区域"按钮▣，在弹出的下拉列表中单击"圆形选择区域"按钮▣，如图 2.10 所示，可将虚线选框变为圆形效果，圆形选择区域中的对象都会被纳入选定的范围，如图 2.11 所示。除了"矩形选择区域"按钮▣、"圆形选择区域"按钮▣，还有"围栏选择区域"按钮▣、"套索选择区域"按钮▣及"绘制选择区域"按钮▣，用户可以根据需要自由选择。

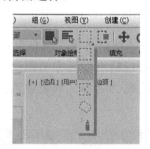

图 2.10　选择区域下拉列表　　　　图 2.11　圆形选择区域选定对象

步骤 5：在主工具栏中单击"窗口/交叉"按钮▣，可将其切换为▣状态。也就是说，在该按钮处于▣状态时，该按钮为"交叉"工具，此时进行区域框选，只要选择区域某部分与对象交叉即可选中对象；在该按钮处于▣状态时，该按钮为"窗口"工具，此时进行区域框选，必须圈住整个对象才能将对象选中。如果要选中"柜子"模型，那么可以在"窗口/交叉"按钮处于▣状态时进行如图 2.12 所示的操作。

图 2.12　框选"柜子"模型

2．按名称选择

在创建和编辑大型复杂场景时，如果通过简单的鼠标和键盘操作进行选择，很难精准地选中对象，在这种情况下，可以使用"按名称选择"工具选择对象。

步骤 1：启动 3ds Max 2019，按 Ctrl+O 组合键，在弹出的"打开文件"对话框中选择素材中的"案例文件\第 2 章\按名称选择.max"文件，单击"打开"按钮，打开的场景如图 2.13 所示。

图 2.13   "按名称选择.max"文件的场景

步骤 2：在主工具栏中单击"名称"按钮 ，弹出"从场景选择"对话框，如图 2.14 所示。在"从场景选择"对话框中的"名称"列表中，可以精确地选中所需要的对象。如果要从场景中选中"茶壶"模型和"柜门"模型，则只需在"名称"列表中选择"茶壶"选项并按 Ctrl 键加选"柜门"选项，如图 2.15 所示。

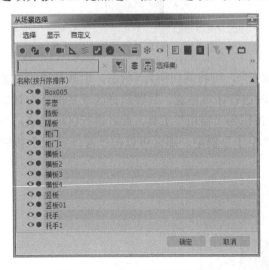

图 2.14   "从场景选择"对话框

图 2.15   在"名称"列表中选择对象

步骤 3：单击"确定"按钮，即可同时选中这两个对象。选中的对象在线框显示模式下呈现出统一的线框颜色，如图 2.16 所示。"从场景选择"对话框中的按钮 可以用于排除不需要的对象类型。

图 2.16　按名称选择的对象

2.3　对象的变换

在 3ds Max 中，对象的变换是指使对象发生位置、方向及体量比例的变换。主工具栏中的"选择并移动"按钮 ✛、"选择并旋转"按钮 ↻ 和"选择并均匀缩放"按钮 ▦ 分别用于对象的移动、旋转和缩放操作。

2.3.1　对象的移动

步骤 1：启动 3ds Max 2019，按 Ctrl+O 组合键，在弹出的"打开文件"对话框中选择素材中的"案例文件\第 2 章\对象的移动.max"文件，单击"打开"按钮，打开的场景如图 2.17 所示。

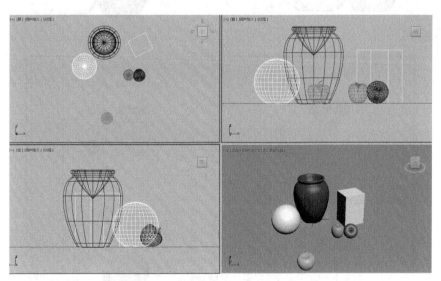

图 2.17　"对象的移动.max"文件的场景

步骤 2：单击主工具栏中的"选择并移动"按钮 ✛ 或直接按 W 快捷键，切换为"选择并移动"工具，在透视图中选中"青苹果"模型；在顶视图中单击坐标轴上 X 轴与 Y 轴夹角形成的平面，使其变为黄色状态，即可使"青苹果"模型只能在 X 轴与 Y 轴方向形成的平面上移动；然后拖动鼠标将"青苹果"模型移动到球体旁边，如图 2.18 所示。

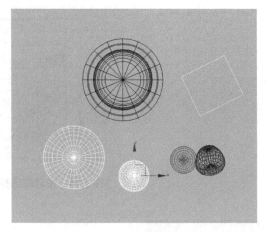

图 2.18　在顶视图中将"青苹果"模型移动到球体旁边

步骤 3：从左视图看，"青苹果"模型浮在半空中。这时，可以在左视图或前视图中单击坐标轴上的 Z 轴（若 Z 轴在该视图不是垂直方向的轴向，则单击选择垂直方向的轴），使"青苹果"模型只能在垂直方向移动，将"青苹果"模型拖曳至与"红苹果"模型、"梨"模型底面相同的高度即可，如图 2.19 所示。

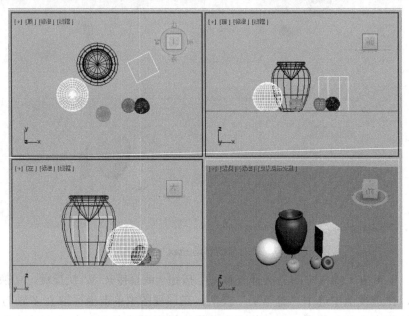

图 2.19　在左视图中向下移动"青苹果"模型

2.3.2 对象的旋转

步骤 1：启动 3ds Max 2019，按 Ctrl+O 组合键，在弹出的"打开文件"对话框中选择素材中的"案例文件\第 2 章\对象的旋转.max"文件，单击"打开"按钮，打开的场景如图 2.20 所示。

图 2.20 "对象的旋转.max"文件的场景

步骤 2：单击主工具栏中的"选择并旋转"按钮 ↻ 或直接按 E 快捷键，切换为"选择并旋转"工具，选中左边的"茶壶"模型，如图 2.21 所示。此时，在旋转标记上有 3 个圆，分别表示以 X 轴为轴心进行旋转的方向、以 Y 轴为轴心进行旋转的方向、以 Z 轴为轴心进行旋转的方向。

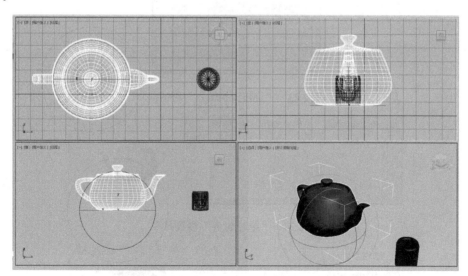

图 2.21 使用"选择并旋转"工具选中"茶壶"模型

步骤 3：在透视图中直接进行操作。将光标移动到绿色圆上，使其变成黄色，按住鼠标左键，即可对"茶壶"模型进行以 Y 轴为轴心的旋转，如图 2.22 所示。按 Ctrl+Z 组合键撤销上一步操作，使旋转后的"茶壶"模型恢复初始状态，然后可重新利用 X、Z 轴对"茶壶"模型进行不同方向的旋转。

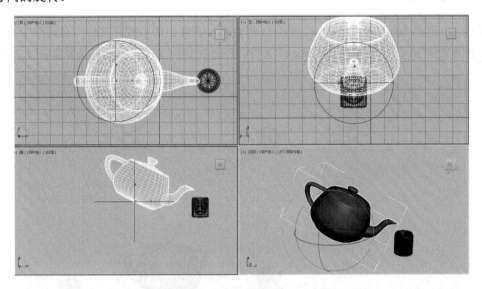

图 2.22　对"茶壶"模型进行以 Y 轴为轴心的旋转

　　步骤 4：如果"茶壶"模型在操作过程中被旋转到一个无法按 Ctrl+Z 组合键恢复的状态，可以右击主工具栏中的"选择并旋转"按钮 C，弹出"旋转变换输入"对话框，如图 2.23 所示。将"绝对:世界"选区中的 X、Y、Z 的值归零，即可使"茶壶"模型恢复初始状态，如图 2.24 所示。如果将"偏移:世界"选区中的 X、Y、Z 的值依次设置为 20.0、30.0、50.0，那么"茶壶"模型的角度会在"绝对:世界"参数的基础上进行叠加变化，"偏移:世界"参数在生效后会马上归零，而先前归零的"绝对:世界"参数发生了变化，如图 2.25 所示。

图 2.23　"旋转变换输入"对话框

图 2.24　"绝对:世界"参数归零

图 2.25　"偏移:世界"参数归零

2.3.3　对象的缩放

步骤 1：启动 3ds Max 2019，按 Ctrl+O 组合键，在弹出的"打开文件"对话框中选择素材中的"案例文件\第 2 章\对象的缩放.max"文件，单击"打开"按钮，打开的场景如图 2.26 所示。

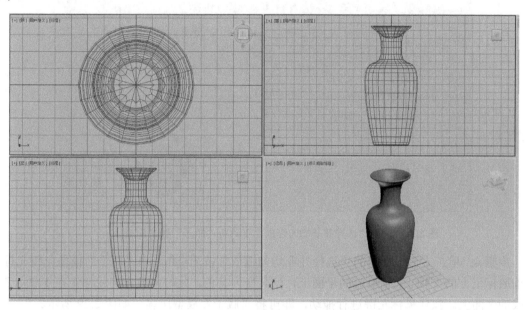

图 2.26　"对象的缩放.max"文件的场景

步骤 2：单击主工具栏中的"选择并均匀缩放"按钮■或直接按 R 快捷键，在透视图中选中场景中的"瓶子"模型。将光标放在缩放标记的 3 个轴形成的三角平面上，并且使该平面变成黄色，表示锁定了 3 个轴向，然后按住鼠标左键进行拖动，即可将"瓶子"模型整体等比例缩放，如图 2.27 所示。

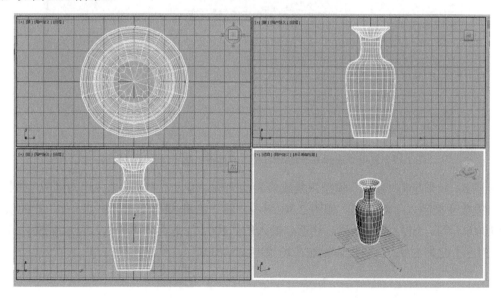

图 2.27　使用"选择并均匀缩放"工具将"瓶子"模型整体等比例缩放

步骤3：单击主工具栏中的"选择并非均匀缩放"按钮■并选中"瓶子"模型，将光标放在缩放标记上的 Y 轴上，使其变为黄色，此时缩放方向就锁定为垂直方向。按住鼠标左键进行拖动，即可将"瓶子"模型压扁，如图 2.28 所示。

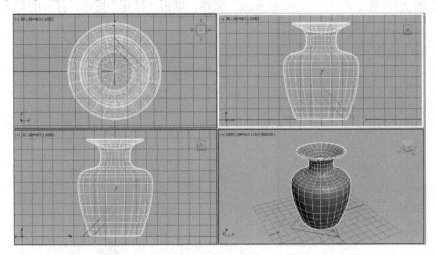

图 2.28　使用"选择并非均匀缩放"工具将"瓶子"模型压扁（一）

步骤4：单击主工具栏中的"选择并非均匀缩放"按钮■并选中"瓶子"模型，将光标放在缩放标记上的 Y 轴、Z 轴形成的平面上，使其变为黄色，此时缩放方向就锁定在 Y 轴、Z 轴形成的平面上。按住鼠标左键进行拖动，即可将"瓶子"模型压扁，如图 2.29 所示。

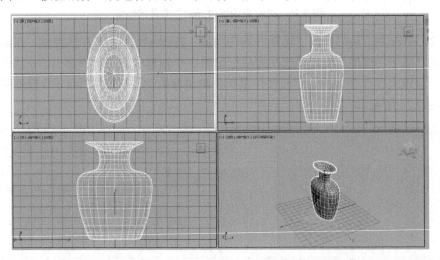

图 2.29　使用"选择并非均匀缩放"工具将"瓶子"模型压扁（二）

步骤5：如果想将"瓶子"模型恢复成原始的比例，那么右击"选择并均匀缩放"按钮■，弹出"缩放变换输入"对话框，如图 2.30 所示，将"绝对:局部"选区中 X、Y、Z 的值都设置为100.0即可，如图 2.31 所示。注意，输入的"100.0"是百分比的值，表示缩放 1 倍；X、Y、Z 的值不能都为 0，否则物体无法在场景中显示出来。

图 2.30　"缩放变换输入"对话框

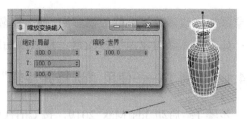

图 2.31　将"瓶子"模型恢复原始比例

步骤 6：如果在"偏移:世界"选区中的数值框中输入数值，那么"绝对:局部"选区中相应参数的值会发生变化。例如，"绝对:局部"选区中 X 的值为 200.0，在"偏移:世界"选区中的 X 数值框中输入"80"，那么"绝对:局部"选区中 X 的值会变为 160.0（200.0×80%），而"偏移:世界"选区中 X 的值会在生效后马上恢复为 100.0，如图 2.32 所示。

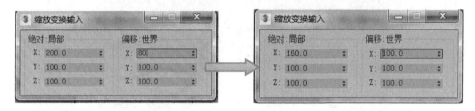

图 2.32　"绝对:局部"选区中的参数与"偏移:世界"选区中的参数的关系

2.4　对象的复制

在 3ds Max 中，使用变换工具可以快速完成对一个或多个选定对象的复制操作。在进行移动、旋转或缩放操作时按住 Shift 键，即可弹出"克隆选项"对话框，如图 2.33 所示。

图 2.33　"克隆选项"对话框

在"克隆选项"对话框中的"对象"选区中有 3 个单选按钮，分别对应 3 种不同的复制方法。

复制：创建一个与原始对象完全无关的克隆对象。在修改一个对象时，不会对另外一个对象产生影响。

实例：创建原始对象的完全可交互克隆对象。修改实例对象与修改原对象的效果完全相同。

参考：创建与原始对象有关的克隆对象，原始对象与克隆对象是主次关系。如果给原始对象添加修改器并设置修改器参数，那么克隆对象也会添加相同的修改器并产生相同的修改效果；如果给克隆对象添加修改器，那么原始对象不会发生变化。

2.4.1 案例Ⅰ——使用"选择并旋转"工具配合 Shift 键复制

步骤 1：启动 3ds Max 2019，按 Ctrl+O 组合键，在弹出的"打开文件"对话框中选择素材中的"案例文件\第 2 章\使用'选择并旋转'工具配合 Shift 键复制.max"文件，单击"打开"按钮，打开的场景如图 2.34 所示。

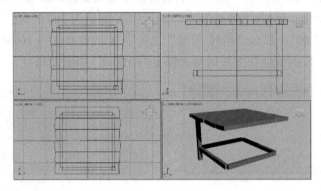

图 2.34　"使用'选择并旋转'工具配合 Shift 键复制.max"文件的场景

在图 2.34 中有一张桌子，但只有一条桌腿，显然不能很好地支撑桌面，并且在视觉上不够美观，因此需要复制出几条桌腿以支撑桌面。

步骤 2：选中"桌腿"模型，单击"层级"按钮 ，切换至"层次"命令面板，单击激活"仅影响轴"按钮，在顶视图中将"桌腿"模型的轴心移动到圆形地面的中心位置，如图 2.35 所示。再次单击取消激活"仅影响轴"按钮。

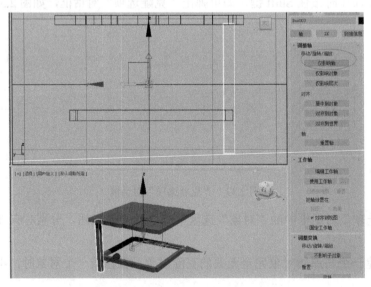

图 2.35　移动"桌腿"模型的轴心

步骤 3：按 E 快捷键切换为"选择并旋转"工具，在顶视图中以 Z 轴为轴心旋转"桌腿"模型，同时按住 Shift 键，即可弹出"克隆选项"对话框，如图 2.36 所示。

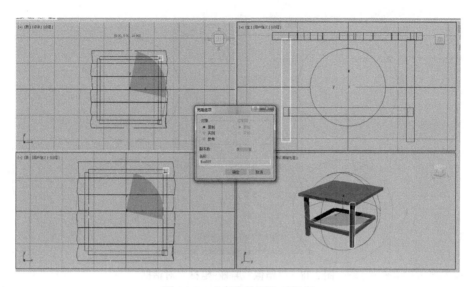

图 2.36　"克隆选项"对话框

步骤 4：在"对象"选区中选择"复制"单选按钮，在"副本数"数值框中输入"3"，单击"确定"按钮，即可复制 3 个"桌腿"模型，如图 2.37 所示。注意，在本案例中，在对"桌腿"模型进行复制之前，必须修改"桌腿"模型的轴心位置，确保"桌腿"模型的轴心位于圆形地面的中心，否则，在复制时就不能得到适合本场景的"桌腿"模型副本了。

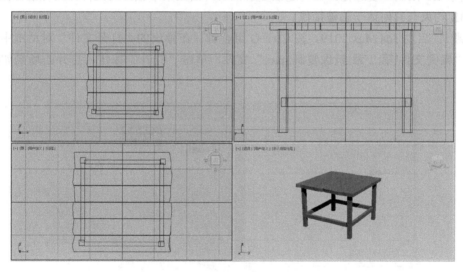

图 2.37　复制 3 个"桌腿"模型

2.4.2　案例 Ⅱ——使用"镜像"工具复制

"镜像"工具可以将选定的对象进行镜像复制，或者在不创建新克隆对象的情况下镜像对象的方向。在主工具栏中单击"镜像"按钮，弹出"镜像：屏幕 坐标"对话框，如图 2.38 所示。

图 2.38 "镜像：屏幕 坐标"对话框

"镜像轴"选区：在该选区中提供了可供选择的镜像轴（X 轴、Y 轴、Z 轴）或镜像平面（XY 平面、YZ 平面、ZX 平面），选择其中一项即可指定镜像所依据的轴或平面。

最后的"偏移"的值表示镜像对象离原始位置的相对偏移距离。

"克隆当前选择"选区：用于设置用"镜像"工具创建的副本类型。

"镜像 IK 限制"复选框：在勾选该复选框后，当在某个轴上对几何体进行镜像操作时，会导致 IK 约束与几何体一起被镜像。

步骤 1：启动 3ds Max 2019，按 Ctrl+O 组合键，在弹出的"打开文件"对话框中选择素材中的"案例文件\第 2 章\镜像复制.max"文件，单击"打开"按钮，打开的场景如图 2.39 所示。

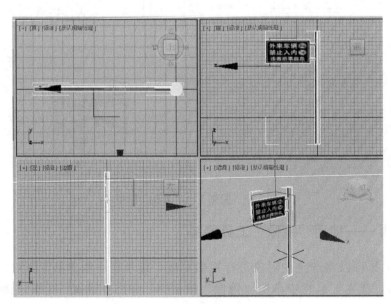

图 2.39 "镜像复制.max"文件的场景

步骤 2：在透视图中选中场景中的"指示牌"模型，使用"镜像"工具在 X 轴上进行镜像复制，并且设置"偏移"值为 250.0，如图 2.40 所示。

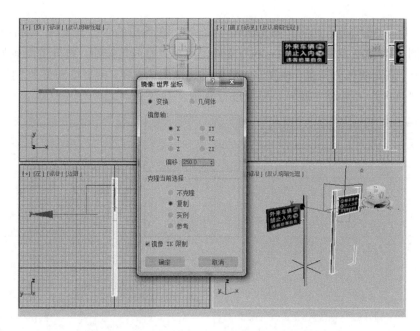

图 2.40 使用"镜像"工具在 X 轴上进行镜像复制

步骤 3：同时选中原始对象和副本，继续使用"镜像"工具在 YZ 平面上进行镜像复制，并且设置"偏移"值为 200.0，如图 2.41 所示。

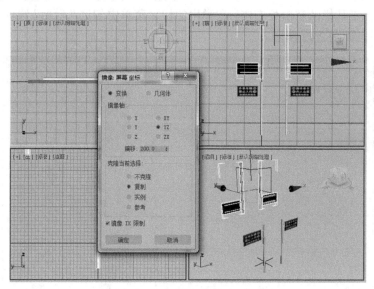

图 2.41 在 YZ 平面上进行镜像复制

2.4.3 案例Ⅲ——使用"阵列"工具复制

"阵列"按钮 位于"附加"浮动工具栏中，单击该按钮即可激活"阵列"工具。"阵列"工具是用于复制、精准变换和定位多组对象的多维度空间工具。使用"阵列"工具可以快速、精准地将选定对象复制为矩形阵列副本，或者以一定角度旋转的环形阵列副本，或者按一定规律缩放的副本。

步骤 1：启动 3ds Max 2019，按 Ctrl+O 组合键，在弹出的"打开文件"对话框中选择素材中的"案例文件\第 2 章\阵列复制.max"文件，单击"打开"按钮，打开的场景如图 2.42 所示。这是一个"盛着酒杯的托盘"模型，如果要迅速地用"酒杯"模型排满整个"托盘"模型，就需要使用"阵列"工具对"酒杯"模型进行复制。

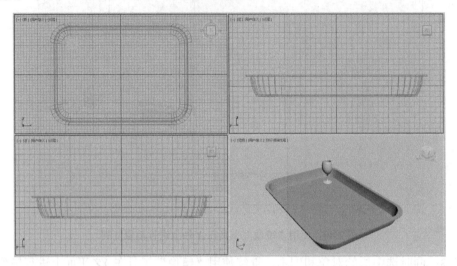

图 2.42　"阵列复制.max"文件的场景

步骤 2：在主工具栏的空白处右击，在弹出的快捷菜单中勾选"附加"选项，即可弹出"附加"浮动工具栏，如图 2.43 所示。

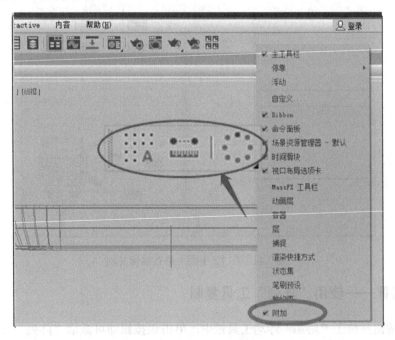

图 2.43　"附加"浮动工具栏

按 Q 快捷键激活"选择对象"工具，选中"托盘"模型上的"酒杯"模型，然后在"附加"浮动工具栏中单击"阵列"按钮，即可弹出"阵列"对话框，如图 2.44 所示。

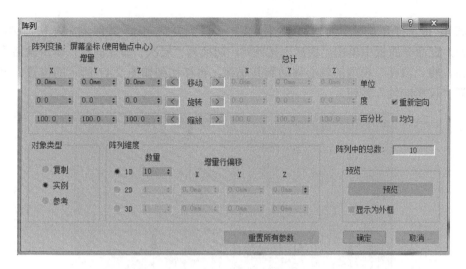

图 2.44　"阵列"对话框

步骤 3：在"阵列"对话框中，在"阵列变换：屏幕坐标（使用轴点中心）"选区中设置 Y 轴的移动增量值为-100.0mm；在"对象类型"选区中选择"实例"单选按钮；在"阵列维度"选区中选择"2D"单选按钮，并且设置"2D"的"数量"值为 4，设置"2D"的 X 轴的"增量行偏移"值为 100.0mm，同时设置"1D"的"数量"值为 3；此时"阵列中的总数"的值变为 12（包括原始对象），如图 2.45 所示。阵列复制的最终效果如图 2.46 所示。

图 2.45　设置"阵列"对话框中的参数

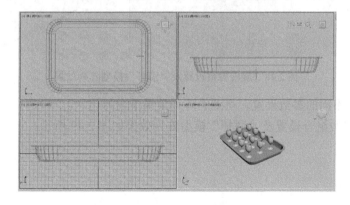

图 2.46　阵列复制的最终效果

步骤 4：重新打开素材中的"案例文件\第 2 章\阵列复制.max"文件，按 W 快捷键选择"酒杯"模型，在命令面板中单击"层次"按钮 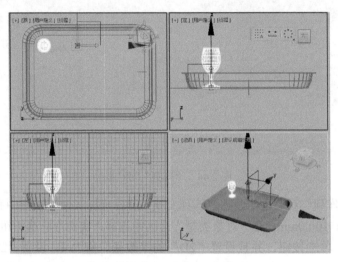，切换为"层次"命令面板，单击激活"仅影响轴"按钮，将"酒杯"模型的轴心移动到其底部，再移动到如图 2.47 所示的位置。再次单击取消激活"仅影响轴"按钮。

图 2.47　"酒杯"模型的轴心位置

步骤 5：单击"阵列"按钮 ，弹出"阵列"对话框，单击"阵列变换：世界坐标（使用轴点中心）"选区中"旋转"后面的箭头 ，激活对应的"总计"参数栏，设置 Z 轴的"总计"值为 360.0，在"对象类型"选区中选择"复制"单选按钮，在"阵列维度"选区中选择"1D"单选按钮，并且设置其对应的"数量"值为 12，单击"确定"按钮。旋转参数设置及"酒杯"模型阵列效果如图 2.48 所示。

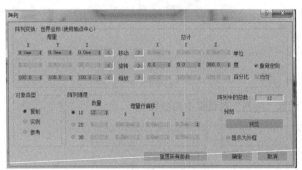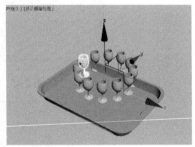

图 2.48　旋转参数设置及"酒杯"模型阵列效果

步骤 6：使用不同的参数设置，得到的阵列效果千变万化。

移动与旋转参数组合设置及"酒杯"模型阵列效果如图 2.49 所示。

图 2.49　移动与旋转参数组合设置及"酒杯"模型阵列效果

旋转与缩放参数组合设置及"酒杯"模型阵列效果如图 2.50 所示。

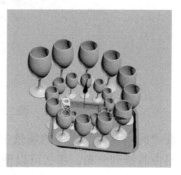

图 2.50　旋转与缩放参数组合设置及"酒杯"模型阵列效果

2.4.4　案例Ⅳ——使用"间隔工具"复制

使用"间隔工具"可使一个或多个对象分布在一条样条线或由两个点定义的路径上。在选中对象后，选择"工具"→"对齐"→"间隔工具"命令，或者按 Shift+I 组合键，打开"间隔工具"窗口。在"间隔工具"窗口中可以设置选定对象的克隆数量和在样条线或由两个点定义的路径上分布的状态，如图 2.51 所示。

图 2.51　"间隔工具"窗口

"拾取路径"按钮：单击该按钮，然后单击场景中的样条线作为副本分布的路径。

"拾取点"按钮：单击该按钮，然后单击起点和终点，即可在栅格上定义路径。

"参数"选区：在该选区中可以设置对象的具体分布状态。

"前后关系"选区：在该选区中可以设置对象之间的关系。

"对象类型"选区：在该选区中可以确定使用"间隔工具"创建的副本类型。

步骤 1：启动 3ds Max 2019，按 Ctrl+O 组合键，在弹出的"打开文件"对话框中选择素材中的"案例文件\第 2 章\间隔复制.max"文件，单击"打开"按钮，打开的场景如图 2.52 所示。

图 2.52 "间隔复制.max"文件的场景

在"间隔复制"文件的场景中有两条曲线和一个"卡通树"模型。如果想使"卡通树"模型沿曲线排列分布，那么可以使用"间隔工具"。

步骤 2：按 Shift+I 组合键快速打开"间隔工具"窗口，选中"卡通树"模型，单击"拾取路径"按钮，在场景中选择一条曲线，在"拾取路径"按钮上就会出现所选曲线的名称，在"参数"选区中勾选"计数"复选框并设置其值为 6，然后按 Enter 键，那么沿着该曲线会均匀分布 6 棵同样的"卡通树"模型，如图 2.53 所示。

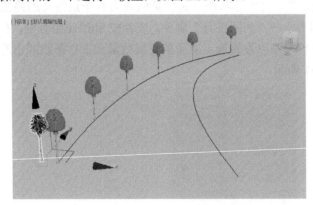

图 2.53 以"拾取路径"方式进行间隔复制

步骤 3：如果在"参数"选区中勾选"始端偏移"复选框并设置其值为 200.0，然后按 Enter 键，那么"卡通树"模型的副本会在该曲线始端偏移一段距离后才开始均匀分布，如图 2.54 所示。

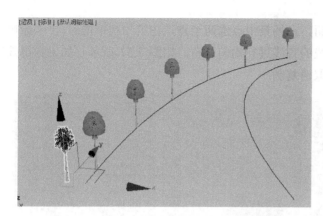

图 2.54　"始端偏移"效果

步骤 4：如果在"参数"选区中勾选"末端偏移"复选框并设置其值为 2000.0，按 Enter 键，那么"卡通树"模型的副本会在该曲线中间集中分布，如图 2.55 所示。

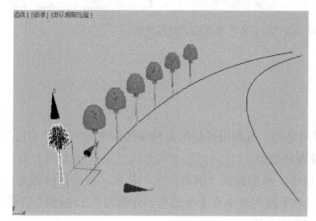

图 2.55　"末端偏移"效果

步骤 5：在"参数"选区中的下拉列表中选择"均匀分隔，对象位于端点"选项，在按所需效果调整好参数后，单击"应用"按钮。"间隔工具"窗口的参数设置及效果如图 2.56 所示。

图 2.56　"间隔工具"窗口的参数设置及效果

步骤 6：单击"拾取点"按钮，在场景中点选两个点，在第二次单击后，"卡通树"模型的副本会沿着点选的两个点所形成的直线进行均匀分布，如图 2.57 所示。如果觉得效果不满意，那么单击"关闭"按钮即可取消复制。

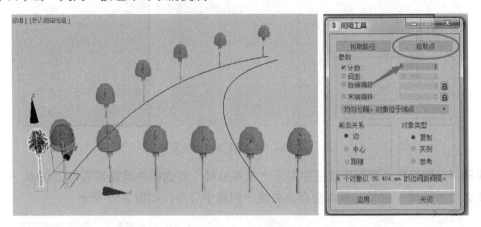

图 2.57　以"拾取点"方式进行间隔复制

2.5　对象的捕捉

在 3ds Max 中，在创建或变换对象时，可利用捕捉工具精确控制对象的尺寸和位置，该功能也有相应的参数对话框，用于设置参数值。

"捕捉开关"按钮位于主工具栏中。单击激活"捕捉开关"按钮，或者按 S 快捷键，即可使捕捉工具生效。"捕捉开关"按钮的下拉列表中有 3 个选项，分别为"2D 捕捉"选项、"2.5D 捕捉"选项、"3D 捕捉"选项，如图 2.58 所示。

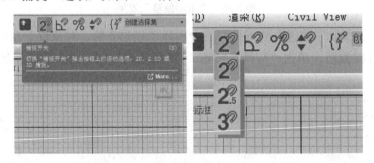

图 2.58　"捕捉开关"按钮及其下拉列表

"2D 捕捉"选项：如果选择该选项，那么光标仅捕捉活动构建栅格，包括该栅格平面上的所有几何体，会忽略 Z 轴或垂直方向。

"2.5D 捕捉"选项：如果选择该选项，那么光标仅捕捉活动栅格上对象投影的顶点或边缘。

"3D 捕捉"选项：如果选择该选项，那么光标直接捕捉三维空间中的任何几何体。

右击"捕捉开关"按钮，弹出"栅格和捕捉设置"对话框，可在其中勾选需要捕捉的点、线、面，如图 2.59 所示。单击"清除全部"按钮，则不勾选任何复选框。

图 2.59　"栅格和捕捉设置"对话框

步骤 1：启动 3ds Max 2019，按 Ctrl+O 组合键，在弹出的"打开文件"对话框中选择素材中的"案例文件\第 2 章\维度捕捉.max"文件，单击"打开"按钮，打开的场景如图 2.60 所示。

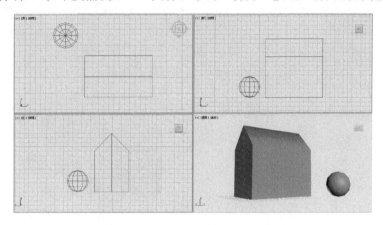

图 2.60　"维度捕捉.max"文件的场景

步骤 2：按住"捕捉开关"按钮，在弹出的下拉列表中选择"3D 捕捉"选项 ³ 。右击"捕捉开关"按钮，在弹出的"栅格和捕捉设置"对话框中勾选"顶点"复选框。打开"创建"命令面板 ＋ ，单击"图形"按钮 ，在"图形"面板中单击"线"按钮，如图 2.61 所示。

图 2.61　选择"线"对象类型

步骤 3：在顶视图中，在"房子"模型的结构线上方移动光标，当光标移动到"房子"模型的顶点附近时，"房子"模型的顶点上会出现一个黄色的十字标记，表示光标已经捕捉到了顶点，此时从"房子"模型左上角的顶点开始，按顺时针方向依次单击捕捉到的 6 个顶点，最后再次单击左上角的顶点，在弹出的"样条线"对话框中单击"是"按钮，即可闭合样条线，如图 2.62 所示。

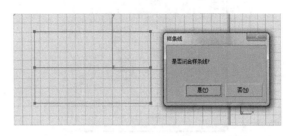

图 2.62　使用"3D 捕捉"工具依次捕捉顶点并闭合样条线

步骤 4：在透视图中，将样条线从"房子"模型上移开，就会发现，刚才的操作已经根据"房顶"的造型绘制了一条在三维空间上的样条线，可以在各视图中看到样条线的不同效果，如图 2.63 所示。

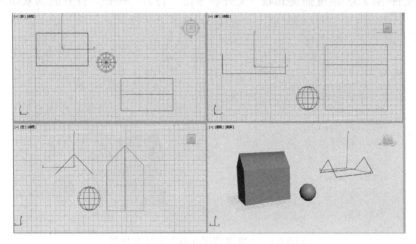

图 2.63　样条线的三维效果

步骤 5：按住"捕捉开关"按钮，在弹出的下拉列表中选择"2.5D 捕捉"选项 。同样选择"线"对象类型，在顶视图中以同样的方法单击捕捉到的顶点绘制样条线，注意将样条线闭合。在创建好后将样条线移开，效果截然不同，这次绘制的样条线只是一个平面矩形，如图 2.64 所示。

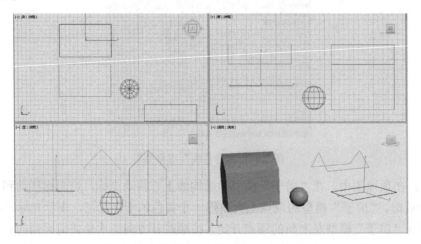

图 2.64　使用"2.5D 捕捉"工具依次捕捉顶点并闭合样条线

步骤 6：将平面矩形的 Z 轴坐标设置为 0。按住"捕捉开关"按钮，在弹出的下拉列表中选择"2D 捕捉"选项 ，打开"创建"命令面板 ，单击"图形"按钮 ，在"图形"面板中单击"弧"按钮，在顶视图中的平面矩形结构线上，在右上角顶点处按下鼠标左键进行拖动，在捕捉到的右下角顶点处释放鼠标左键，移动鼠标创建出一段弧，再次单击鼠标左键确定弧度，效果如图 2.65 所示。

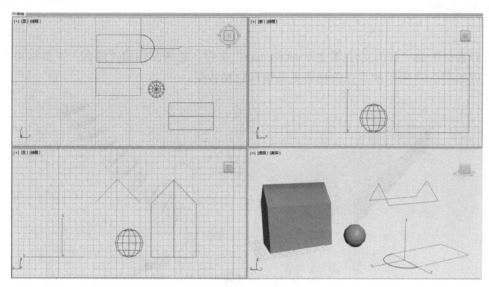

图 2.65　使用"2D 捕捉"工具依次捕捉顶点并闭合样条线

步骤 7：按住"捕捉开关"按钮，在弹出的下拉列表中选择"3D 捕捉"选项 ，右击"捕捉开关"按钮，在弹出的"栅格和捕捉设置"对话框中勾选"顶点"复选框及"中点"复选框。捕捉球体上的某个顶点，移动该顶点并将其对准"房子"模型上的任意顶点或"房子"模型上任意结构线的中点。如果捕捉的是球体的三轴架，那么可以将球体的轴心对准"房子"模型上的任意顶点或"房子"模型上任意结构线的中点，如图 2.66 所示。

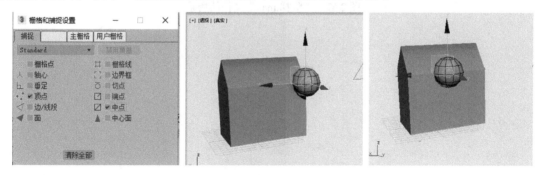

图 2.66　顶点捕捉与中点捕捉

本章小结

本章主要介绍了 3ds Max 2019 中的多个场景对象的操作工具的使用方法及效果演示。场景对象的操作工具的使用频率比较高，是操作场景与对象的基础。本章从初步认识对象的属性出发，通过多个案例，讲解了用于对场景对象进行选择、变换、复制、对齐和捕捉等操作的基本工具的使用方法和应用技巧。

课后练习

　　打开素材中的"案例文件\第 2 章\阶梯.max"文件，思考怎样用"阵列"工具将单个长方体复制成如图 2.67 所示的垂直阶梯效果及旋转阶梯效果。

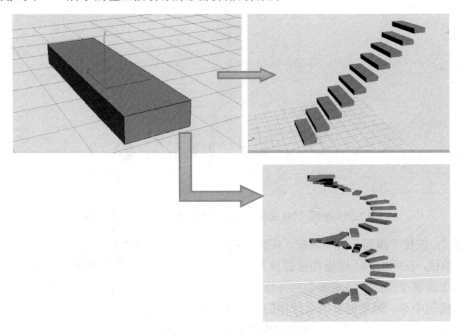

图 2.67　　"阶梯.max"文件的场景

第3章

简单三维模型的创建和修改

基础建模是学习 3ds Max 的第一个重要步骤，通过设置创建好的三维模型的常用修改器的参数，可以创作出不同形态的作品，体现了 3ds Max 具备强大的三维模型制作功能。本章介绍 3ds Max 2019 的标准基本体、扩展基本体等基本模型的创建工具和常用修改命令，为后续的高级建模提供基本的技术支撑。

> **学习目标**

> ➤ 了解"创建"命令面板和"修改"命令面板。
> ➤ 掌握常用修改器的参数设置和应用。
> ➤ 熟练使用标准基本体、扩展基本体制作三维模型。
> ➤ 熟练使用门、窗、楼梯制作建筑构件。

> **学习内容**

> ➤ 使用标准基本体制作三维模型。
> ➤ 使用扩展基本体制作三维模型。
> ➤ 使用门、窗、楼梯制作建筑构件。
> ➤ 常用修改器的应用和参数设置。

3.1 标准基本体

在 3ds Max 2019 的"创建"命令面板中单击"几何体"按钮◙，即可看到几何体的对象类型，如图 3.1 所示。

图 3.1　几何体的对象类型

3.1.1　标准基本体的对象类型

3ds Max 2019 中的标准基本体有 10 种对象类型，如图 3.2 所示。单击"对象类型"卷展栏中的任意一个对象按钮，即可在视图中创建该标准基本体的对象。在"修改"命令面板中的"参数"卷展栏中，可以通过修改参数制作不同风格的三维模型。标准基本体所有对象类型的示例和创建步骤如表 3.1 所示。

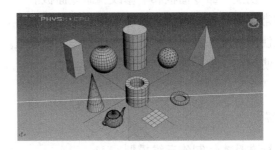

图 3.2　标准基本体的对象类型

表 3.1　标准基本体所有对象类型的示例和创建步骤

示　例	创 建 步 骤	示　例	创 建 步 骤
	长方体： 　① 按住鼠标左键，沿着对角线的方向拖动鼠标； 　② 释放鼠标左键，再向上移动鼠标，最后单击鼠标左键		圆锥体： 　① 按住鼠标左键，沿着对角线的方向拖动鼠标； 　② 释放鼠标左键，再向上移动鼠标； 　③ 再次单击鼠标左键，然后向内或向外移动鼠标，最后单击鼠标左键
	球体： 　按住鼠标左键，沿着对角线的方向拖动鼠标，释放鼠标左键		几何球体： 　按住鼠标左键，沿着对角线的方向拖动鼠标，释放鼠标左键

续表

示　例	创 建 步 骤	示　例	创 建 步 骤
	圆柱体： ① 按住鼠标左键，沿着对角线的方向拖动鼠标； ② 释放鼠标左键，再向上移动鼠标，最后单击鼠标左键		管状体： ① 按住鼠标左键，沿着对角线的方向拖动鼠标； ② 释放鼠标左键，再沿着圆环的轴心向内或向外移动鼠标； ③ 再次单击鼠标左键，然后向上或向下移动鼠标，最后单击鼠标左键
	圆环： ① 按住鼠标左键，沿着对角线的方向拖动鼠标； ② 释放鼠标左键，再沿着圆环的轴心向内或向外移动鼠标，最后单击鼠标左键		四棱锥： ① 按住鼠标左键，沿着对角线的方向拖动鼠标； ② 释放鼠标左键，再向上移动鼠标，最后单击鼠标左键
	茶壶： 按住鼠标左键，沿着对角线的方向拖动鼠标，释放鼠标左键		平面： 按住鼠标左键，沿着对角线的方向拖动鼠标，释放鼠标左键

3.1.2　案例——制作"餐桌"模型

步骤 1：启动 3ds Max 2019，在"创建"命令面板中单击"几何体"按钮，在"几何体"面板中的下拉列表中选择"标准基本体"选项，然后在"对象类型"卷展栏中单击"长方体"按钮，在顶视图中创建一个长方体"桌面"模型，效果及参数设置如图 3.3 所示。

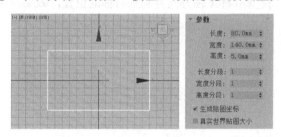

图 3.3　创建长方体"桌面"模型的效果及参数设置

步骤 2：在前视图中创建一个长方体"桌脚"模型，并且在左视图中调整该"桌脚"模型的位置，效果及参数设置如图 3.4 所示。

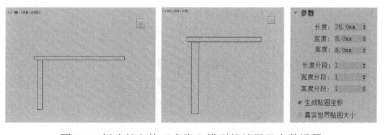

图 3.4　创建长方体"桌脚"模型的效果及参数设置

步骤 3：将前视图中创建的"桌脚"模型沿着 X 轴方向复制到对称的位置，再选择左视图中的所有"桌脚"模型，沿着 X 轴方向复制到对称的位置，顶视图中的"桌脚"模型效果如图 3.5 所示。

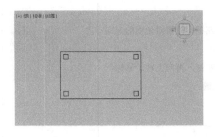

图 3.5　顶视图中的"桌脚"模型效果

步骤 4：在前视图中的两个"桌脚"模型之间创建一个长方体"桌架"模型，在顶视图中调整其位置，再将"桌架"模型沿着 Y 轴方向复制到对称的位置，效果及参数设置如图 3.6 所示。

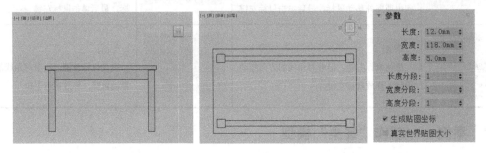

图 3.6　在前视图中创建长方体"桌架"模型的效果及参数设置

步骤 5：在左视图中的两个"桌脚"模型之间创建一个长方体"桌架"模型，在顶视图中调整其位置，再将"桌架"模型沿着 X 轴方向复制到对称的位置，效果及参数设置如图 3.7 所示。

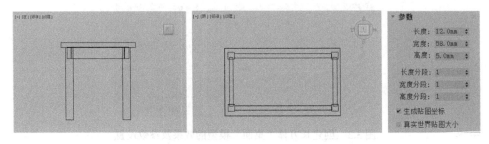

图 3.7　在左视图中创建长方体"桌架"模型的效果及参数设置

"餐桌"模型的最终效果如图 3.8 所示。

图 3.8　"餐桌"模型的最终效果

3.1.3　拓展练习——制作"电视柜"模型

步骤 1：启动 3ds Max 2019，在"创建"命令面板中单击"几何体"按钮 ◉，在"几何体"面板中的下拉列表中选择"标准基本体"选项，然后在"对象类型"卷展栏中单击"长方体"按钮，在顶视图中创建一个长方体"电视柜底板"模型，效果及参数设置如图 3.9 所示。

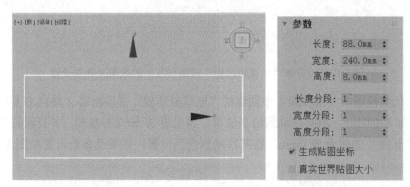

图 3.9　长方体"电视柜底板"模型的效果及参数设置

步骤 2：在前视图中创建一个长方体"电视柜后板"模型，并且在左视图中调整该"电视柜后板"模型的位置，效果及参数设置如图 3.10 所示。

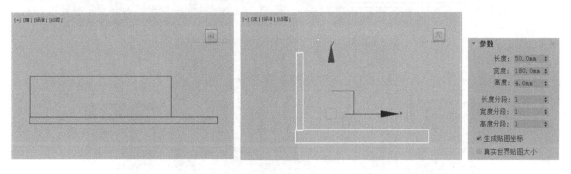

图 3.10　长方体"电视柜后板"模型（左）的效果及参数设置

步骤 3：在前视图中，将步骤 2 中创建的"电视柜后板"模型沿着 X 轴进行复制，并且将复制的"电视柜后板"模型移动到恰当位置，效果及参数设置如图 3.11 所示。

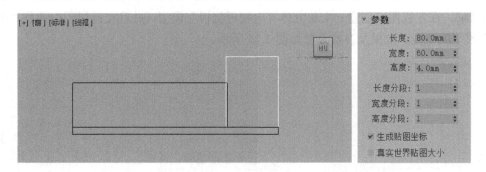

图 3.11　长方体"电视柜后板"模型（右）的效果及参数设置

步骤 4：在顶视图左边创建一个长方体"电视柜顶板"模型，并且在前视图中将该"电视柜顶板"模型移动到恰当位置，效果及参数设置如图 3.12 所示。

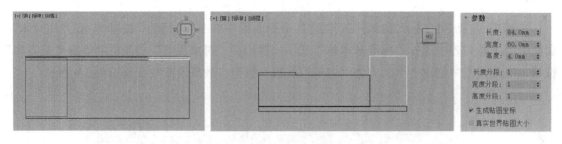

图 3.12　长方体"电视柜顶板"模型（左）的效果及参数设置

步骤 5：在前视图中，将步骤 4 中创建的"电视柜顶板"模型沿着 X 轴向右复制，并且设置"宽度"的值为 120.0mm，将其移动到恰当位置，再沿着 X 轴向右复制，并且设置"宽度"的值为 60.0mm、"长度"的值为 88.0mm，将其移动到恰当位置，效果及参数设置如图 3.13 所示。

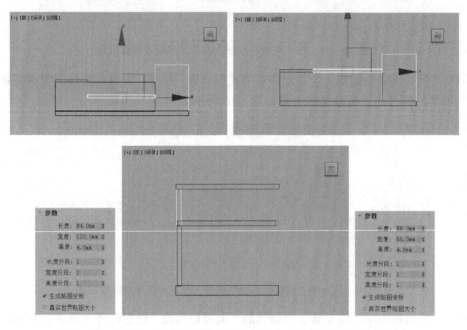

图 3.13　长方体"电视柜顶板"模型（中、右）的效果及参数设置

步骤 6：在左视图中创建一个长方体"电视柜侧板"模型，并且在前视图中调整"电视柜侧板"模型的位置，效果及参数设置如图 3.14 所示。

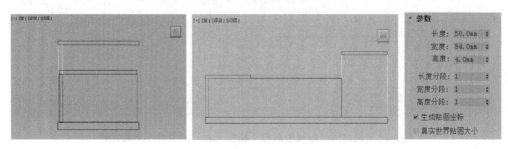

图 3.14　长方体"电视柜侧板"模型（左）的效果及参数设置

步骤 7：在前视图中将步骤 6 中创建好的"电视柜侧板"模型沿着 X 轴向右复制，参数不变，再沿着 X 轴向右复制，并且设置"长度"的值为 80.0mm，将其移动到恰当位置，继续沿着 X 轴向右复制，效果及参数设置如图 3.15 所示。

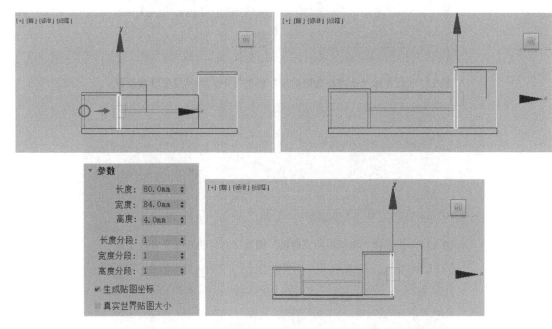

图 3.15　长方体"电视柜侧板"模型（中、右）的效果及参数设置

步骤 8：在前视图中创建一个长方体"电视柜抽屉前板"模型，并且在顶视图中调整该"电视柜抽屉前板"模型的位置，效果及参数设置如图 3.16 所示。

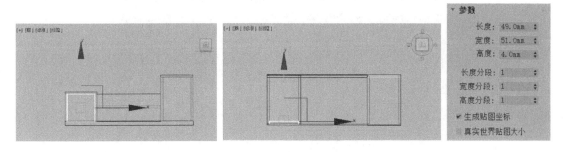

图 3.16　长方体"电视柜抽屉前板"模型（左）的效果及参数设置

步骤 9：在前视图中将步骤 8 中创建好的"电视柜抽屉前板"模型沿着 X 轴向右复制 3 次。将中间 2 个"电视柜抽屉前板"模型的"长度"的值设置为 25.0mm、"宽度"的值设置为 59.0mm，并且移动到恰当位置，效果及参数设置如图 3.17 所示；将右边 1 个"电视柜抽屉前板"模型的"长度"的值设置为 79.0mm、"宽度"的值设置为 51.0mm，并且移动到恰当位置，效果及参数设置如图 3.18 所示。

步骤 10：在前视图中创建两个长方体，组成一个"电视柜顶格"模型，设置好参数并将其移动到恰当位置，如图 3.19 所示。"电视柜"模型的最终效果如图 3.20 所示。

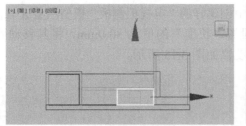

图 3.17 长方体"电视柜抽屉前板"模型（中）的效果及参数设置

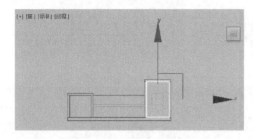

图 3.18 长方体"电视柜抽屉前板"模型（右）的效果及参数设置

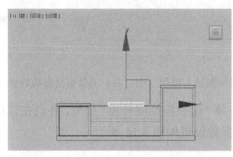

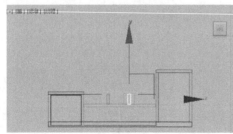

图 3.19 "电视柜顶格"模型的效果及参数设置

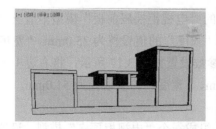

图 3.20 "电视柜"模型的最终效果

3.2　扩展基本体

3.2.1　扩展基本体的对象类型

3ds Max 2019 中的扩展基本体有 13 种对象类型，如图 3.21 所示。在"创建"命令面板中单击"几何体"按钮 ，在"几何体"面板中的下拉列表中选择"扩展基本体"选项，在"对象类型"卷展栏中单击任意一个对象按钮，即可在视图中创建该扩展基本体的对象。在"修改"命令面板中的"参数"卷展栏中，可以通过修改参数制作不同风格的三维模型。扩展基本体所有对象类型的示例和创建步骤如表 3.2 所示。

图 3.21　扩展基本体的对象类型

表 3.2　扩展基本体所有对象的示例和创建步骤

示　例	创　建　步　骤	示　例	创　建　步　骤
	异面体： 按住鼠标左键，沿着对角线的方向拖动鼠标，释放鼠标左键		环形结： ① 按住鼠标左键，沿着对角线的方向拖动鼠标； ② 释放鼠标左键，然后向内或向外移动鼠标，最后单击鼠标左键
	切角长方体： ① 按住鼠标左键，沿着对角线的方向拖动鼠标； ② 释放鼠标左键，再向上移动鼠标； ③ 再次单击鼠标左键，向内移动鼠标，最后单击鼠标左键		切角圆柱体： ① 按住鼠标左键，沿着对角线的方向拖动鼠标； ② 释放鼠标左键，再向上移动鼠标，最后单击鼠标左键
	油罐： ① 按住鼠标左键，沿着对角线的方向拖动鼠标； ② 释放鼠标左键，再向上移动鼠标。 ③ 再次单击鼠标左键，向内移动鼠标，最后单击鼠标左键		胶囊： ① 按住鼠标左键，沿着对角线的方向拖动鼠标； ② 释放鼠标左键，再向上或向下移动鼠标，最后单击鼠标左键

示　例	创 建 步 骤	示　例	创 建 步 骤
	纺锤: ① 按住鼠标左键,沿着对角线的方向拖动鼠标; ② 释放鼠标左键,再向上移动鼠标; ③ 再次单击鼠标左键,向内移动鼠标,最后单击鼠标左键		**L-Ext:** ① 按住鼠标左键,沿着对角线的方向拖动鼠标; ② 释放鼠标左键,再向上移动鼠标; ③ 再次单击鼠标左键,向内或向外移动鼠标,最后单击鼠标左键
	球棱柱: ① 按住鼠标左键,沿着对角线的方向拖动鼠标; ② 释放鼠标左键,再向上移动鼠标; ③ 再次单击鼠标左键,向内或向外移动鼠标,最后单击鼠标左键		**C-Ext:** ① 按住鼠标左键,沿着对角线的方向拖动鼠标; ② 释放鼠标左键,再向上移动鼠标; ③ 再次单击鼠标左键,向内或向外移动鼠标,最后单击鼠标左键
	环形波: ① 按住鼠标左键,沿着对角线的方向拖动鼠标; ② 释放鼠标左键,向内或向外移动鼠标,最后单击鼠标左键		**软管:** ① 按住鼠标左键,沿着对角线的方向拖动鼠标; ② 释放鼠标左键,再向上移动鼠标,最后单击鼠标左键
	棱柱: ① 按住鼠标左键,沿着对角线的方向拖动鼠标。 ② 释放鼠标左键,再向上移动鼠标,最后单击鼠标左键		

3.2.2　案例——制作"沙发"模型

步骤 1：启动 3ds Max 2019，在"创建"命令面板中单击"几何体"按钮，在"几何体"面板中的下拉列表中选择"扩展基本体"选项，然后在"对象类型"卷展栏中单击"切角长方体"按钮，在顶视图中创建一个切角长方体"沙发底座"模型，效果及参数设置如图 3.22 所示。

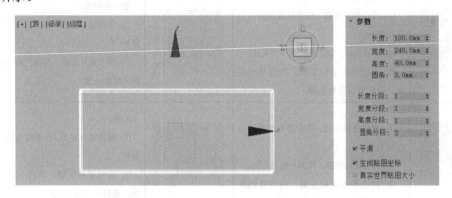

图 3.22　切角长方体"沙发底座"模型的效果及参数设置

步骤 2：在左视图中将步骤 1 中创建好的"沙发底座"模型进行旋转复制，并且调整其参数和位置,保持选中状态,在"修改"命令面板中的"修改器列表"下拉列表中选择"FFD 4×4×4"选项。展开"FFD 4×4×4"节点,选择下面的"控制点"子对象层级,然后在左视图中选择第1 行右边 3 个橙色方块控制点,单击工具栏中的"选择并均匀缩放"按钮,沿着 X 轴向左移动到合适位置,完成后退出"控制点"子对象层级,制成"沙发靠背"模型,其效果及参数设置如图 3.23 所示。

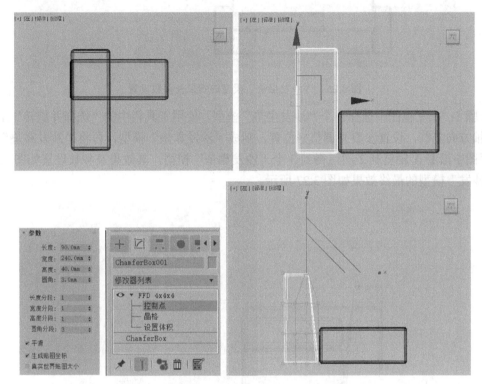

图 3.23　"沙发靠背"模型的效果及参数设置

步骤 3:在顶视图的左侧创建一个切角长方体,并且沿着 X 轴方向复制到对称的位置,制成"沙发扶手"模型,其效果及参数设置如图 3.24 所示。

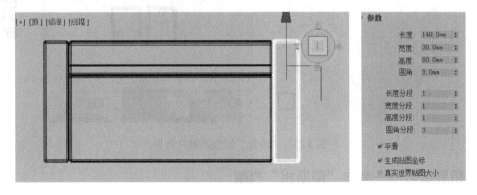

图 3.24　"沙发扶手"模型的效果及参数设置

步骤 4:在前视图中将"沙发底座"沿着 Y 轴方向向上复制,修改参数并调整位置,制成"沙发坐垫"模型,再将"沙发坐垫"沿着 X 轴方向复制 2 次,得到 3 个"沙发坐垫"模型,其效果及参数设置如图 3.25 所示。

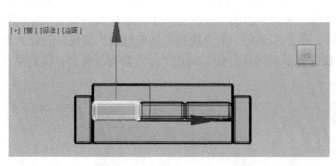

图 3.25　"沙发坐垫"模型的效果及参数设置

步骤 5：在左视图中选择一个"沙发坐垫"模型，使用工具栏中的"选择并旋转"工具沿着 Z 轴方向复制，设置参数并调整好位置，制成"沙发靠垫"模型，再将"沙发靠垫"模型在前视图中沿着 X 轴复制 2 次，得到 3 个"沙发靠垫"模型，其效果及参数设置如图 3.26 所示。"沙发"模型的最终效果如图 3.27 所示。

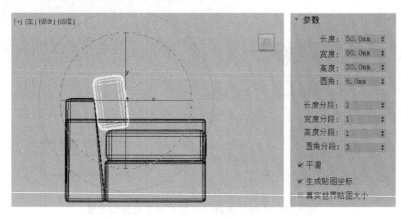

图 3.26　"沙发靠垫"模型的效果及参数设置

图 3.27　"沙发"模型的最终效果

3.2.3　拓展练习——制作"隔断柜"模型

步骤 1：启动 3ds Max 2019，在"创建"命令面板中单击"几何体"按钮，在"几何体"面板中的下拉列表中选择"标准基本体"选项，然后在"对象类型"卷展栏中单击"长方体"按钮，在顶视图中创建一个长方体"隔断柜底板"模型，效果及参数设置如图 3.28 所示。

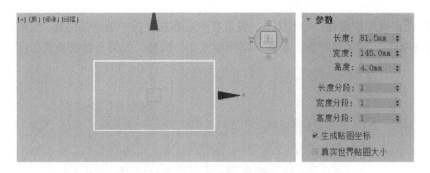

图 3.28 "隔断柜底板"模型的效果及参数设置

步骤 2：在前视图中创建一个长方体，并且将其向右边复制 3 次，再将步骤 1 中创建的"隔断柜底板"模型向上复制 2 次，调整好位置，制成"隔断柜侧板"模型，效果及参数设置如图 3.29 所示。

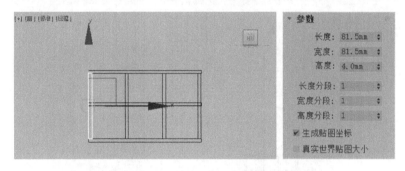

图 3.29 "隔断柜侧板"模型的效果及参数设置

步骤 3：在"创建"命令面板中单击"几何体"按钮 ●，在"几何体"面板中的下拉列表中选择"扩展基本体"选项，然后在"对象类型"卷展栏中单击"切角长方体"按钮，在前视图中的左侧创建一个切角长方体"隔断柜抽屉"模型，在左视图中将其移动到合适位置，再在前视图中将其复制 2 次，并且将其移动到合适的位置，效果及参数设置如图 3.30 所示。

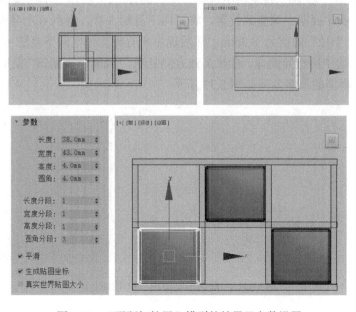

图 3.30 "隔断柜抽屉"模型的效果及参数设置

步骤 4：在前视图中创建一个长方体，设置参数后在左视图中调整其位置，在前视图中沿着 Y 轴顺时针旋转 90°，设置好参数，制成"隔断柜支架"模型，效果及参数设置如图 3.31 所示。

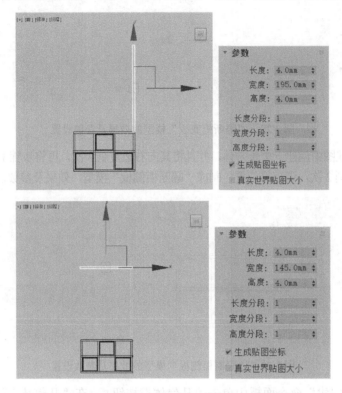

图 3.31 "隔断柜支架"模型的效果及参数设置

步骤 5：在"创建"命令面板中单击"几何体"按钮●，在"几何体"面板中的下拉列表中选择"扩展基本体"选项，然后在"对象类型"卷展栏中单击"异面体"按钮，在前视图中创建一个异面体，在"参数"卷展栏中选择"十二面体/二十面体"单选按钮，设置"半径"的值为 12.0mm；在左视图中调整其位置，将其向下复制 5 次，得到 6 个异面体；选中下面 4 个异面体，设置"半径"的值为 8.0mm；然后选中所有异面体，向下复制 6 次，并且删除多余的异面体；最后选中所有异面体，沿着 X 轴方向复制。"隔断柜支架帘"模型的效果如图 3.32 所示。"隔断柜"模型的最终效果如图 3.33 所示。

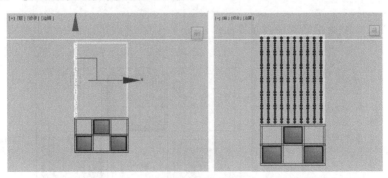

图 3.32 "隔断柜支架帘"模型的效果

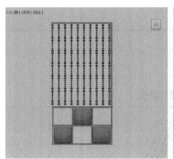

图 3.33　"隔断柜"模型的最终效果

3.3　门、窗和楼梯

3.3.1　门、窗和楼梯的对象类型

3ds Max 2019 中的门、窗和楼梯的对象类型如图 3.34 所示。在"创建"命令面板中单击"几何体"按钮 ，在"几何体"面板中的下拉列表中选择"门"、"窗"或"楼梯"选项，然后在"对象类型"卷展栏中单击任意一个对象按钮，即可在视图中创建该对象，在"修改"命令面板中的"参数"卷展栏中，可以通过修改参数制作不同风格的建筑模型。门、窗和楼梯所有对象类型的示例和创建步骤如表 3.3 所示。

图 3.34　门、窗和楼梯的对象类型

表 3.3　门、窗、楼梯所有对象类型的示例和创建步骤

门示例	枢轴门	推拉门	折叠门
窗示例	遮篷式窗	平开窗	固定窗
	旋开窗	伸出式窗	推拉窗

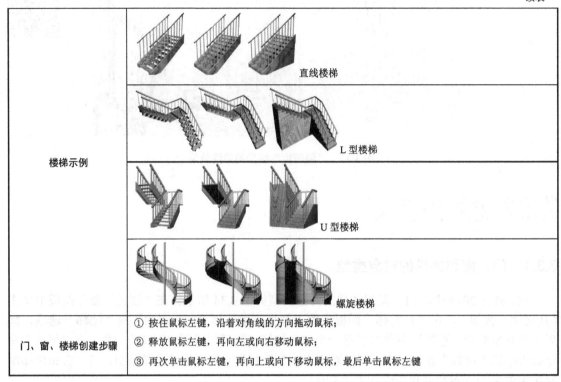

楼梯示例	直线楼梯 L 型楼梯 U 型楼梯 螺旋楼梯
门、窗、楼梯创建步骤	① 按住鼠标左键，沿着对角线的方向拖动鼠标； ② 释放鼠标左键，再向左或向右移动鼠标； ③ 再次单击鼠标左键，再向上或向下移动鼠标，最后单击鼠标左键

3.3.2 案例Ⅰ——制作"枢轴门"模型

步骤 1：启动 3ds Max 2019，在"创建"命令面板中单击"几何体"按钮 ，在"几何体"面板中的下拉列表中选择"门"选项，然后在"对象类型"卷展栏中单击"枢轴门"按钮，在顶视图中，按住鼠标左键沿着 X 轴方向从右到左移动鼠标，在形成"枢轴门"模型的宽度后释放鼠标左键；按住鼠标左键沿着 Z 轴方向从上到下移动鼠标，在形成"枢轴门"模型的深度后释放鼠标左键；再次按住鼠标左键沿着 Y 轴方向从下到上移动鼠标，在形成"枢轴门"模型的高度后释放鼠标左键。"枢轴门"模型的创建方法及默认设置如图 3.35 所示。

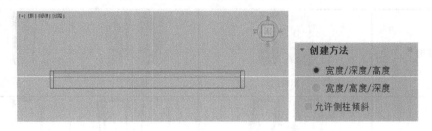

图 3.35 "枢轴门"模型的创建方法及默认设置

步骤 2：接着设置"枢轴门"模型的参数，"枢轴门"模型的参数设置及最终效果如图 3.36 所示。

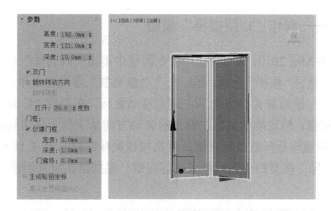

图 3.36 "枢轴门"模型的参数设置及最终效果

3.3.3 案例 Ⅱ ——制作"平开窗"模型

步骤 1：启动 3ds Max 2019，在"创建"命令面板中单击"几何体"按钮●，在"几何体"面板中的下拉列表中选择"窗"选项，然后在"对象类型"卷展栏中单击"平开窗"按钮，在顶视图中，按住鼠标左键沿着 X 轴方向从左到右移动鼠标，在形成"平开窗"模型的宽度后释放鼠标左键；按住鼠标左键沿着 Z 轴方向从下到上移动鼠标，在形成"平开窗"模型的深度后释放鼠标左键；再次按住鼠标左键沿着 Y 轴方向从下到上移动鼠标，在形成"平开窗"模型的高度后释放鼠标左键。"平开窗"模型的创建方法及默认设置如图 3.37 所示。

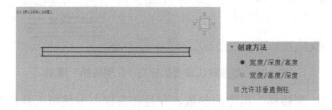

图 3.37 "平开窗"模型的创建方法及默认设置

步骤 2：接着设置"平开窗"模型的参数，"平开窗"模型的参数设置及最终效果如图 3.38 所示。

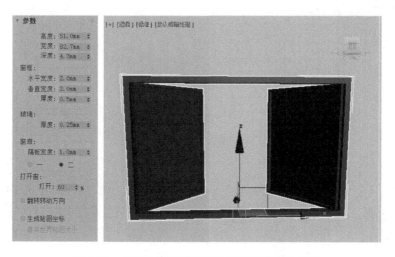

图 3.38 "平开窗"模型的参数设置及最终效果

3.3.4 拓展练习——制作"L 型楼梯"模型

步骤 1：启动 3ds Max 2019，在"创建"命令面板中单击"几何体"按钮 ，在"几何体"面板中的下拉列表中选择"楼梯"选项，然后在"对象类型"卷展栏中单击"L 型楼梯"按钮，在顶视图中按住鼠标左键沿着 X 轴方向从左到右移动鼠标，在形成"L 型楼梯"模型的长度 1 和宽度后释放鼠标左键；然后按住鼠标左键沿着 Z 轴方向从下到上移动鼠标，在形成"L 型楼梯"模型的长度 2 和偏移后释放鼠标左键；再次按住鼠标左键沿着 Y 轴方向从下到上移动鼠标，在形成"L 型楼梯"模型的总高后释放鼠标左键。根据默认设置创建的"L 型楼梯"模型如图 3.39 所示。

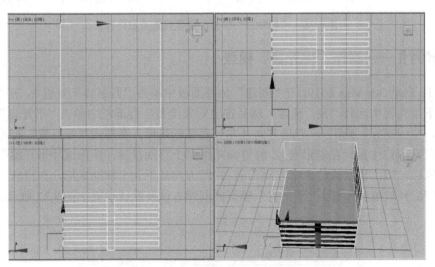

图 3.39　根据默认设置创建的"L 型楼梯"模型

步骤 2：设置"L 型楼梯"模型的参数，并且在左视图中使用工具栏中的"选择并移动"工具，将"L 型楼梯"模型的扶手路径调整到合适位置，参数设置及效果如图 3.40 所示。

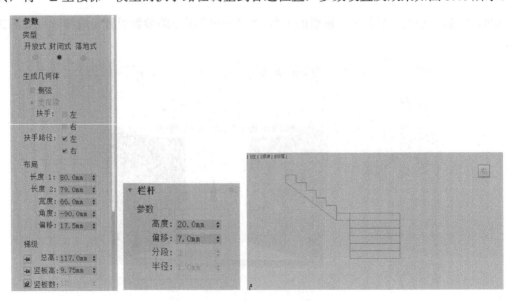

图 3.40　"L 型楼梯"模型的参数设置及效果

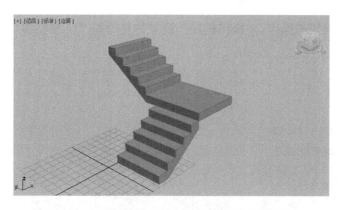

图 3.40 "L 型楼梯"模型的参数设置及效果（续）

步骤 3：在"创建"命令面板中单击"几何体"按钮■，在"几何体"面板中的下拉列表中选择"AEC 扩展"选项，然后在"对象类型"卷展栏中单击"栏杆"按钮，在顶视图中创建"楼梯栏杆"模型，并且在"栏杆"、"立柱"和"栅栏"卷展栏中设置参数，然后单击"栅栏"卷展栏中的"支柱间距"按钮█，弹出"支柱间距"对话框，勾选"计数"复选框并设置其值为 9，如图 3.41 所示。

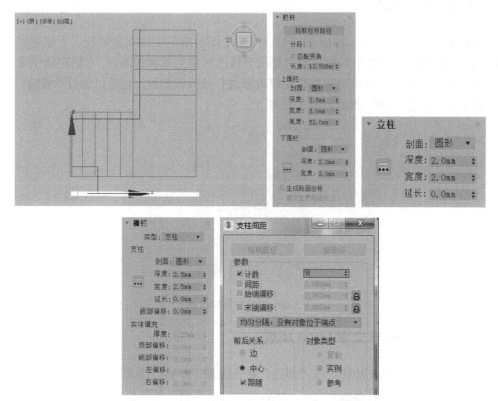

图 3.41 "楼梯栏杆"模型的参数设置

步骤 4：将步骤 3 中制作好的"楼梯栏杆"模型在顶视图中沿着 Y 轴移动并进行复制，选择其中一个"楼梯栏杆"模型，单击"栏杆"卷展栏中的"拾取栏杆路径"按钮，然后在顶视图中单击"楼梯栏杆"模型的一条路径，并且勾选"匹配拐角"复选框，对另一个"楼梯栏杆"模型进行同样的操作。"楼梯栏杆"模型的复制和"L 型楼梯"模型的最终效果如图 3.42 所示。

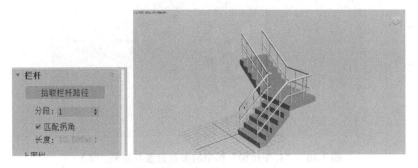

图 3.42 "楼梯栏杆"模型的复制和"L 型楼梯"模型的最终效果

3.4 常用对象空间修改器

3.4.1 对象空间修改器

在默认情况下，3ds Max 2019 的"修改"命令面板中的"修改器列表"下拉列表中包含 87 种对象空间修改器。对象空间修改器主要用于修改对象的形状和属性，它们存储于堆栈中，通过在堆栈中的上下导航可以对对象空间修改器进行修改或删除，也可以通过"塌陷"堆栈使修改一直生效。对象空间修改器如图 3.43 所示。

图 3.43 对象空间修改器

3.4.2 案例 Ⅰ——制作文字 Logo 模型

步骤 1：启动 3ds Max 2019，在"创建"命令面板中单击"图形"按钮，在"图形"面板中的下拉列表中选择"样条线"选项，然后在"对象类型"卷展栏中单击"文本"按钮，"文本"对象的参数设置如图 3.44 所示。

步骤 2：在前视图中单击鼠标左键，可以看到生成的文本，在"修改"命名面板中的"修改器列表"下拉列表中选择"对象空间修改器"→"倒角"选项，设置"倒角值"卷展栏中的参数，调整后的效果如图 3.45 所示。

图 3.44　"文本"对象的参数设置　　图 3.45　在"倒角值"卷展栏中的参数设置及调整后的效果

步骤 3：在"创建"命令面板中单击"空间扭曲"按钮，在"空间扭曲"面板中的下拉列表中选择"几何/可变形"选项，然后在"对象类型"卷展栏中单击"波浪"按钮，在前视图中文字的中央处拖曳出一个矩形框，在"参数"卷展栏中设置"波浪"对象的参数，如图 3.46 所示。单击工具栏中的"选择并旋转"按钮，沿着 Y 轴旋转 90°，接着单击工具栏中的"绑定到空间扭曲"按钮，依次选择"文字"对象和"波浪"对象，渲染好的效果如图 3.47 所示。

图 3.46　设置"波浪"对象的参数　　　　图 3.47　渲染好的效果

3.4.3　案例Ⅱ——制作"装饰花瓶"模型

步骤 1：启动 3ds Max 2019，在"创建"命令面板中单击"图形"按钮，在"图形"面板中的下拉列表中选择"样条线"选项，然后在"对象类型"卷展栏中单击"线"按钮，在前视图中绘制如图 3.48 所示的线。

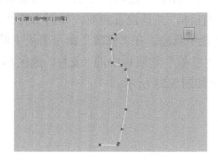

图 3.48　绘制线

步骤 2：使绘制的线保持被选中状态，在"修改"命令面板中展开 Line 节点，选择"样条线"子对象层级，然后在下面的"几何体"卷展栏中单击"轮廓"按钮并设置其值为 2。绘制的线的参数设置及效果如图 3.49 所示。

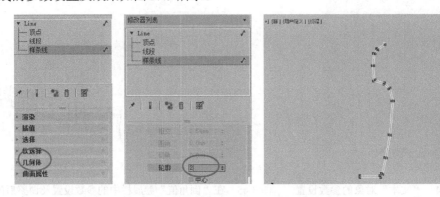

图 3.49　绘制的线的参数设置及效果

步骤 3：再次单击"样条线"子对象层级，退出线的编辑状态，在"修改器列表"下拉列表中选择"车削"选项，在下面的"参数"卷展栏中设置"分段"的值为 16，单击"方向"选区中的 Y 按钮和"对齐"选区中的"最小"按钮，如图 3.50 所示。"装饰花瓶"模型的最终效果如图 3.51 所示。

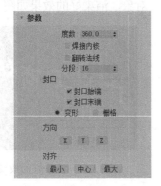
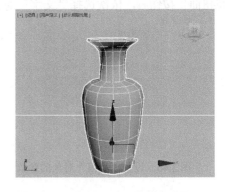

图 3.50　设置"车削"修改器的参数　　　图 3.51　"装饰花瓶"模型的最终效果

3.4.4　拓展练习——制作"镂空花篮"模型

步骤 1：启动 3ds Max 2019，在"创建"命令面板中单击"几何体"按钮，在"几何体"面板中的下拉列表中选择"标准基本体"选项，然后在"对象类型"卷展栏中单击"圆柱体"按钮，在顶视图中绘制一个圆柱体，并且设置参数，如图 3.52 所示。

步骤 2：使圆柱体保持被选中状态，在"修改"命令面板中的"修改器列表"下拉列表中选择"晶格"选项，并且设置"参数"卷展栏中的"支柱"选区和"节点"选区中的参数。"晶格"修改器的参数设置及效果如图 3.53 所示。

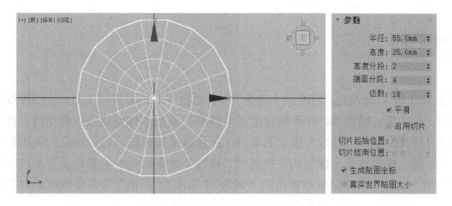

图 3.52　绘制圆柱体并设置圆柱体的参数

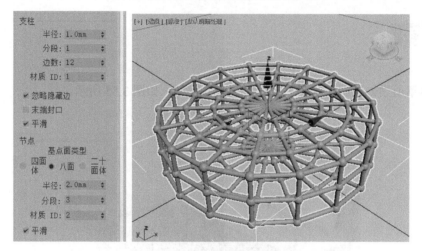

图 3.53　"晶格"修改器的参数设置及效果

　　步骤 3：在"修改"命令面板中的"修改器列表"下拉列表中选择"编辑多边形"选项，展开"编辑多边形"节点，选择"元素"子对象层级，删除多余的元素，制成"镂空花篮"模型，最终效果如图 3.54 所示。

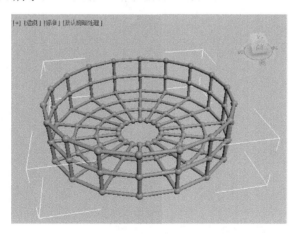

图 3.54　"镂空花篮"模型的最终效果

本章小结

本章主要介绍了 3ds Max 2019 的"创建"命令面板中的基础建模工具，包括标准基本体、扩展基本体、门、窗、楼梯等。在使用标准基本体和扩展基本体创建三维模型时，分别安排了制作"餐桌"模型和制作"沙发"模型的案例，并且通过拓展练习进行知识的巩固和操作技能的提高。门、窗、楼梯这几个建筑构件则通过"修改"命令面板中的参数设置来控制其表现形态。最后使用"修改"命令面板中提供的"倒角""车削""晶格"等常用修改器对三维模型进行修改。

课后练习

使用本章所学知识制作一个"沙发与茶几"模型，如图 3.55 所示。

图 3.55 "沙发与茶几"模型

第4章

样条线建模

样条线建模是 3ds Max 2019 建模常用的方法之一。本章主要阐述样条线的层级结构，并且通过案例讲解样条线在三维建模中的实际应用。

学习目标

➢ 了解样条线的本质。
➢ 理解样条线的层级对象。
➢ 掌握样条线的创建、编辑和修改方法。
➢ 掌握使用样条线生成三维模型的方法。

学习内容

➢ 样条线的创建方法。
➢ 样条线的层级对象。
➢ 样条线的创建、编辑和修改。
➢ 样条线实例操作。
➢ 样条线进阶训练。

4.1 样条线的创建和编辑

3ds Max 2019 中的样条线可以由一条或多条线构成，编辑样条线主要在于编辑它的顶点和边。使用样条线自身的命令生成复合的二维图形，通过这些图形可以继续生成三维模型。

在"创建"命令面板中单击"图形"按钮，在下面的下拉列表中选择"样条线"选项，如图 4.1 所示。

图 4.1　选择"样条线"选项

4.1.1　样条线的创建

1. 样条线

3ds Max 2019 中的样条线有 13 种对象类型，如图 4.2 所示。在"创建"命令面板中单击"图形"按钮 ，在"图形"面板中的下拉列表中选择"样条线"选项，然后在"对象类型"卷展栏中单击任意按钮可以创建相应的样条线对象。样条线的"对象类型"卷展栏中包含样条线的基础类型，结合相应的命令，可以制作混合二维图形。需要注意的是，创建的样条线的属性是图形，如"圆"的图形属性主要是"半径"和"步数"，如图 4.3 所示。如果要使用样条线，则需要将其转换为可编辑样条线。

图 4.2　样条线的对象类型

图 4.3　"圆"的图形属性

2. 样条线创建方法

线：单击鼠标左键创建由两个顶点形成的直线或由多个顶点形成的折线，在创建过程中按住鼠标左键拖动可拖曳出曲线，如图 4.4 所示。

图 4.4　线

矩形：按住鼠标左键拖曳出一个矩形，单击鼠标右键结束创建，当矩形"角半径"的值大于 0 时会出现圆角，如图 4.5 所示。

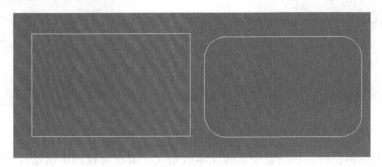

图 4.5   矩形

圆：按住鼠标左键拖曳出一个圆，单击鼠标右键结束创建，调整"半径"参数可改变圆的大小，如图 4.6 所示。

椭圆：创建方法类似圆的创建方法，但比圆多一个"轮廓"参数，如图 4.7 所示。

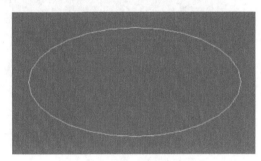

图 4.6   圆   图 4.7   椭圆

弧：按住鼠标左键拖曳出一条直线，释放鼠标左键并左右移动鼠标会生成弧的预览，单击鼠标左键结束创建，如图 4.8 所示。

圆环：按住鼠标左键拖曳出一个圆，释放鼠标左键并移动鼠标会生成第二个圆的预览，单击鼠标左键结束创建，如图 4.9 所示。

图 4.8   弧   图 4.9   圆环

多边形：按住鼠标左键拖曳出一个六边形（默认是六条边），单击鼠标右键结束创建，调整"边数"参数可以调整多边形的边的数量，如图 4.10 所示。

星形：按住鼠标左键拖曳出一个星形，释放鼠标左键并移动鼠标会生成星形尖角的预览，单击鼠标左键结束创建，如图 4.11 所示。

图 4.10 多边形 　　　　　　　　　　如图 4.11 星形

文本：单击鼠标左键，在场景中创建文本线条（一般在前视图中创建），在"参数"卷展栏中的"文本"文本域中输入相应的文字，场景中的文本会即时更新，如图 4.12 所示。

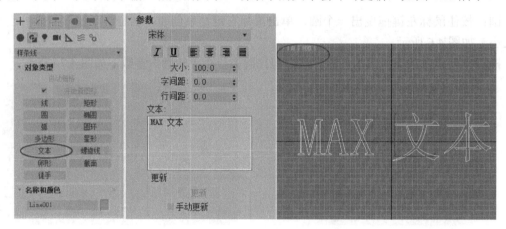

图 4.12 文本

螺旋线：按住鼠标左键，在场景中拖曳出一条具有"半径 1"的开放圆形线，释放鼠标左键并移动鼠标产生高度，单击鼠标左键确定高度，移动鼠标预览"半径 2"的效果，再次单击鼠标左键结束创建，如图 4.13 所示。

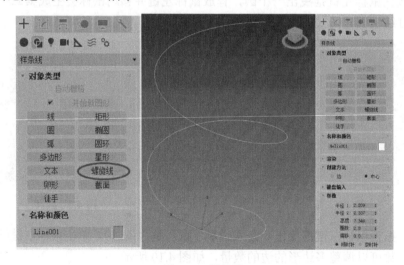

图 4.13 螺旋线

卵形：创建方法参考圆环。

截面：先创建一个实体模型，再创建一个截面，让截面穿插过模型，此时模型表面会生成一条黄色边线，单击截面参数中的"创建图形"按钮，即可生成一个模型截面的二维图形，如图 4.14 所示。

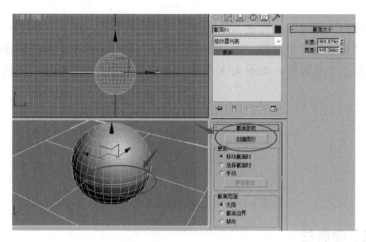

如图 4.14　截面

3. 扩展样条线

在"创建"命令面板中单击"图形"按钮 ，在"图形"面板中的下拉列表中选择"扩展样条线"选项，在"对象类型"卷展栏中有 5 个扩展样条线按钮，单击任意一个按钮，即可在场景中创建相应的扩展样条线，并且通过"修改"命令面板修改其参数，制作不同类型的扩展样条线，如图 4.15 所示。

图 4.15　扩展样条线

4.1.2　样条线的编辑

可编辑样条线通常是用二维几何图形转换而来的，转换后的可编辑样条线的属性与样条线的属性相同，但失去了原本二维图形的属性，转换的方式有两种。

第一种是通过在"修改"命令面板中添加"编辑样条线"修改器，将样条线转换为可编辑样条线，这种方法可以同时保留二维图形的属性，如图 4.16 所示。

第二种是通过右击弹出的快捷菜单将样条线转换为可编辑样条线，这种方法不保留二维图形的属性，只有"顶点""线段""样条线"共 3 个子对象，如图 4.17 所示。

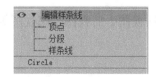

图 4.16　添加"编辑样条线"修改器

图 4.17　通过右击弹出的快捷菜单转换为可编辑样条线

4.2　样条线的修改

在样条线创建完成后可以将其进一步修改成所需要的形状，修改主要针对"顶点"子对象、"分段"子对象、"样条线"子对象，可以使用"修改"命令面板中的常用命令进行修改。在修改样条线时会用到 5 个卷展栏，如图 4.18 所示，其中"渲染"卷展栏和"几何体"卷展栏的使用频率最高。

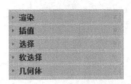

图 4.18　用于修改样条线的卷展栏

4.2.1　"渲染"卷展栏

"渲染"卷展栏的功能是表现样条线的实体显示，主要有圆形和矩形两种，可以表现一些简单的样条线模型（如钢丝、铁环等）的实体显示，但无法表现复杂截面的模型的实体显示。

在 3ds Max 2019 中，样条线的"渲染"卷展栏比旧版新增了"扭曲校正"和"封口"共两个参数选项，这两个参数选项使用户在编辑样条线时更加灵活、方便，如图 4.19 所示。

图 4.19　"渲染"卷展栏

下面通过操作讲解"渲染"卷展栏的功能。

步骤 1：在正交视图（没有透视的视图，如前视图、顶视图、后视图、底视图等）中创建一个"半径"为 50.0 的圆，如图 4.20 所示。

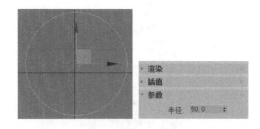

图 4.20 在正文视图中创建一个"半径"为 50.0 的圆

步骤 2：在"渲染"卷展栏中勾选"在视口中启用"复选框（勾选该复选框可以使样条线在场景中显示实体模型，但不能渲染出实体模型），同时勾选"在渲染中启用"复选框（勾选该复选框可以使样条线渲染出实体模型），选择"径向"单选按钮，并且设置"厚度"的值为 8.0mm，按 F9 快捷键实现快速渲染。圆的"渲染"卷展栏参数设置、场景显示和渲染显示如图 4.21 所示。

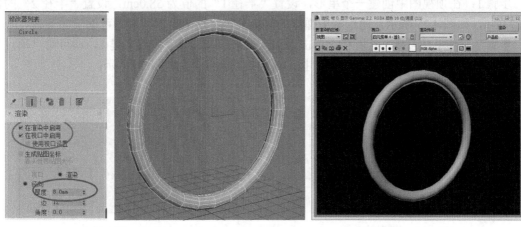

图 4.21 圆的"渲染"卷展栏参数设置、场景显示和渲染显示

4.2.2 "插值"卷展栏

"插值"卷展栏中只有一个参数"步数"，如图 4.22 所示。"插值"卷展栏的功能是增加或减少曲线分段，原理为一条曲线是由多条线段构成的，线段的数量越多，曲线越平滑。当圆形的"步数"值为零时，两点之间就只有一条线段，如图 4.23 所示。

图 4.22 "插值"卷展栏

图 4.23 "步数"值为零的圆形

4.2.3 "选择"卷展栏

在"选择"卷展栏中可以对"顶点"子对象、"分段"子对象、"样条线"子对象进行选择，如图 4.24 所示，这 3 个子对象的快捷键依次是数字键 1、2、3。在选中其中一个子对象后，可以对其进行移动、旋转、缩放等常规操作。

图 4.24 "选择"卷展栏

可以生成三维模型的样条线在一般情况下是封闭式的，在少数情况下是开放式的，后者涉及样条线子对象的增加、删除操作。

步骤 1：在顶视图中创建一个星形，设置"半径 1"的值为 58.0cm，设置"半径 2"的值为 27.0cm，如图 4.25 所示。通过右击弹出的快捷菜单将这个星形转换为可编辑样条线。

步骤 2：展开"选择"卷展栏，单击"顶点"按钮 ，或者按数字键 1，即可对"顶点"子对象进行编辑。选中其中一个顶点，按 Del 键将其删除，如图 4.26 所示。

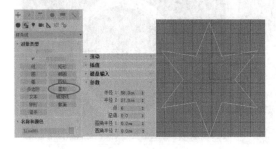

图 4.25 创建星形

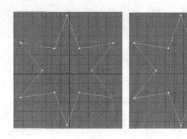

图 4.26 删除顶点

根据图 4.26 可知，在顶点被删除后，与该顶点相邻的两点之间会自动重新连线，并没有将线段删除，所以要删除线段就必须对"线段"子对象进行编辑。在"选择"卷展栏中单击"线段"按钮 ，或者按数字键 2，选中要删除的线段，按 Del 键将其删除，如图 4.27 所示。

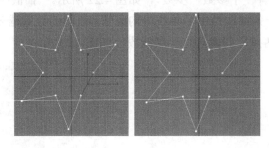

图 4.27 删除线段

4.2.4 "软选择"卷展栏

"软选择"卷展栏主要用于对所选子对象的操作起平滑过渡作用，它主要通过控制软选择的衰减范围和衰减曲线来调节对样条线操作后的形状。"软选择"卷展栏如图 4.28 所示。

"软选择"卷展栏中的几个参数具体作用如下。

使用软选择：在勾选该复选框后可以进入软选择状态。

边距离：对于在同一个样条线对象的两条不同线段上的子对象（顶点、线段），在勾选"边距离"复选框的情况下，在操作其中一个子对象时，不会对另一个子对象产生影响。创建两个圆环并将其转换为可编辑样条线，其中左边的圆环没有勾选"边距离"复选框，右边的圆环勾选了"边距离"复选框，移动右边的顶点，效果如图 4.29 所示。

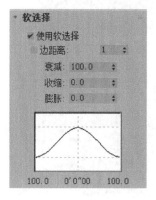

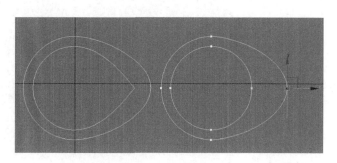

图 4.28　"软选择"卷展栏　　　　图 4.29　是否勾选"边距离"复选框的效果对比

衰减：软选择的衰减范围，值越大，影响的衰减范围越大，距离选择中心点越远，影响力度越小。影响力度由大到小的颜色依次为红、绿、蓝。

创建一个字母 S 并将其转换为可编辑样条线，选中右边的一个顶点，设置"边距离"的值为 50，设置"衰减"的值为 20.0（此处仅为参考值，创建的样条线大小不同，则此值也不同），向右移动该点，效果如图 4.30 所示。

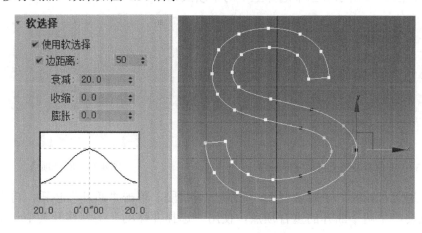

图 4.30　字母 S 的"软选择"卷展栏参数设置及效果

膨胀：调整曲线的突起值，该值在顶点较密集时效果比较明显。

4.2.5　"几何体"卷展栏

"几何体"卷展栏是在修改样条线时最重要、最常用的卷展栏。通过设置"几何体"卷展栏中的参数可以制作出仅调节顶点、线段无法制作的图形，效果千变万化，如图 4.31 所示。

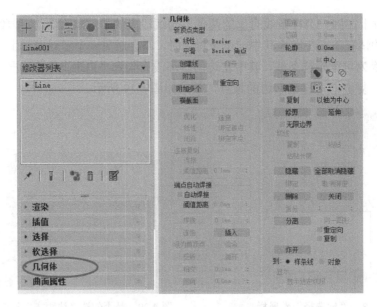

图 4.31　"几何体"卷展栏

创建线：先创建任意一个样条线对象，再单击"创建线"按钮，在旁边创建另一条样条线，此时有两条样条线，但都属于同一个对象，如图 4.32 所示。

断开：选择样条线的一个或多个顶点（在多选顶点时要按住 Ctrl 键），单击"断开"按钮，顶点就会断开，此时进入"样条线"子对象层级，使用"选择并移动"工具将样条线的一侧移开，如图 4.33 所示（图中选择上下两个顶点）。

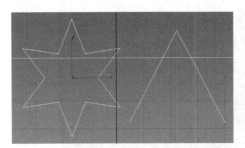
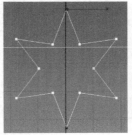
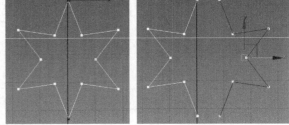

图 4.32　在原有基础上再创建样条线　　　　　　　图 4.33　断开顶点

此外，进入"线段"子对象层级，选择一条线段，单击"断开"按钮，再在所选线段上单击，就会产生两个断开的重合顶点，使用"选择并移动"工具移开其中一个顶点，如图 4.34 所示。

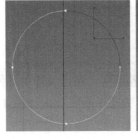
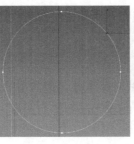
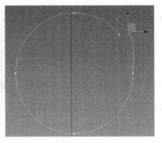

图 4.34　断开线段

附加：将两个不同的样条线对象合并为一个样条线对象。创建一个圆和一个矩形并将其转换为可编辑样条线，选择其中一个样条线对象，单击"附加"按钮，再单击另一个样条线对象，即可将其合并为一个样条线对象，如图 4.35 所示。

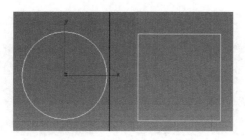

图 4.35　附加样条线对象

附加多个：和"附加"按钮的功能类似，只是可以对场景中的多个样条线对象进行附加操作。选中一个样条线对象，单击"附加多个"按钮，再单击要附加的多个样条线对象，即可将其合并为一个样条线对象。

横截面：对同一个对象中的不同样条线进行连接，形成一个横截面（新版功能）。

在前视图中创建两条线段，将其合并为一个样条线对象，在该样条线对象处于被选中的状态下单击"横截面"按钮，按住鼠标左键从一条线段处拖动到另一条线段处，形成一个矩形，如图 4.36 所示。

优化：在原本的线段上添加一个或多个顶点，使原本的线段能编辑出更多细节，在加点完毕后单击鼠标右键。3ds Max 2019 比旧版本多了一个"连接"功能，如图 4.37 所示。

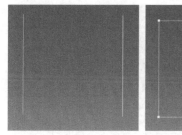

图 4.36　横截面　　　　　　　　　　　图 4.37　"连接"功能

选中其中一条线段，进入"顶点"或"线段"子对象层级，单击"优化"按钮，在任意线段上单击生成顶点，如图 4.38 所示（图中选择了右方的线段进行操作）。

勾选"连接"复选框，分别在两条线段（属于同一个样条线对象）上单击，再单击鼠标右键，可以看到两点之间连成一条线段，如图 4.39 所示。

图 4.38　线段优化　　　　　　　　　　图 4.39　在两条线段间连接一条线段

再勾选"闭合"复选框，在两条线段上优化出 4 个顶点，在结束后生成闭合图形，如图 4.40 所示。

再勾选"线性"复选框，在两条线段上优化出 4 个顶点，在结束后生成直线封闭图形，如图 4.41 所示。

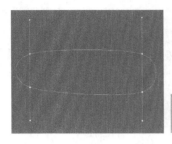

图 4.40　优化闭合　　　　　　　　　　　图 4.41　线性闭合

如果勾选"绑定首点"复选框，则将在优化操作中创建的第一个顶点绑定到所选线段的中心。

如果勾选"绑定末点"复选框，则将在优化操作中创建的最后一个顶点绑定到该线段中心。

如果同时勾选"绑定首点"复选框和"绑定末点"复选框，则在使用"优化"命令后会产生一条连接左边线段和右边线段中心的线段，如图 4.42 所示。

焊接：在同一个样条线对象内，将设定范围内的多个顶点合并成一个顶点，后面数值框中的值是可以被焊接的范围值。

创建一个矩形并将其转换为可编辑样条线，按数字键 1 进入"顶点"子对象层级，选择上面两个顶点，设置"焊接"的值为 50.0mm（此处仅为参考值，可根据实际情况调整），单击"焊接"按钮，即可将两个顶点合并成一个顶点，如图 4.43 所示。

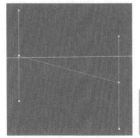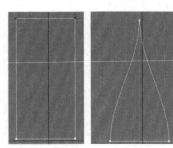

图 4.42　同时勾选"绑定首点"复选框和"绑定末点"复选框的效果　　　图 4.43　焊接顶点

连接：在同一个样条线对象中，将两个相邻的非连接顶点连接起来。

创建一个弧形并将其转换为可编辑样条线，单击"连接"按钮，单击其中一个顶点，按住鼠标左键将其拖动到另一个顶点处，连接完成，如图 4.44 所示。

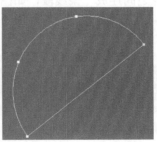

图 4.44　连接顶点

插入：在一条线段上创建顶点，在创建完成后可以移动该顶点，使线段产生更丰富的细节。

创建一条线段，进入"顶点"子对象层级，单击"插入"按钮，并且在线段上单击创建多个顶点，单击选中这些顶点并将其拖曳至合适的位置，如图 4.45 所示。

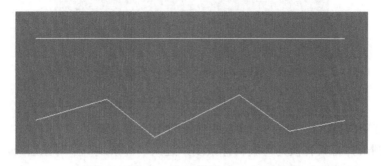

图 4.45　创建顶点并移动其至合适的位置

设为首顶点：将样条线的末顶点设为首顶点，相当于将样条线的始端和末端互换。

熔合：将选中的顶点在空间上重合。和焊接的效果类似（效果参考焊接），但本质上有很大区别，焊接是将多个顶点合并为一个顶点，而熔合是使多个顶点重合但并没有将它们合并为一个顶点，仅仅是在空间上重合而已。

反转：将样条线的首末互换，功能和"设为首顶点"按钮相同，前者需要进入"样条线"子对象层级，后者需要进入"顶点"子对象层级。

循环：这是一个选择功能按钮，选中样条线的一个顶点，单击"循环"按钮会以首顶点为开始方向，自动选择下一个顶点，以此类推。

相交：在同一个样条线对象上创建相交的顶点。

创建两个任意图形，使其处于相交状态，将其中一个转换为可编辑样条线，然后通过"附加"按钮将两个图形合并为一个样条线对象。单击"相交"按钮，在相交处单击生成相交顶点，如图 4.46 所示。

圆角：在样条线的顶点上产生平滑过渡的曲线，由一个顶点分为两个贝赛尔顶点。

创建一个矩形并将其转换为可编辑样条线，选中其中一个顶点，单击"圆角"按钮，按住鼠标左键在顶点上拖动生成圆角，也可以选中顶点并在后面的数值框中设置参数，效果如图 4.47 所示。

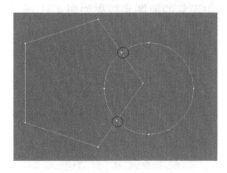
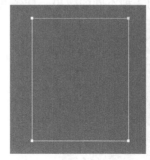
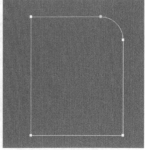

图 4.46　相交　　　　　　　　　　　　　　図 4.47　圆角

切角：使用方法和"圆角"按钮的使用方法相同。单击"切角"按钮，按住鼠标左键在顶点上拖动生成切角，只是生成的是直线，不是贝塞尔曲线，如图 4.48 所示。

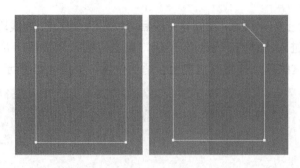

图 4.48　切角

轮廓：使选中的样条线生成内轮廓线或外轮廓线。

创建一个圆形并将其转换为可编辑样条线，进入"样条线"子对象层级，单击"轮廓"按钮，按住鼠标左键在样条线上拖动，生成轮廓线，如图 4.49 所示。

如果勾选"中心"复选框，则内轮廓线和外轮廓线会以图形中心为中心进行调整，外轮廓线会向外扩大，内轮廓线会向中心缩小，如图 4.50 所示。

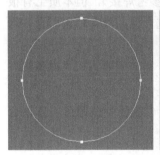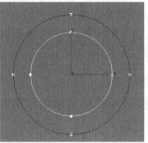

图 4.49　轮廓线　　　　　　　　　图 4.50　轮廓中心效果

布尔：在"样条线"子对象层级下，对不同的封闭样条线进行并集🔘、差集🔘、交集🔘操作。操作前提是在样条线对象的"样条线"子对象层级下，有两个或更多个封闭样条线子对象，如圆、矩形。

创建一个圆和一个矩形，使用"附加"按钮将它们合并成一个样条线对象。先选中圆，然后单击"布尔"按钮，再单击"并集"按钮🔘、"差集"按钮🔘、"交集"按钮🔘中的一个，最后单击矩形，可以得到 3 种不同的效果。样条线布尔运算的原图和效果如图 4.51 所示。

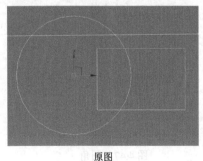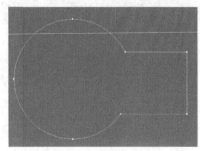

原图　　　　　　　　　　　　　　　　　　　并集

图 4.51　样条线布尔运算的原图和效果

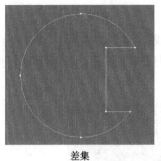

差集　　　　　　　　　　　　　　　　　　　　交集

图 4.51　样条线布尔运算的原图和效果（续）

镜像：镜像是在"样条线"子对象层级进行的 3 种复制方式，包括水平镜像、垂直镜像、双向镜像。

创建一个五角星并将其转换为可编辑样条线，按数字键 3 进入"样条线"子对象层级，选中五角星，单击"水平镜像"按钮、"垂直镜像"按钮、"双向镜像"按钮中的一个，勾选"复制"复选框，然后单击"镜像"按钮，效果分别如图 4.52 所示。

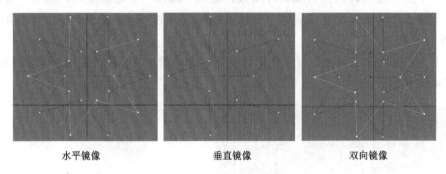

水平镜像　　　　　　　　垂直镜像　　　　　　　　双向镜像

图 4.52　样条线镜像效果

除了垂直镜像的图形与原图形重合了，其余两种镜像都能明显看到镜像后的图形。

修剪：结合另一条穿插的样条线对图形进行修剪，在修剪时以相交的点为基准。

在图 4.52 中的五角星的基础上，单击"创建线"按钮创建一条线段与五角星相交，然后按数字键 3 进入"样条线"子对象层级，单击"修剪"按钮，然后依次单击需要修剪掉的部分，如图 4.53 所示。

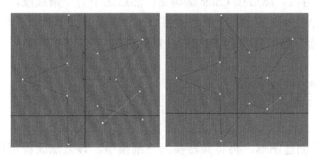

图 4.53　修剪

延伸：向"样条线"子对象的顶点方向延伸，在延伸方向必须有另一个"样条线"子对象对延伸的线条进行阻挡，延伸线条在遇到阻挡的"样条线"子对象后会停止延伸并生成另一个顶点。

创建一个圆和一条直线，将其合并为一个样条线对象，进入"线段"子对象层级，将圆的四分之一删掉，再进入"样条线"子对象层级，单击"延伸"按钮，在圆的两个顶点附近单击，生成延伸线段，如图4.54所示。

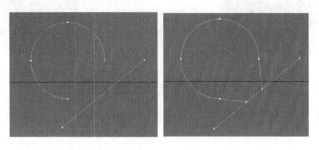

图 4.54　延伸

分离：在"线段"或"样条线"子对象层级，选中部分对象并将其分离出来。

创建一个圆并将其转换为可编辑样条线，进入"线段"子对象层级，选中一条线段，单击"分离"按钮，将该线段分离成另一个样条线对象，用"选择并移动"工具将其移开，如图4.55所示。

在最下方还有"曲面属性"卷展栏，该卷展栏的功能是使线段产生 ID 和通过 ID 选择线段，如图4.56所示。

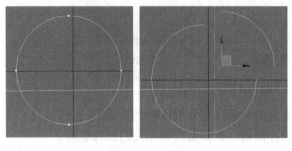

图 4.55　分离

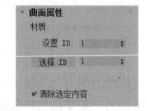

图 4.56　"曲面属性"卷展栏

使用图4.55中的四分之三圆，进入"线段"子对象层级，选择其中一条线段，在"设置ID"数值框中输入数字1，然后按 Enter 键确定；然后选中另一条线段，在"设置 ID"数值框中输入数字2，然后按 Enter 键确定；以此类推。在"选择 ID"数值框中输入数字1，单击"选择 ID"按钮，此时选中的是 ID 为1的线段，以此类推。

4.3　二转三建模方式

本节使用样条线创建图形，再将其转换为三维模型。该方法流程可以令读者掌握和领悟二转三建模的基本思路，从而对样条线建模有更深刻的理解。

样条线顶点有以下四种类型。

Bezier（贝赛尔）角点：两端均有控制柄，但控制柄通常不在同一条切线上，可以调节顶点两边线段的方向。

Bezier（贝赛尔）：两端均有控制柄，并且控制柄在同一条切线上，该顶点两边的线段不能形成尖角，只会形成平滑过渡的弧线，它与"平滑"顶点的区别是前者可以调节方向，后者不可以调节方向。

角点：无控制柄控制的尖角，只能调节该顶点本身。

平滑：顶点两端的线段平滑过渡，但不能调节平滑的方向。

重置切线：不属于顶点类型，它只是一个命令。对于 Bezier（贝赛尔）角点或 Bezier（贝赛尔）类型的顶点，在使用"重置切线"命令后可以使顶点两端的控制柄长度均等，使曲线弧度均等，但不能改变顶点本身的属性。

4.3.1　实例Ⅰ——制作"门牌镂花挂钩"模型

步骤 1：选择前视图，按 Alt+W 组合键最大化视图，在前视图中用"线"创建一条角点曲线，再将顶点类型设置为 Bezier 角点，用"选择并旋转"工具对顶点方向进行调节（不建议直接创建 Bezier 曲线，初学者很难对其进行准确操控），使曲线平滑过渡，如图 4.57 所示。

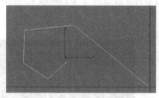

图 4.57　创建一条平滑曲线

步骤 2：使用同样的方法，在下方创建另一条平滑曲线，如图 4.58 所示。

步骤 3：在上方创建两条平滑曲线，如图 4.59 所示。

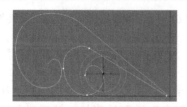

图 4.58　创建另一条平滑曲线　　　　图 4.59　在上方创建两条平滑曲线

步骤 4：在左视图中创建一个圆柱，设置"高度分段"的值为 1，设置"半径"的值为 1.0（此处仅为参考值），效果如图 4.60 所示。

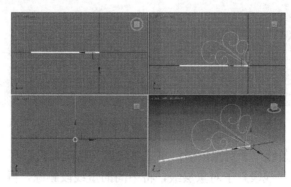

图 4.60　创建圆柱

步骤 5：选中圆柱，使用"选择并旋转"工具配合 Shift 键复制出其余圆柱，并且调整其长度，如图 4.61 所示。

图 4.61　复制其余圆柱

步骤 6：分别选中创建的样条线，在"渲染"卷展栏中勾选"在渲染中启用"复选框和"在视口中启用"复选框，选择"径向"单选按钮，并且设置"厚度"的值为 2.0，如图 4.62 所示。

步骤 7：在左视图中创建两个圆环套在下方的圆柱上。"门牌镂花挂钩"模型的最终效果如图 4.63 所示。

图 4.62　"渲染"卷展栏中的参数设置　　　　图 4.63　"门牌镂花挂钩"模型的最终效果

4.3.2　案例Ⅱ——制作"咖啡杯"模型

步骤 1：单击"线"按钮，在前视图中绘制一条样条线，设置顶点类型为角点（单击形成的顶点类型为角点），调节该样条线使其能大致表现"杯身"模型的形状，然后进入"顶点"子对象层级，单击"圆角"按钮对右下角的顶点进行圆角处理，如图 4.64 所示。

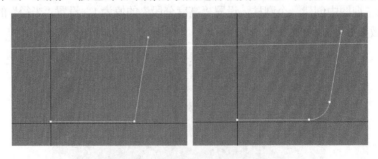

图 4.64　"杯身"模型轮廓样条线

步骤 2：进入"样条线"子对象层级，单击"轮廓"按钮，将"杯身"模型挤出具有一定厚度的轮廓，然后进入"线段"子对象层级，将中间的短线段删除，再进入"顶点"子对象层级，单击"圆角"按钮对上面两个顶点进行圆角处理，如图 4.65 所示。

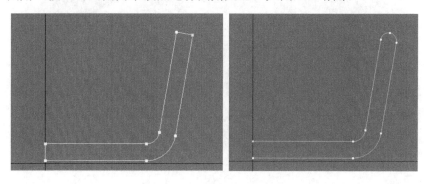

图 4.65　"杯身"模型修整

步骤 3：按 Ctrl+B 组合键退出所有子对象层级，在"修改"命令面板中添加"车削"修改器，并且设置该修改器的具体参数，如果在车削后法线反转，则需要勾选"翻转法线"复选框。"车削"修改器的参数设置及效果如图 4.66 所示。

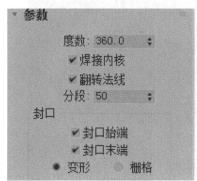

图 4.66　"车削"修改器的参数设置及效果

步骤 4：在前视图中创建一条"杯耳"模型曲线（先创建角点曲线，再将角点曲线转换为贝赛尔曲线），使该曲线刚好匹配"杯身"模型边缘，如图 4.67 所示。

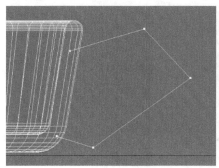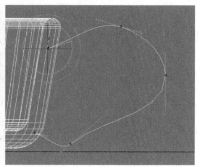

图 4.67　"杯耳"模型曲线

步骤 5：在"渲染"卷展栏中选择"矩形"单选按钮，其余参数根据具体情况设置，本案例只是给出一个参考值（注意不要选择"径向"单选按钮，否则会使整体失去协调性），如图 4.68 所示。

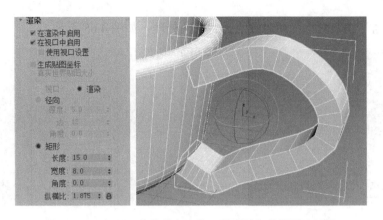

图 4.68 "杯耳"曲线的"渲染"卷展栏参数设置及效果

步骤 6：在"修改"命令面板中添加"涡轮平滑"修改器，设置"迭代次数"的值为 2，这样会显得更加光滑，如图 4.69 所示。

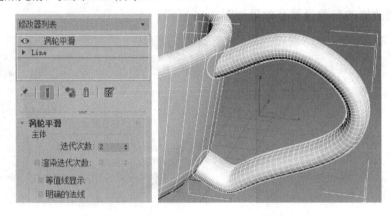

图 4.69 "涡轮平滑"修改器的参数设置及效果

"咖啡杯"模型的最终渲染效果如图 4.70 所示。本案例使用的渲染器为 Arnold 渲染器，具体渲染方法可参考后续的教学视频。

图 4.70 "咖啡杯"模型的最终渲染效果

4.3.3 案例Ⅲ——制作文字模型

步骤 1：单击"文本"按钮，在前视图中创建文字样条线，然后在"修改"命令面板中的

"文本"文本域中输入"3DS MAX",并且设置"字体"为"仿宋",如图 4.71 所示。

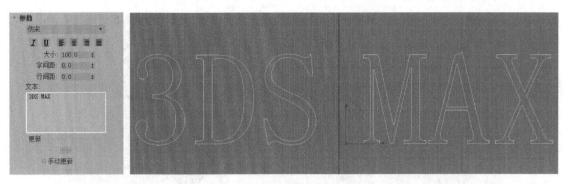

图 4.71　文字样条线的参数设置及效果

步骤 2:在文字旁边创建一个矩形,设置"角半径"的值为 2.0(参考值),将该矩形转换为可编辑样条线,进入"线段"子对象层级并删除左边和中间部分,只留下右边的圆角部分,按 Ctrl+B 组合键退出"线段"子对象层级,如图 4.72 所示。

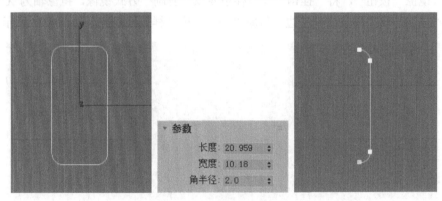

图 4.72　创建并编辑矩形

步骤 3:选中文字样条线,在"修改"命令面板中添加"倒角剖面"修改器,选择"经典"模式(旧版软件只有经典模式,无须选择),单击"拾取剖面"按钮,再单击步骤 2 中的矩形线,生成文字"3DS MAX"的模型,如图 4.73 所示。

图 4.73　文字"3DS MAX"的模型

4.3.4　拓展练习——制作"吊灯"模型

步骤 1:单击"线"按钮,在前视图中创建"吊灯顶部"曲线,首顶点和末顶点在 X 轴上的坐标均为 0(确保在车削后不会产生破洞),添加"车削"修改器,设置修改器的参数,生成"吊灯顶部"模型的车削模型，如图 4.74 所示。

图 4.74 "吊灯顶部"模型曲线的"车削"修改器参数设置及效果

步骤 2：在前视图中创建一条样条线，形状为"挂钩"模型的一半，退出所有子对象层级，然后单击"镜像"按钮，将"挂钩"模型样条线以"复制"方式镜像，镜像轴为 X 轴，再移动镜像的"挂钩"模型样条线到左边，与原"挂钩"模型样条线对齐，如图 4.75 所示。

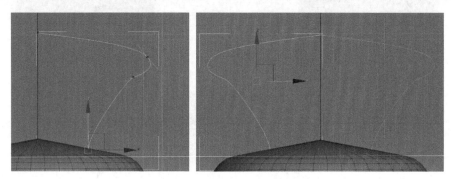

图 4.75 "挂钩"模型样条线

步骤 3：将其中一条"挂钩"模型样条线转换为可编辑样条线，在"几何体"卷展栏中单击"附加"按钮，再单击另一条"挂钩"模型样条线，将两条"挂钩"模型样条线合并为一个样条线对象。选中中间的两个顶点，单击"熔合"按钮，再单击"焊接"按钮（在顶点重合后能保证焊接绝对成功），将这两个顶点焊接为一个顶点。右击该顶点，在弹出的快捷菜单中选择"重置切线"命令，使顶点两端的控制柄长度均等，如图 4.76 所示。

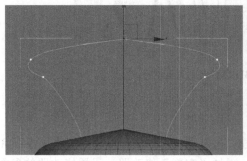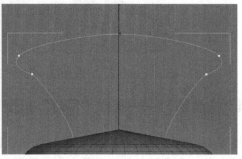

图 4.76 焊接顶点和重置切线

步骤 4：在"渲染"卷展栏中选择"径向"单选按钮，并且设置"厚度"的值为 2.0，勾选"在渲染中启用" 复选框和"在视口中启用"复选框，使其实体显示，参数设置及效果如图 4.77 所示。

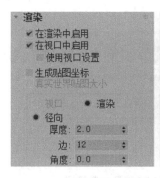
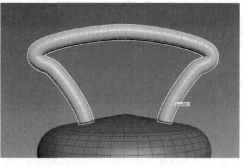

图 4.77 "挂钩"模型的"渲染"卷展栏参数设置及效果

步骤 5：创建一个圆柱体，将其放在"吊灯顶部"模型的车削模型的下方中间，再创建一条样条线（样条线的创建方法可以参考前面的创建方法，也可以参考教学视频），添加"车削"修改器，并且设置修改器的参数，生成"吊灯中心轴"模型的车削模型如图 4.78 所示。

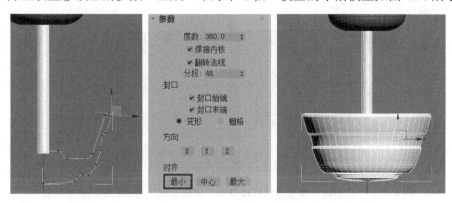

图 4.78 "吊灯中心轴"的"车削"修改器参数设置及效果

步骤 6：使用步骤 5 的方法创建"吊灯中心轴"模型的下部曲线，同样使用"车削"修改器生成车削模型，"车削"参数同步骤 5，效果如图 4.79 所示。

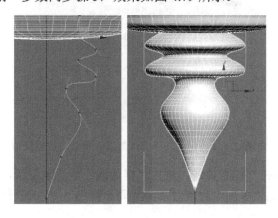

图 4.79 "吊灯中心轴"模型的下部曲线及生成的车削模型

步骤 7：在前视图中创建"灯架条"模型曲线，顶点类型均为 Bezier，然后创建一个多边形，设置"边数"的值为 3，设置"角半径"的值为 0.5（此处为参考值，注意圆角三角形不要转换为可编辑样条线，方便后面调整大小）。"灯架条"模型曲线、圆角三角形及参数设置如图 4.80 所示。

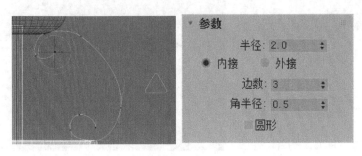

图 4.80 "灯架条"模型曲线、圆角三角形及参数设置

步骤 8：选中"灯架条"模型曲线，在"创建"命令面板中的"几何体"面板中的下拉列表中选择"复合对象"选项，单击"放样"按钮，再单击"获取图形"按钮，最后单击圆角三角形生成放样模型。"灯架条"模型的放样模型及"蒙皮参数"卷展栏中的参数设置如图 4.81 所示。

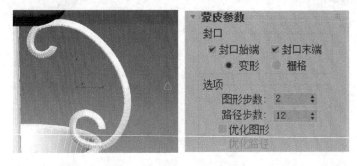

图 4.81 "灯架条"模型的放样模型及"蒙皮参数"卷展栏中的参数设置

步骤 9：选中步骤 8 中的"灯架条"模型的放样模型，单击"镜像"按钮，复制出另一个"灯架条"模型的放样模型，如图 4.82 所示。

图 4.82 镜像出另一个"灯架条"模型的放样模型

步骤 10：创建"灯托"模型曲线，进入"样条线"子对象层级，单击"轮廓"按钮，给该曲线增加厚度，再添加"车削"修改器（参数同步骤 5），生成"灯托"模型的车削模型，如图 4.83 所示。

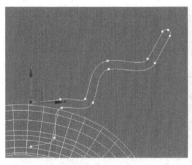

图 4.83　"灯托"模型曲线及生成的车削模型

步骤 11：使用上述方法创建"灯罩"模型边缘曲线，进入"样条线"子对象层级，单击"轮廓"按钮，给该曲线增加厚度，再添加"车削"修改器（注意，如果在车削后法线没有反过来，则不用勾选"反转法线"复选框），生成"灯罩"模型的车削模型，如图 4.84 所示。

图 4.84　"灯罩"模型曲线及生成的车削模型

步骤 12：在前视图中创建"灯托镂花"模型曲线，设置"渲染"卷展栏中的"厚度"的值为 0.5，设置"插值"卷展栏中的"步数"的值为 12，再使用"镜像"工具将其镜像到另一边，镜像类型为"实例"，如图 4.85 所示。

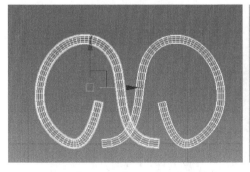

图 4.85　"灯托镂花"模型的相关设置

步骤 13：选中步骤 12 中的两个曲线对象，按 Shift 键配合使用"选择并移动"工具克隆出 6 组，克隆的对象类型为"实例"。再添加"弯曲"修改器，其参数设置及效果如图 4.86 所示。

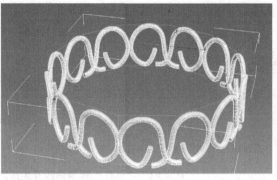

图 4.86 "弯曲"修改器的参数设置及效果

步骤 14：在顶视图中的"灯罩"模型位置创建一个星形，置于"灯托镂花"模型下方，设置参数；然后按 Shift 键配合使用"选择并移动"工具向上克隆出一个，克隆的对象类型为"复制"，生成"星形围边"模型。"星形围边"模型的参数设置及效果如图 4.87 所示。

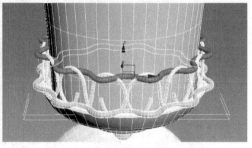

图 4.87 "星形围边"模型的参数设置及效果

步骤 15：选中"灯臂"模型，选择"组"→"组"命令，将所选部分组成一个组；然后选择"层次"命令面板，单击"仅影响轴"按钮；切换到透视图，按 W 键切换为"选择并移动"工具，在时间轴下方设置 X 的值为 0.0，再单击"仅影响轴"按钮退出编辑状态。这样在旋转复制时就会以坐标中心为旋转轴，并且不会产生偏差。移动旋转轴的参数设置及效果如图 4.88 所示。

图 4.88 移动轴的参数设置及效果

步骤 16：选中步骤 15 中的"灯臂"模型组，选择"工具"→"阵列"命令，设置相应参数克隆出 5 个（包含本体共 6 个），在预览无误后单击"确定"按钮，如图 4.89 所示。

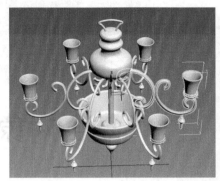

图 4.89　阵列"灯臂"模型组

步骤 17：使用上述方法再创建两条样条线，在实体显示后使用"阵列"工具克隆出 5 组，具体渲染方法可以参考后续章节。"吊灯"模型的最终渲染效果如图 4.90 所示。

图 4.90　"吊灯"模型的最终渲染效果

本章小结

本章主要讲解了使用 3ds Max 2019 将样条线转换为三维模型的方法。使用样条线建模可以快速并精确地创建细节要求较高的三维模型，使创建模型变得更方便、高效。本章首先介绍样条线的创建方法和修改方法，然后通过多个实用性较强的案例，对常用的样条线建模方法进行讲解，通过案例操作加深读者对知识点的理解，并且使读者获得相应的操作经验。

课后练习

使用本章所学知识制作字体模型，如图 4.91 所示。

图 4.91　字体模型

第 5 章

复合对象

使用复合对象建模是除多边形、NURBS、样条线建模外的第四种建模方法。复合对象的作用是将两个或更多个对象组合成单个对象。使用复合对象建模的方法有多种，根据实际情况使用相应的建模方法可以获得较好的效果。在 3ds Max 2019 中，使用复合对象建模的方法相对旧版有所增加，本章会讲解多种使用复合对象建模的方法，这些建模方法与其他建模方法相结合，可以制作出用常规方法难以创建的模型。

学习目标

➢ 了解复合对象建模的制作思路。
➢ 掌握复合对象的使用方法。
➢ 能够熟练地将复合对象建模方法与其他建模方法相结合。

学习内容

➢ 复合对象建模的原理。
➢ 复合对象建模的流程。
➢ 复合对象建模的细节问题。

5.1 复合对象使用详解

在 3ds Max 2019 中，使用复合对象建模的方法有 12 种，在日常应用中，最常见的复合对象建模方法有 3 种，分别为散布、布尔、放样。根据建模要求使用合适的建模方法，也可以将不同的建模方法结合使用。在"创建"命令面板中的"几何体"面板中的下拉列表中选择"复合对象"选项，即可查看所有复合对象的对象类型如图 5.1 所示。

变形：设置变形几何体的本体与目标对象的关系，二者必须具有相同的顶点数。例如，将几何体 A 设为本体，将几何体 B 和几何体 C 设为目标对象，在设置关系后即可将几何体 A 变形为几何体 B 或几何体 C。

图 5.1 复合对象的对象类型

在透视图中创建一个"茶壶"模型,将其转换为可编辑多边形,然后向右克隆出两个(克隆的对象类型为"复制"),选择"茶壶"模型 B 或"茶壶"模型 C,进入"顶点"子对象层级,使用软选择将顶点移动少许,如图 5.2 所示。

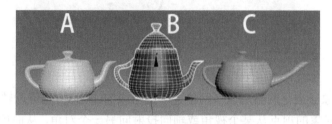

图 5.2 变形本体和目标对象

选择最左边的原始本体,在"创建"命令面板中的"几何体"面板中的下拉列表中选择"复合对象"选项,然后在"对象类型"卷展栏中单击"变形"按钮,再单击"拾取目标"卷展栏中的"拾取目标"按钮,分别单击"茶壶"模型 B 和"茶壶"模型 C,获得两个变形关键点。选择其中一个变形关键点,单击"创建变形关键点"按钮,可将本体变成目标对象的形状,以此类推,如图 5.3 所示。

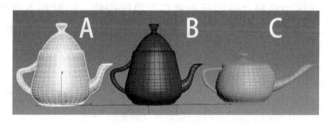

图 5.3 变形效果

散布:是复合对象的一种形式,可将所选的对象散布成阵列排列,或者散布到分布对象的表面。优点是散布的对象可以无限复制,大小、角度也可以随意变换,但缺点是只能针对一个对象进行散布,目前还不能针对多个对象进行散布。

在"创建"命令面板中的"几何体"面板中的下拉列表中选择"标准基本体"选项,在前视图中创建一个四棱锥和一个多边形平面("长度分段"和"宽度分段"的值均为 50)。选择该平面,在"修改"命令面板中的"修改器列表"下拉列表中选择"噪波"选项,添加"噪波"修改器(设置"噪波"选区中的"比例"的值为 60.0,设置"强度"选区中 Z 的值为 50.0mm),生成"山"模型。选中四棱锥并在"几何体"面板中的下拉列表中选择"复合对象"选项,在"对象类型"卷展栏中单击"散布"按钮,再单击"山"模型(在"散步对象"卷展栏中的"分布对象参数"选区中选择"随机面"单选按钮),其他参数设置及效果如图 5.4 所示。

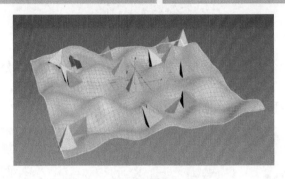

图 5.4　散布

一致：操作对象必须是网格对象（网格、多边形或 NURBS）或可以转换为网格对象的对象，功能是将一个对象的顶点从某个视角或轴向投射向另一个对角，从而依附在其表面。如果选取的对象无效，则"一致"按钮无效，如粒子对象就无法使用该命令。

在透视图中创建一个长方体（"长度"的值为 9.0，"宽度"的值为 120.0，"高度"的值为 0.3，"长度分段"的值为 8，"宽度分段"的值为 150，"高度分段"的值为 1）和一个平面（"长度"和"宽度"的值均为 140.0，"长度分段"和"宽度分段"的值均为 50）。给平面添加"噪波"修改器（"比例"的值为 60，"强度"选区中 Z 的值为 50）。选中长方体，单击"一致"按钮，再单击"拾取包裹对象"按钮，最后单击"噪波"平面。按 T 快捷键切换到顶视图，在"顶点投影方向"选区中选择"使用活动视口"单选按钮，同时在下方的"更新"选区中勾选"隐藏包裹对象"复选框，再按 P 快捷键切换回透视图观察效果，如图 5.5 所示。

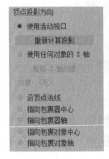
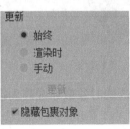
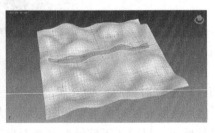

图 5.5　一致

连接：可以将两个不同的对象通过其表面的"洞"连接起来，从而生成中间过渡模型。要执行此操作，需要删除对象的面，使缺口处相对应，然后使用"连接"功能即可。

创建一个球体和一个长方体，将其转换为可编辑多边形，删除相对应的面。选择球体，单击"连接"按钮，再单击"拾取运算对象"按钮，最后单击长方体，即可将两个对象通过缺口连接起来，如图 5.6 所示。

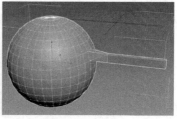

图 5.6　连接球体和长方体

水滴网格：可通过几何体模型和粒子创建一组可变形的球体，这些球体可以自动连接起来，类似液态物质。如果一个水滴网格在另一个水滴网格范围内移动，那么它们会连接在一起；如果将它们分离，那么它们会重新显示自身的形状。

在"创建"命令面板中的"几何体"面板中的下拉列表中选择"粒子系统"选项，在"对象类型"卷展栏中单击"粒子流源"按钮，在透视图中创建一个粒子流源发射器。在"创建"命令面板中的"几何体"面板中的下拉列表中选择"复合对象"选项，单击"水滴网格"按钮，在场景中创建一个水滴网格，设置"大小"的值为 80.0，在"水滴对象"选区中单击"拾取"按钮，再单击刚创建的粒子流源发射器，即可在透视图中看到粒子已成为水滴对象，如图 5.7 所示。

图 5.7　水滴对象

水滴流体目前只有直线运动，没有自由落体运动，可以通过添加"重力"来控制水滴流体的自由落体运动。在"创建"命令面板中单击"空间扭曲"按钮，在"对象类型"卷展栏中单击"重力"按钮创建一个重力。在透视图中按数字键 6 打开"粒子视图"窗口，在"粒子视图"窗口中右击，在"事件 001"列表上右击，在弹出的快捷菜单中选择"插入"→"操作符"→"力"命令，即可给粒子添加一个"力"（关于粒子部分的内容可参考粒子系统的相关章节），如图 5.8 所示。

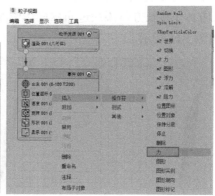

图 5.8　给粒子添加一个"力"

在"力"卷展栏中将透视图中的重力"Gravity001"添加进来，并且设置其"强度"的值为 0.1，如图 5.9 所示。

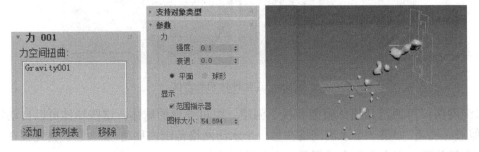

图 5.9　重力影响水滴网格的参数设置和效果

布尔：3ds Max 2019 的布尔运算分为 6 种（并集、交集、差集、合并、附加、插入），后 3 种是 3ds Max 2019 版本加上去的，在旧版本中只有前 3 种运算。在进行布尔运算时可先单击"添加运算对象"按钮，将需要进行布尔运算的对象添加进布尔操作资源管理器，再执行布尔运算。这几种布尔运算的执行次数不可过多，否则容易出错，如图 5.10 所示。

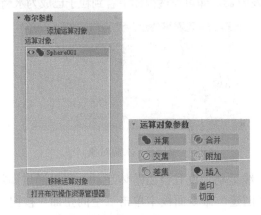

图 5.10　布尔运算

● 并集。

两个对象的体积相加，中间交叉的部分会被消除，只保留外表面部分。

创建一个球体和一个长方体，选中球体，单击"布尔"按钮，再单击"添加运算对象"按钮，然后单击长方体，将长方体添加进布尔操作资源管理器，最后单击"并集"按钮完成操作，效果如图 5.11 所示。

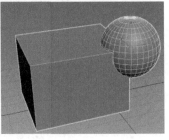

图 5.11　布尔并集效果

- 交集和差集。

操作方法同上，效果如图 5.12 所示。

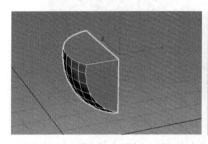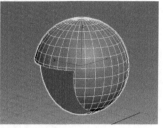

图 5.12　布尔交集效果和布尔差集效果

- 合并。

在运算后两个对象会在重合处产生一条交接线，对象穿插部分不会消除，如图 5.13 所示。

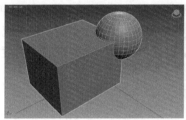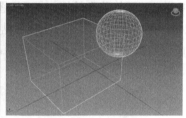

图 5.13　布尔合并效果

- 附加。

在运算后两个对象合并成一个对象，不会进行其他任何修改，和多边形的"附加"命令一样，如图 5.14 所示。

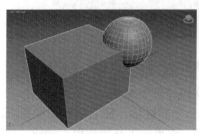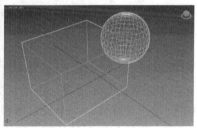

图 5.14　布尔附加效果

- 插入。

将对象 A（圆锥体）减去与对象 B（球体）交叉部分的体积，同时对象 B 的体积保持不变，如图 5.15 所示。

放样：涉及"图形"和"路径"两种二维对象。在一般情况下，将封闭的样条线看作图形，将开放的样条线看作路径。放样可以理解为图形沿路径运动，从而产生三维模型的过程。"放样"按钮的具体使用方法可以参考 5.2.3 节的案例。

网格化：以帧为基准将程序化对象转换为网格化对象，主要针对粒子。在网格化后可以使用网格类型的修改器，如"弯曲"修改器。

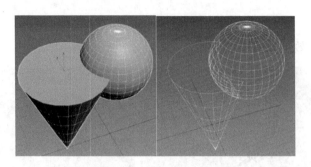

图 5.15　布尔插入效果

在"创建"命令面板中的"几何体"面板中的下拉列表中选择"粒子系统"选项，在"对象类型"卷展栏中单击"粒子流源"按钮，创建一个粒子流源，按数字键 6 打开"粒子视图"窗口，选择"形状 001"选项，在右边的面板中选择"3D"单选按钮，在后面的下拉列表中选择"菱形"选项。在"创建"命令面板中的"几何体"面板中的下拉列表中选择"复合对象"选项，在"对象类型"卷展栏中单击"网格化"按钮，在透视图中创建一个网格化对象，然后单击"拾取对象"下面的"无"按钮，再单击粒子流源。此时可见网格化对象变成了菱形的粒子流。

在"修改"命令面板中添加"弯曲"修改器，设置"弯曲"选区中的"角度"的值为 60.0，参数设置及效果如图 5.16 所示。

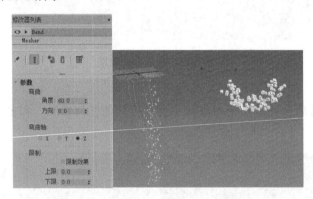

图 5.16　"弯曲"修改器的参数设置及效果

ProBoolean：加强版的布尔运算，可以一次操作多个对象。

在透视图中创建一个球体、一个长方体和一个圆柱体，使它们互相穿插。选中球体，单击 ProBoolean 按钮，保持参数为默认的"差值"，再单击"开始拾取"按钮，依次单击其余两个对象，效果如图 5.17 所示。

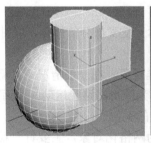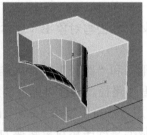

图 5.17　ProBoolean 效果

ProCutter：可以执行特殊的布尔运算，相当于布尔运算的加强版本，能分裂或细分体积，可以在一个体积上使用多个切割器。

在透视图中创建一个球体、一个长方体和一个圆柱体，使它们互相穿插。选择长方体，单击 ProCutter 按钮（此时必须选择被切割对象，已选中的对象为切割器），在"切割器拾取参数"卷展栏中单击"拾取原料对象"按钮，再单击球体；在第一次切割完后，单击"拾取切割器对象"按钮，单击圆柱体拾取第二个切割器，如图 5.18 所示。

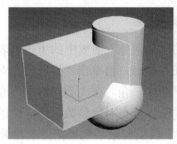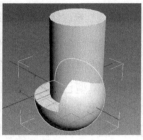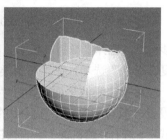

图 5.18 两次切割

5.2 复合对象应用案例

5.2.1 案例Ⅰ——制作"森林"模型

步骤 1：在"创建"命令面板中的"几何体"面板中的下拉列表中选择"AEC 扩展"选项，单击"植物"按钮，选择最下方的"一般的橡树"选项，在透视图中创建一个"橡树"模型，设置"高度"的值为 25.0，其他参数保持默认设置，如图 5.19 所示。

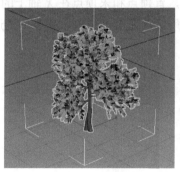

图 5.19 橡树

步骤 2：在顶视图中创建一个多边形平面，将该多边形平面的"长度"和"宽度"的值均设置为 450.0，将"长度分段"和"宽度分段"的值均设置为 50。添加"噪波"修改器，设置"比例"的值为 70.0，设置"强度"选区中 Z 的值为 30.0，其参数设置及效果如图 5.20 所示。

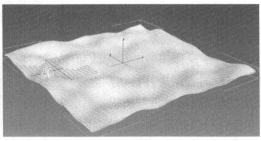

图 5.20　"噪波"修改器的参数设置及效果

步骤 3：选择"橡树"模型，在"创建"命令面板中的"几何体"面板中的下拉列表中选择"复合对象"选项，在"对象类型"卷展栏中单击"散布"按钮，再单击"拾取分布对象"按钮，最后单击噪波平面，此时"橡树"模型已"种"在平面的一角。在"散布对象"卷展栏中，设置"源对象参数"选区中的"重复数"的值为 40，在"分布对象参数"选区中的"分布方式"下选择"随机面"单选按钮，如图 5.21 所示。"森林"模型的最终效果如图 5.22 所示。

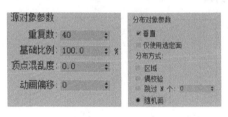
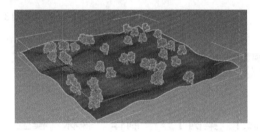

图 5.21　"散布对象"卷展栏参数设置　　　　图 5.22　"森林"模型的最终效果

5.2.2　案例Ⅱ——制作"石柱"模型

步骤 1：在前视图中创建一条样条线，首顶点和末顶点在 X 轴上的坐标都是 0.0（这步非常重要，否则在车削后会生成破洞），在拐角顶点处用"圆角"命令平滑过渡，如图 5.23 所示。

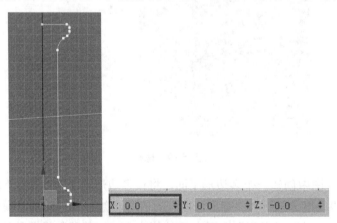

图 5.23　"石柱"样条线

步骤 2：按 Ctrl+B 组合键退出样条线的所有子对象层级，选中样条线，在"修改"命令面板中添加"车削"修改器，必须勾选"焊接内核"复选框。对于"翻转法线"复选框，如果生成的模型没有变黑，则表示法线是向外的，不需要勾选；如果生成的模型变黑，则表示法线是向内的，需要勾选。设置"分段"的值为 46，"方向"采用默认设置，在"对齐"选区中单击"最小"按钮。"车削"修改器的参数设置及效果如图 5.24 所示。

步骤 3：将步骤 2 中得到的车削模型转换为可编辑多边形（建议事先克隆一个作为备份，避免在操作失误时无法补救），在"层次"命令面板中的"调整轴"卷展栏中单击"仅影响轴"按钮，再单击"居中到对象"按钮，此时车削模型的轴心就在该车削模型体积的中心，再次单击"仅影响轴"按钮退出编辑状态，如图 5.25 所示。

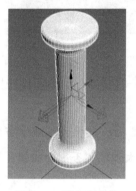

图 5.24 "车削"修改器的参数设置及效果　　　　图 5.25 居中到对象

步骤 4：在车削模型旁边创建一个半径较小的圆柱，在顶视图中调整其位置，单击"仅影响轴"按钮进入轴心编辑状态。在主工具栏中单击"捕捉开关"按钮，在弹出的下拉列表中选择"3D 捕捉"选项，右击"捕捉开关"按钮，弹出"栅格和捕捉设置"对话框，只勾选"轴心"复选框。用"选择并移动"工具拖动轴心到车削模型中心附近，轴心便会自动吸附到车削模型的中心，如图 5.26 所示。在使用完毕后取消激活"仅影响轴"按钮和"3D 捕捉"按钮。

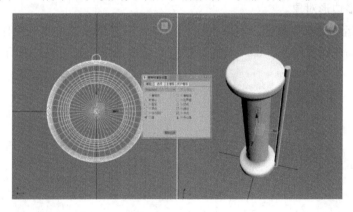

图 5.26 轴心捕捉

步骤 5：在顶视图中选中小圆柱，选择"工具"→"阵列"命令，每转 60° 克隆一个小圆柱，绕中心克隆出 5 个小圆柱（加上原本的 1 个，共有 6 个），如图 5.27 所示。

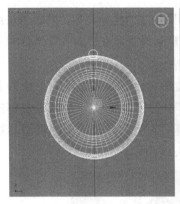
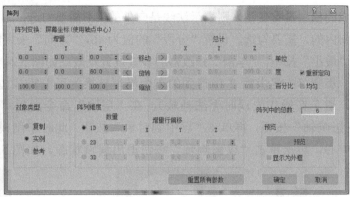

图 5.27　阵列

步骤 6：将其中一个小圆柱转换为可编辑多边形，使用"附加"命令将 6 个小圆柱合并为一个对象。

提　示　此操作可减少布尔运算的出错率，无论是布尔还是 ProBoolean（超级布尔）都不能运行太多次，否则会出错，所以将进行相同运算的对象合并为一个整体，然后一次性运算得出结果。

将车削模型转换为可编辑多边形，单击"布尔"按钮，单击"添加运算对象"按钮，再单击 6 个小圆柱合并得到的对象，将它添加进布尔操作资源管理器，最后单击"差集"按钮 减去小圆柱部分的体积，如图 5.28 所示。

步骤 7：在"创建"命令面板中的"几何体"面板中的下拉列表中选择"扩展基本体"选项，在透视图中创建一个"胶囊"模型，在顶视图和透视图中调整其位置和大小，再使用步骤 5 中的方法将"胶囊"模型绕"石柱"模型克隆出 5 个（共有 6 个），最后使用"附加"命令将其合并为一个多边形对象。

单击"添加运算对象"按钮，将附加得到的多边形对象添加进布尔操作资源管理器，即可自动生成二次布尔运算结果，即"石柱"模型的最终效果，如图 5.29 所示。

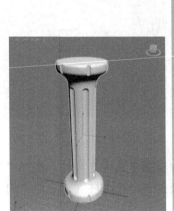

图 5.28　布尔运算　　　　　　　　　图 5.29　"石柱"模型的最终效果

5.2.3　案例Ⅲ——制作"雨伞"模型

步骤 1：在顶视图中创建一个星形作为"雨伞"模型的横截面，并且设置参数，在前视图中创建一条直线作为放样的路径，如图 5.30 所示。

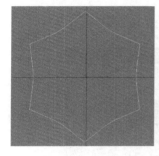  

图 5.30　星形和直线

步骤 2：选中星形，在"创建"命令面板中的"几何体"面板中的下拉列表中选择"复合对象"选项，在"对象类型"卷展栏中单击"放样"按钮，再单击"获取路径"按钮，最后单击直线生成放样模型，在"蒙皮参数"卷展栏中，取消勾选"封口始端"复选框和"封口末端"复选框，勾选"优化图形"复选框以减少多余的面数，如图 5.31 所示。

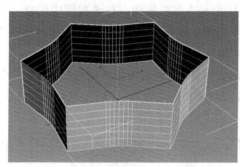 

图 5.31　放样模型及其参数设置

步骤 3：选择放样模型，单击"变形"卷展栏中的"缩放"按钮，弹出"缩放变形"窗口，在该窗口中将最右端的顶点的类型改为 Bezier 角点，并且调整顶点控制柄，效果如图 5.32 所示。

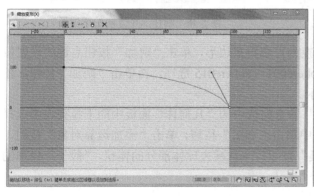 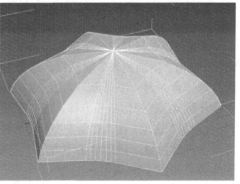

图 5.32　"缩放变形"窗口的设置及效果

步骤 4：在前视图中创建一条顶点类型为角点的样条线，再将下方的 3 个顶点的类型改为 Bezier。然后在"渲染"卷展栏中勾选"在渲染中启用"复选框和"在视口中启用"复选框，选择"径向"单选按钮并设置"厚度"的值为 4.0，如图 5.33 所示。"雨伞"模型的最终效果如图 5.34 所示。

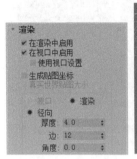
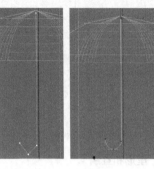
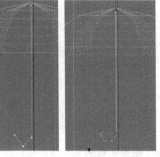

图 5.33　"伞柄"模型的参数设置及效果　　　　　图 5.34　"雨伞"模型的最终效果

5.2.4　拓展练习——制作"骰子"模型

步骤 1：在"创建"命令面板中的"几何体"面板中的下拉列表中选择"扩展标准体"选项，在"对象类型"卷展栏中单击"切角长方体"按钮，在透视图中创建一个切角长方体，将"长度""宽度""高度"的值均设置为 60.0，设置"圆角"的值为 9.0，设置"圆角分段"的值为 6，其他参数保持默认设置，按 F4 键显示线框，如图 5.35 所示。

步骤 2：创建一个半径为 3.6 的多边形球体，在透视图和顶视图中调整其大小和位置，使用"选择并移动"工具配合 Shift 键进行克隆，克隆的对象类型为"复制"，这里只制作 3 个方向的球体集，如图 5.36 所示。

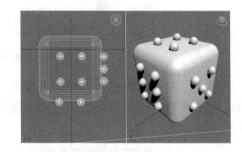

图 5.35　切角长方体　　　　　　　　　图 5.36　制作 3 个方向的球体集

步骤 3：选择其中一个球体，将其转换为可编辑多边形，单击"附加"按钮右边的设置按钮▢，弹出"附加列表"对话框，选择 Sphere001～Sphere015 选项，再单击"附加"按钮，使所有球体合并为一个对象，如图 5.37 所示。

步骤 4：选择切角长方体，在"创建"命令面板中的"几何体"面板中的下拉列表中选择"复合对象"选项，在"对象类型"卷展栏中单击"布尔"按钮，单击"添加运算对象"按钮，再单击球体对象，最后单击下方的"差集"按钮 差集 减去球体部分的体积。"骰子"模型的最终效果如图 5.38 所示。

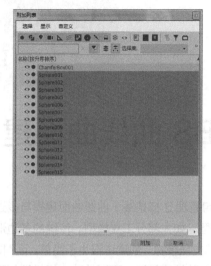

图 5.37　"附加列表"对话框

图 5.38　"骰子"模型的最终效果

本章小结

　　本章主要讲解了 3ds Max 2019 中常用的复合对象类型，包括散布、布尔、放样等。首先讲解了复合对象的常用基础命令及需要注意的细节问题，然后通过几个典型案例，详细讲解了散布、布尔、放样的参数设置，并且添加了适当的运用技巧。读者在学习完本章内容后，能够对使用复合对象建模有一定的理解和认识，并且能够根据自己的创意制作作品。

课后练习

　　使用本章所学知识制作"香蕉和水果盘"模型，如图 5.39 所示。

图 5.39　"香蕉和水果盘"模型

第6章

NURBS 曲线曲面建模

NURBS（Non-Uniform Rational B-Spline，非均匀有理 B 样条线）曲线曲面建模与多边形建模、几何体建模不同，它非常适合创建平滑无棱角的模型，如大部分工业模型。传统的多边形建模很难创建出复杂的平滑曲面，只能通过增加点、线、面的方法模拟，创建过程也不简单，而 NURBS 曲线曲面建模刚好弥补了这方面的不足。NURBS 依靠其独特的算法，可以快速、轻松地创建出用传统方法难以创建的曲线和曲面，渲染效果也是绝对平滑的，能够完全表现出工业级效果。

学习目标

➢ 了解 NURBS 曲线的对象类型。
➢ 掌握 NURBS 曲线曲面的创建与修改方法。
➢ 熟练掌握 NURBS 点、线、面功能的切换方法。

学习内容

➢ NURBS 曲线的创建和修改。
➢ NURBS 曲面创建功能区。
➢ 使用 NURBS 曲线制作三维模型。

6.1 NURBS 曲线的创建

NURBS 曲线的创建方法大致有两种，第一种是直接在"创建"命令面板中创建，第二种是在创建完样条线后将其转换为 NURBS 曲线，第一种方法的使用较为普遍。

6.1.1 NURBS 曲线的对象类型

NURBS 曲线有两种对象类型，分别为点曲线和 CV 曲线，如图 6.1 所示。

使用第一种方法创建 NURBS 曲线。

创建点曲线：单击"点曲线"按钮，在正交视图中依次单击产生点，单击鼠标右键完成创建，如图 6.2 所示。

图 6.1　NURBS 曲线的对象类型

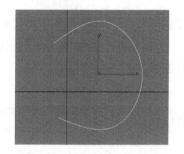

图 6.2　创建点曲线的效果

创建 CV 曲线：创建方法与创建点曲线的方法相同，只不过产生的点为 CV 点，并且不在曲线上，但它可以控制曲线的大体形状，如图 6.3 所示。

使用第二种方法创建 NURBS 曲线。

先创建样条线，右击该样条线，在弹出的快捷菜单中选择"转换为 NURBS"命令，如图 6.4 所示。

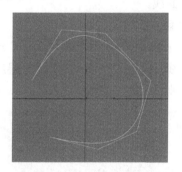

图 6.3　创建 CV 曲线的效果

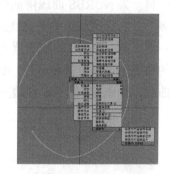

图 6.4　将样条线转换为 NURBS 曲线

在转换完成后，曲线比之前平滑，此时的曲线为 CV 曲线，可以用 CV 点控制曲线的形状，如图 6.5 所示。

观察"修改"命令面板，展开"NURBS 曲面"节点，有"曲线 CV"和"曲线"两个子对象，选择"曲线 CV"子对象，可以看到曲线的 CV 点，如图 6.6 所示。

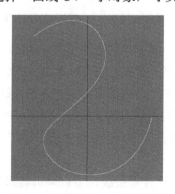

图 6.5　转换后的 CV 曲线效果

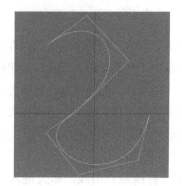

图 6.6　选择"曲线 CV"子对象后的曲线效果

6.1.2　点曲线和 CV 曲线的对比

点曲线和 CV 曲线的创建方法相同，但属性不同。点曲线的控制点在曲线上，可以通过增加点来控制细节，它与用平滑方式创建的样条线非常相似，只是属性不同；CV 曲线的 CV 点不在曲线上，但它能对曲线的大体形状进行控制而无须过多的点。这两种曲线各有优点和缺点，使用哪种曲线需要视情况而定。

6.2　NURBS 曲线的修改

选择创建好的 NURBS 曲线，在"修改"命令面板中的"NURBS 曲线"层级下面可以看到多个卷展栏，下面详细讲解"常规"卷展栏、"曲线近似"卷展栏和"创建点"卷展栏。

6.2.1　"常规"卷展栏

"常规"卷展栏是 NURBS 曲线最基本的功能面板，如图 6.7 所示。

附加：将一条 NURBS 曲线附加到原曲线成为新的曲线。

附加多个：将两条或更多条曲线附加到原曲线成为新的曲线。

导入：将一条 NURBS 曲线设置为原曲线的子曲线，此时整体曲线具有"父子"层级，子对象层级的曲线不可以直接被选择，必须先选择整体曲线，再进入"导入"子对象层级选择被导入的子曲线，如图 6.8 所示，左边为原曲线，右边为被导入的子曲线。

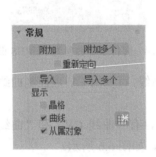

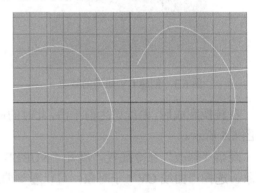

图 6.7　"常规"卷展栏　　　　　　图 6.8　原曲线（左）与被导入的子曲线（右）

在进入"导入"子对象层级后，在视图中选择子曲线，被导入的子曲线的名称会显示在"名称"文本框中，然后单击"删除"按钮删除选中的被导入的子曲线。也可以单击"提取导入"按钮提取选中的被导入的子曲线，提取方式有两种，以"实例"方式提取出来的曲线的变化与被导入的子曲线同步，以"复制"方式提取出来的曲线的变化与被导入的子曲线不同步，具体操作如图 6.9 所示（因为没有创建曲面，所以图中的"NURBS 曲面"节点中只有"曲线 CV"子对象和"曲线"子对象。）。

如果子曲线是点曲线，那么进入"点"和"曲线"子对象层级，可以编辑其形状；如果子曲线是 CV 曲线，那么进入"曲线 CV"和"曲线"子对象层级，可以编辑其形状。在"常规"卷展栏右边有个"NURBS 创建工具箱"按钮，单击激活该按钮，弹出 NURBS 工具箱面板，该面板中包含大部分曲线曲面建模命令，如图 6.10 所示，其具体使用方法会在实例教学中讲解。

图 6.9　"导入"子对象层级

图 6.10　NURBS 工具箱面板

6.2.2　"曲线近似"卷展栏

"曲线近似"卷展栏中的主要参数是"步数",如图 6.11 所示。

"曲线近似"卷展栏中的"步数"参数可以对曲线的平滑度起控制作用。如图 6.12 所示,左边曲线的"步数"值为 1,右边曲线的"步数"值为 8,明显"步数"值越高曲线越平滑,但一般"步数"值为 8 已能满足大部分需求,此项参数保持默认设置即可,注意只有点曲线才有这个参数,CV 曲线没有。

图 6.11　"曲线近似"卷展栏

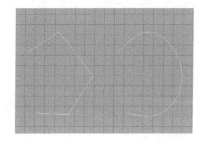

图 6.12　不同"步数"值的平滑程度

6.2.3　"创建点"卷展栏

"创建点"卷展栏主要用于创建各种类型的点,包括在曲线和曲面上的点,如图 6.13 所示。

点:在曲线上或曲线外创建的点。

偏移点:将曲线上原有的点更改为偏移点,偏移点本身具有可以偏移的属性。单击该按钮,在"创建点"卷展栏下方会出现"偏移点"卷展栏,再单击曲线上的任意一点,即可将该点转换为偏移点;在"偏移点"卷展栏中调整偏移点在 X 轴、Y 轴、Z 轴的偏移参数,可以偏移其空间位置;然后进入 NURBS 曲线的"点"子对象层级,选择偏移点并移动,可以发现该点可以控制原有点的移动并带动曲线变形,如图 6.14 所示。

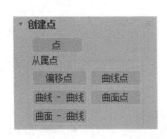

图 6.13 "创建点"卷展栏

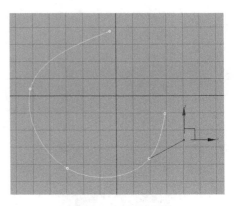

图 6.14 偏移点

　　曲线点：在曲线上标记点。单击该按钮，在"创建点"卷展栏下方会出现"曲线点"卷展栏。在曲线上单击，即可在曲线上标记点。在"曲线点"卷展栏中，可以通过调整"U向位置"的值调整曲线点在曲线上的位置；"法线"参数是垂直于曲线切线的方向偏移；"切线"参数是沿该点切线方向的偏移；勾选"修剪曲线"复选框，可以将点前面的曲线隐藏，如图 6.15 所示；同时勾选"翻转曲线"复选框，可以将点后面的曲线隐藏，如图 6.16 所示。

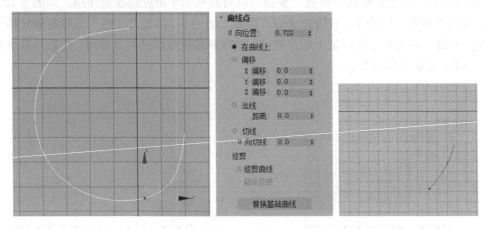

图 6.15 曲线点

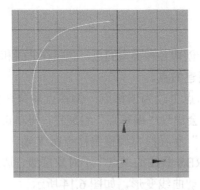

图 6.16 翻转曲线

　　将曲线点保持在曲线上的位置，在曲线上创建曲线点后进入"点"子对象层级，按 W 快捷键使用"选择并移动"工具可以带动整条曲线进行位移。

曲线-曲线：对在空间中相交的、附加在一起的两条曲线进行修剪。单击该按钮，然后分别单击要进行修剪的两条曲线，会产生两个黄色的四方形点，这两个点的位置随意，如图 6.17 所示。

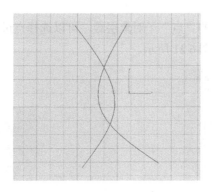

图 6.17　曲线-曲线

这时在"创建点"卷展栏下方会出现"曲线-曲线相交"卷展栏，如图 6.18 所示。

在"曲线-曲线相交"卷展栏中勾选两条曲线的"修剪曲线"复选框，效果如图 6.19 所示。修剪是根据曲线相交的点进行的，而不是根据两个黄色四方形点进行的。

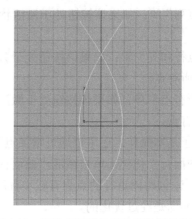

图 6.18　"曲线-曲线相交"卷展栏　　　　图 6.19　勾选"修剪曲线"复选框的效果

曲面点：在曲面上创建从属点，性质和"曲线点"相似。单击该按钮，在 NURBS 曲面上单击可以创建曲面点，右击结束创建。

曲面-曲线：在附加在一起的曲线和曲面的相交处创建从属点，NURBS 曲线必须穿过曲面。先单击该按钮，再单击曲线，最后单击曲面。

6.3　NURBS 曲面创建功能区

NURBS 模型和多边形模型一样，存在点层级、线层级、面层级，下面讲解 NURBS 三个层级的功能区。

6.3.1 点功能区

NURBS 的点曲线和点曲面都存在"点"子对象层级。NURBS 曲面的"点"子对象层级如图 6.20 所示。

进入"修改"命令面板中的"点"子对象层级，可以选择点进行移动操作，在"点"卷展栏中可以选择点的选取方式，如图 6.21 所示。

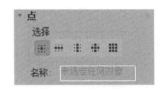

图 6.20　NURBS 曲面的"点"子对象层级　　　　图 6.21　点的选取方式

"单个点" ▦：如果该按钮处于激活状态，那么在选中某个点时，不会选中其他点。

"点行" ▦：如果该按钮处于激活状态，那么在选中某个点时，会选中这个点所在行的所有点。

"点列" ▦：如果该按钮处于激活状态，那么在选中某个点时，会选中这个点所在列的所有点。

"点行和列" ▦：如果该按钮处于激活状态，那么在选中某个点时，会选中这个点所在行和列的所有点。

"所有点" ▦：如果该按钮处于激活状态，那么在选中某个点时，会选中整个 NURBS 对象的所有点。

除了基本操作，还可以通过增加点的方法进行优化。"优化"选区如图 6.22 所示。

"曲面行"优化，单击激活"曲面行"按钮，然后单击曲面上任意位置，会在该点位置增加一行点，同时附近行的点会有较小程度的调整。如图 6.23 所示，左边的曲面是未经优化的，右边的曲面是经过优化的。

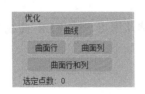

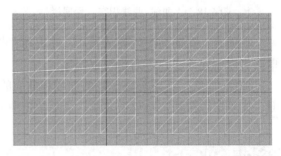

图 6.22　"优化"选区　　　　　　　　图 6.23　曲面优化对比

"曲面列"优化、"曲面行和列"优化和"曲面行"优化的操作方法相同，读者可自行尝试，这里不再阐述。

曲线上的点和曲面上的点性质相同，但曲线上的点能够"延伸"。进入"点"子对象层级（如果是 CV 曲线，则进入"曲线 CV"子对象层级），单击激活"延伸"按钮，选中曲线的某一端顶点，按住鼠标左键拖动即可完成操作，如图 6.24 所示（左边是原曲线，右边是延伸后的曲线）。

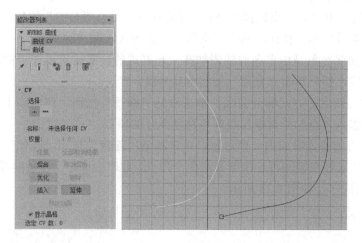

图 6.24　原曲线和延伸后的曲线

6.3.2　曲线功能区

本节介绍 NURBS 曲线在"曲线"子对象层级的"曲线公用"卷展栏，它包含曲线的常用命令，如图 6.25 所示。

隐藏：进入"曲线"子对象层级，选中某条曲线，单击该按钮，可以隐藏被选中的曲线。这里的曲线可以是多条曲线附加在一起的 NURBS 曲线对象。其他与隐藏曲线相关的按钮操作均比较简单，读者可自行尝试，这里不再阐述。

进行拟合：选中某条曲线，单击该按钮，弹出"创建点曲线"对话框，如图 6.26 所示。

图 6.25　"曲线公用"卷展栏

图 6.26　"创建点曲线"对话框

"点数"值越高，曲线越平滑，反之越不平滑，这里必须取一个平衡值，除非有特殊需要，一般保持默认设置。

反转：将所选曲线的首顶点和末顶点互换。

转化曲线：选中一条曲线，单击该按钮，弹出"转化曲线"对话框，如图 6.27 所示。如果原曲线是点曲线，则将其转换为 CV 曲线；如果原曲线是 CV 曲线，则将其转换为点曲线。在"转化曲线"对话框中，如果选择"公差"单选按钮，那么"公差"的值越大，曲线越不平滑；如果选择"数量"单选按钮，那么"数量"的值越大，曲线越平滑。

分离：如果曲线对象是由多条曲线附加在一起形成的，那么可以在"曲线"子对象层级选中要分离的曲线，然后单击"分离"按钮将其分离。

断开：通过增加点的方式断开曲线。单击激活"断开"按钮，在曲线上单击一下，即可将该曲线断开，进入"点"子对象层级即可移动断开的顶点。

连接：先将两条曲线附加为一个对象，单击激活"连接"按钮，按住鼠标左键从一点拖动至另一点，释放鼠标左键即可连接断开的两个顶点，此时会弹出"连接曲线"对话框，单击"确定"按钮结束操作，如图 6.28 所示。

图 6.27　"转化曲线"对话框

图 6.28　"连接曲线"对话框

按 ID 选择：这个功能与可编辑多边形的 ID 匹配功能类似，前提是曲线对象必须是由两条或更多条曲线附加而成。例如，将两条曲线附加为一个 NURBS 曲线对象，如图 6.29 所示。

进入"曲线"子对象层级，先选择左边的曲线，设置"材质 ID"的值为 1，按 Enter 键确认，即可将该曲线的 ID 设置为 1；按照同样的方法将右边的曲线的 ID 设置为 2。单击"按 ID 选择"按钮，弹出"按材质 ID 选择"对话框，在 ID 数值框中输入要选择的曲线的 ID，单击"确定"按钮，即可选中该 ID 对应的曲线，被选中的曲线会变为红色。

如果选中的曲线是点曲线，那么在"曲线公用"卷展栏下方会有一个"点曲线"卷展栏；如果选中的曲线是 CV 曲线，那么在"曲线公用"卷展栏下方会有一个"CV 曲线"卷展栏。"点曲线"卷展栏和"CV 曲线"卷展栏如图 6.30 所示。这两个卷展栏中都有一个"关闭"按钮，用于闭合弯曲的曲线。需要注意的是，该按钮只对具有弧度的曲线起作用。

图 6.29　将两条曲线附加为一个 NURBS 曲线对象　　图 6.30　"点曲线"卷展栏和"CV 曲线"卷展栏

6.3.3　曲面功能区

本节主要介绍"曲面"子对象层级的几个常用按钮。

在"创建"命令面板中，在"几何体"面板中的下拉列表中选择"NURBS 曲面"选项，然后单击"CV 曲面"按钮（CV 曲面相对较常用），在场景中创建一个 CV 曲面，如图 6.31 所示。

选中创建的 CV 曲面，然后进入"曲面"子对象层级，即可看到"曲面公用"卷展栏，如图 6.32 所示。"曲面公用"卷展栏中具有"隐藏"功能的按钮与"曲线公用"卷展栏中的相应按钮的功能和使用方法类似，此处不再阐述。

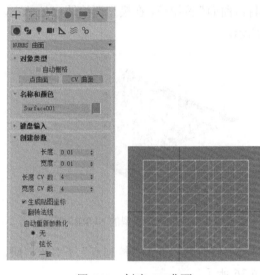

图 6.31　创建 CV 曲面

图 6.32　"曲面公用"卷展栏

删除：删除选中的曲面。

硬化：使选中的曲面硬化。在"曲面"子对象层级中只可以编辑刚体曲面，在硬化后不能操作刚体曲面上的点或 CV 点，也不能增加或减少点或 CV 点。如果要取消硬化，则可以单击"创建点""使独立""断开行""断开列""断开行和列""连接"等按钮。注意，"连接"命令需要在使用"断开行""断开列"等命令后使用。

6.4　使用 NURBS 曲线制作三维模型

下面讲解几个典型案例，用于巩固所学知识，力求达到举一反三的效果。

6.4.1　案例 1——制作"抱枕"模型

步骤 1：用 CV 曲线在前视图中绘制一条闭合曲线，将这条闭合曲线克隆出 4 条（克隆的对象类型为"复制"），然后调整其形状与"抱枕"模型轮廓一致，如图 6.33 所示。

图 6.33　"抱枕"模型整体形状截面

步骤 2：选择最左边的曲线，在 NURBS 工具箱面板中单击"创建 U 向放样曲面"按钮，再依次单击各曲线，生成"抱枕"模型的 NURBS 模型，如图 6.34 所示。

步骤 3：单击 NURBS 工具箱面板中的"创建封口曲面"按钮，在模型两边缺口处单击，将"抱枕"模型的 NURBS 模型闭合，如图 6.35 所示。

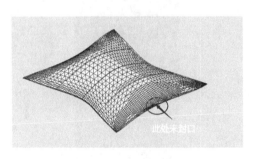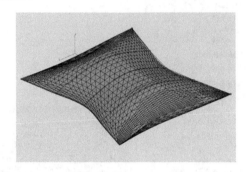

图 6.34　"抱枕"模型的 NURBS 模型　　　　图 6.35　将"抱枕"模型的 NURBS 模型闭合

步骤 4：在"修改"命令面板中添加"FFD3×3×3"修改器，进入"控制点"子对象层级，调整"抱枕"模型的整体外形，其最终效果如图 6.36 所示。

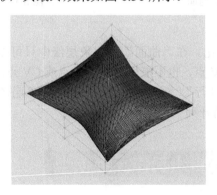

图 6.36　"抱枕"模型的最终效果

6.4.2　案例Ⅱ——制作"喷射大蘑菇"模型

步骤 1：在场景中创建一条 CV 曲线作为"蘑菇"模型的轮廓，在 NURBS 工具箱面板中单击"创建车削曲面"按钮，生成"蘑菇"模型的曲面，如图 6.37 所示。

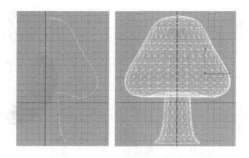

图 6.37　"蘑菇"模型的曲面

步骤 2：选中曲面，在 NURBS 工具箱面板中单击"创建曲面上的 CV 曲线"按钮，切换到前视图，在"蘑菇"模型曲面上绘制一个圆形（圆形不用太标准），然后进入"曲线 CV"子对象层级，使用"选择并移动"工具微调 CV 点的位置，如图 6.38 所示。

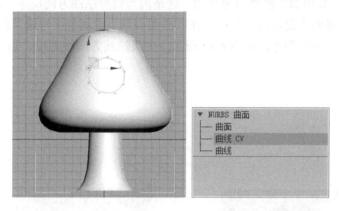

图 6.38　在曲面上绘制 CV 曲线并调整 CV 点的位置

步骤 3：进入"曲线"子对象层级，在"曲面上的 CV 曲线"卷展栏中勾选"修剪"复选框，则曲线中间部分会被剪切掉，如图 6.39 所示。

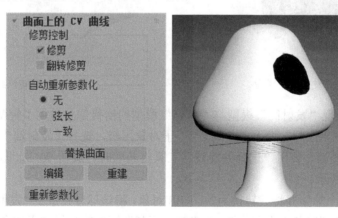

图 6.39　修剪 CV 曲线

步骤 4：在曲面上的圆洞前方使用样条线创建一个圆并调整其大小和位置，然后使用"选择并移动"工具配合 Shift 键克隆出几个圆（克隆的对象类型为"复制"），调整其大小和位置，如图 6.40 所示。

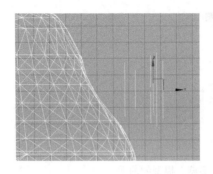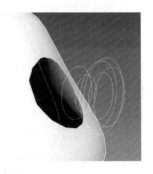

图 6.40　克隆圆

步骤 5：在 NURBS 工具箱面板中单击"创建 U 向放样曲面"按钮，然后单击曲面上的圆洞曲线，再按顺序单击刚创建的圆，生成"发射筒"模型，如图 6.41 所示。

步骤 6：此时"发射筒"模型是黑色的，这是因为模型法线方向反了。进入"曲面"子对象层级，选中刚生成的"发射筒"模型，在"曲面公用"卷展栏中勾选"翻转法线"复选框，即可使黑色部分变回正常颜色，如图 6.42 所示。如果法线方向没有反，则可以跳过此步。

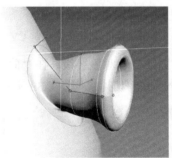

图 6.41　"发射筒"模型　　　　　　　　　图 6.42　翻转法线

步骤 7：观察发现"发射筒"模型与"蘑菇"模型的衔接部分发生了轻微扭曲，这是 CV 曲线的首顶点不统一导致的。进入"曲线 CV"子对象层级，选择"发射筒"模型中所有圆形的 CV 点，按 R 快捷键，使用"选择并旋转"工具将其顺时针旋转 90°，即可使模型扭曲恢复正常，如图 6.43 所示。

步骤 8：创建一个球体并将其转换为 NURBS 对象，将该球体摆放到"发射筒"模型前方，再克隆出几个球体并调整其大小和位置，"喷射大蘑菇"模型的最终效果如图 6.44 所示。

图 6.43　旋转 CV 点角度　　　　　图 6.44　"喷射大蘑菇"模型的最终效果

此处仅为单帧图，如果需要做动画，则使用粒子替代球体，具体操作见后续章节。

6.4.3　拓展练习——制作"保温瓶"模型

步骤 1：在前视图中创建 4 条 CV 曲线，分别调整为"保温瓶"模型的 4 个部件的截面形状，中间的 CV 点要在中心线上对齐，它们的 X 坐标均为 0，如图 6.45 所示。

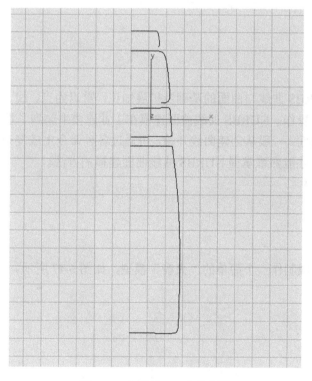

图 6.45　创建的 CV 曲线截面

步骤 2：在 NURBS 工具箱面板中单击"创建车削曲面"按钮 ，再依次单击各曲线使其形成车削曲面，"保温瓶"模型的最终效果如图 6.46 所示。

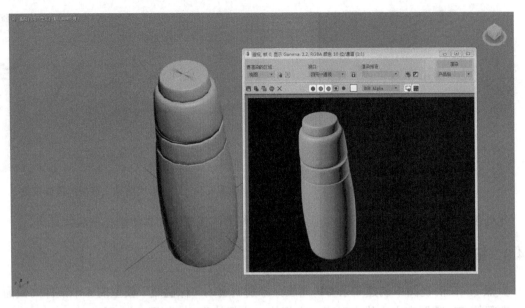

图 6.46　"保温瓶"模型的最终效果

本章小结

本章介绍了 NURBS 曲线与曲面的基础及扩展知识，重点为点、线、面的操作，难点为曲线与曲面同时结合的操作。NURBS 曲线曲面建模在工业建模中起到了重要作用，它可以创建大量平滑而连续的曲面。一般从创建曲线开始，可通过各种命令生成复杂的模型。只有在理解的基础上多加练习，才能熟练掌握 NURBS 曲线曲面建模的方法。

课后练习

使用 NURBS 曲线制作一个简单的"火箭"模型，如图 6.47 所示。

图 6.47　"火箭"模型

第 7 章

多边形建模

多边形建模不仅应用广泛，而且容易掌握，是目前主流的建模方式之一。除工业建模使用 NURBS 曲线曲面建模外，其他行业一般都使用多边形建模，如影视、游戏、室内外设计、漫游动画等视觉设计行业。多边形建模以其易操控性获得了广大三维从业者的青睐，而且它支持后续的 UV 贴图和角色骨骼绑定等，能够形成良好的线性流程。多边形建模比 NURBS 曲线曲面建模方便修改，基础命令易于掌握，是一种比较直观、灵活的建模方法。

学习目标

➢ 掌握多边形建模的常用方法。

学习内容

➢ 可编辑多边形的转换与编辑。
➢ 涡轮平滑。
➢ 石墨建模。

7.1 多边形建模方法

在 3ds Max 中，可编辑网格是可编辑多边形的前身，而多边形是网格的改良版本，多边形建模比网格建模更加强大和灵活。对于游戏建模，可以先用多边形建模，然后将其转换为网格三角面，这样更加适合游戏引擎运行的算法。可编辑网格的优点是运行稳定、占资源少，缺点是建模命令比可编辑多边形少，可操控性相对较差，因此如果使用网格作为最终模型，那么可以先使用多边形建模，然后将其转换为网格。本节主要讲解多边形建模，因为它是现阶段使用最多的建模方法。

7.1.1 可编辑多边形的转换

在多边形建模流程中，首先要将创建出来的几何体或封闭样条线转换为可编辑多边形，可以使用以下几种方法进行转换。

方法 1：右击要转换为可编辑多边形的几何体或封闭样条线，在弹出的快捷菜单中选择"转换为："→"转换为可编辑多边形"命令，这是最常用的方法，如图 7.1 所示。

方法 2：选中要转换为可编辑多边形的几何体或封闭样条线，然后在石墨工具栏中选择"建模"→"多边形建模"→"转化为多边形"命令，如图 7.2 所示。

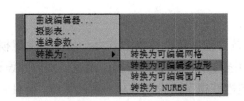

图 7.1　通过右击弹出的快捷菜单转换　　　　图 7.2　通过石墨工具栏转换

方法 3：在"修改"命令面板中的"修改器列表"下拉列表中选择"编辑多边形"选项，添加"编辑多边形"修改器，如图 7.3 所示。

方法 4：在"修改"命令面板中右击要转换为可编辑多边形的几何体或封闭样条线，在弹出的快捷菜单中选择"可编辑多边形"命令，如图 7.4 所示。

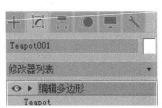

图 7.3　添加"编辑多边形"修改器　　图 7.4　在"修改"命令面板通过右击弹出的快捷菜单转换

需要注意的是，添加"编辑多边形"修改器和直接转换为可编辑多边形的效果虽然一样，但本质上是有区别的。前者会在保留原几何体或封闭样条线属性的情况下增加一个多边形属性，后者会直接删除原几何体或封闭样条线的属性，同时将其转换为可编辑多边形，但前者的操作步骤过多，原几何体或封闭样条线的属性也几乎不再生效，如果强行操作可能会使模型出现严重的非正常变形。

7.1.2　可编辑多边形的属性卷展栏

1."选择"卷展栏

多边形的选择关系到当前的操作，对哪个子对象操作就必须先选择哪个子对象。多边形的子对象包括顶点、边、边界、多边形、元素共 5 种，分别对应 5 个按钮，这 5 个按钮的快捷键分别是键盘左上方的数字键 1、2、3、4、5。单击激活子对象按钮，该子对象按钮的图标会变成浅蓝色，再次单击该子对象按钮可以使其取消激活。按 Ctrl+B 组合键也可以实现该操作。

"选择"卷展栏如图 7.5 所示。下面介绍"选择"卷展栏中 3 个复选框的作用。

按顶点：除了"顶点"子对象都可以勾选该复选框。在勾选该复选框后单击任意一个顶点，则与该顶点相连的子对象都会被选中。例如，进入"边"子对象层级，勾选"按顶点"复选框，单击任意一个顶点，则与该顶点相连的边都会被选中，如图 7.6 所示。

图 7.5　"选择"卷展栏

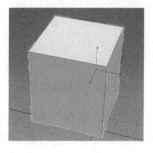

图 7.6　按顶点选边

忽略背面：在勾选该复选框后，视图中看不见（视图视野背面）的子对象就不会被选中，只有视图中可视部分的子对象能被选中。

按角度：该复选框只针对面进行操作，即只针对"多边形"子对象进行操作。在勾选该复选框后，选中一个面，则在其数值角度范围内的面都会被选中。例如，在长方体中，设置角度为 90°，选择其中一个面，则所有含有小于或等于 90° 角的面都会被选中，长方体中的所有面都符合，因此所有面都会被选中，如图 7.7 所示。

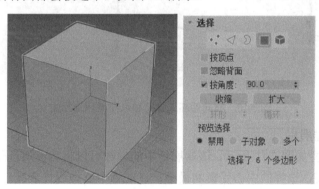

图 7.7　按角度选面

下面介绍 4 个按钮的功能。

收缩：该按钮可以收缩子对象的选择范围，有规律地减少选择的子对象。

扩大：该按钮的功能与"收缩"按钮的功能相反，可以扩大子对象的选择范围，有规律地增多选择的子对象。

环形：该按钮只针对"边"子对象，在选中一条边后单击该按钮可以环形选择边，其快捷键是 Alt+R，如图 7.8 所示。

循环：该按钮也只针对"边"子对象，在选中一条边后单击该按钮可以循环选择边，其快捷键是 Alt+L，如图 7.9 所示。

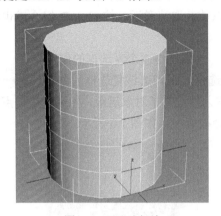

图 7.8　环形选择边

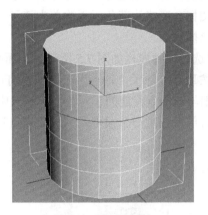

图 7.9　循环选择边

特别提示：在"选择"卷展栏中并没有对"多边形"子对象进行循环选择的相关选项或按钮，也没有相关命令，但有其快捷操作。选中一个面，按住 Shift 键并将光标停留在该面旁边的任意一个面上，会看到有循环面被选择的预览（旧版软件可能无此预览），直接单击即可循环选择面，如图 7.10 所示。

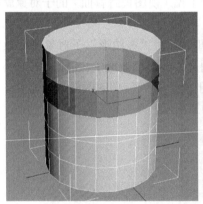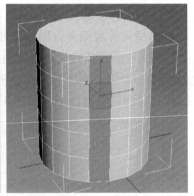

图 7.10　横向循环选择面和纵向循环选择面

2．"软选择"卷展栏

"软选择"卷展栏如图 7.11 所示，该卷展栏中的参数可以将当前所选子对象的影响在选择范围内进行圆形扩展，选择的中心受影响最强，以此为中心做线性衰减。

边距离：主要决定不同多边形子对象（顶点、边、多边形）是否受"元素"子对象的影响。在勾选"边距离"复选框后，"边距离"的值会限制衰减范围。

将"长度分段""宽度分段""高度分段"的值都为 10 的两个长方体"附加"为一个对象，循环选择边（Alt+L 组合键）并将其向左移动，如图 7.12 所示，左图为不勾选"边距离"复选框的效果，右图为勾选"边距离"复选框的效果。

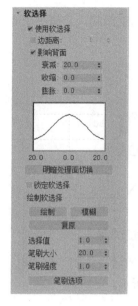

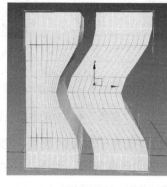

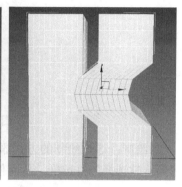

图 7.11　"软选择"卷展栏　　　图 7.12　是否勾选"边距离"复选框的效果对比

影响背面：主要决定反方向的多边形是否会受影响。如图 7.13 所示，左图为勾选"影响背面"复选框的效果，右图为不勾选"影响背面"复选框的效果。

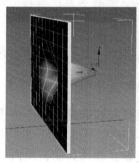

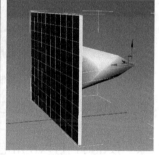

图 7.13　是否勾选"影响背面"复选框的效果对比

衰减：该值决定软选择的影响范围大小，值越大则影响范围越大，影响强度由强到弱的颜色依次为红、绿、蓝。

收缩：该值影响软选择子对象移动后形成的形状，当值大于 0 时趋于凸起，当值小于 0 时趋于凹陷。选中多边形的一个顶点并向上移动，参数设置及效果如图 7.14 所示。

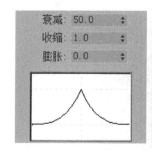

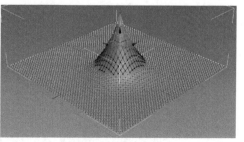

图 7.14　选中多边形的一个顶点并向上移动的参数设置及效果

膨胀：该值控制曲线两侧形状的起伏，当值大于 0 时向上凸起，当值小于 0 时向下凹陷，如图 7.15 所示。

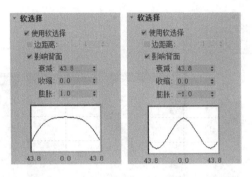

图 7.15　"膨胀"数值框的参数设置及效果

绘制：通过绘制的方式添加软选择子对象的数量。当激活"绘制"按钮时，会强制勾选"锁定软选择"复选框，从而使手动选取失效，如图 7.16 所示。

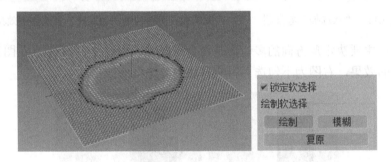

图 7.16　绘制软选择

模糊：当激活"模糊"按钮时，可以使用笔刷在软选择的范围边缘涂抹，使边缘影响平均化。

复原：当激活"复原"按钮时，可以使用笔刷在软选择的范围内涂抹，使涂抹处的软选择影响消失。

选择值：该值决定笔刷对软选择的影响强度，值越大则影响越大。

笔刷大小：该值决定软选择绘制笔刷的大小，其组合键为 Ctrl+Shift+鼠标左键。

3. "编辑几何体"卷展栏

"编辑几何体"卷展栏中包含大部分关于编辑多边形的命令，主要用于对多边形及其子对象进行编辑，如图 7.17 所示。

图 7.17　"编辑几何体"卷展栏

重复上一个：再次使用上一次的命令。

约束：共有 4 个单选按钮，分别为"无""边""面""法线"，默认选择"无"单选按钮。在选择除"无"外的其他单选按钮时，会对选中的子对象进行变换（移动、旋转、缩放）约束。例如，选择"面"单选按钮，选中多边形的一个面并对其进行旋转，发现该面会一直吸附在模型表面上，不会对原外形造成太大改变，如图 7.18 所示。

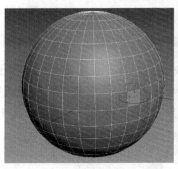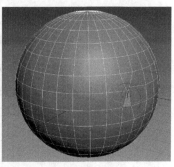

图 7.18　对多边形的面的变换约束

如果勾选该复选框，那么在变换子对象（如变换模型顶点的位置）后不会影响模型原本的 UV 设置，变换子对象后的模型会因为保持 UV 不变而不会产生贴图拉扯。如果不勾选该复选框，那么在变换子对象后模型的 UV 会与模型同步变化，从而产生贴图拉扯。是否勾选"保持 UV"复选框的效果对比如图 7.19 所示，左边是不勾选"保持 UV"复选框的效果，右边是勾选"保持 UV"复选框的效果。根据图 7.19 可知，在勾选"保持 UV"复选框后，贴图不会产生拉扯，而是通过重复贴图来适配模型的。

创建：退出多边形的所有子对象层级，单击"创建"按钮，会自动跳转至"多边形"子对象层级，此时在场景中可以通过连续单击来创建多边形，右击可结束创建。创建的多边形会与原多边形结合为一个整体，从而成为原多边形的"元素"子对象，如图 7.20 所示。

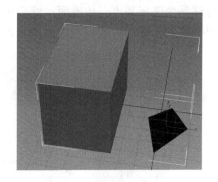

图 7.19　是否勾选"保持 UV 对比"复选框的效果对比　　　图 7.20　"创建"多边形

塌陷：将"顶点"子对象、"边"子对象、"边界"子对象、"多边形"子对象合并为一个顶点，该功能与右击弹出的快捷菜单中的"塌陷"命令的功能相同。创建 4 个长方体并将其转换为可编辑多边形，将第 1 个长方体作为参照物；选中第 2 个长方体上部的 4 个顶点，然后单击"塌陷"按钮；选中第 3 个长方体上部的一条边，然后单击"塌陷"按钮；选中第 4 个长方体上部的一个多边形，然后单击"塌陷"按钮，效果如图 7.21 所示。

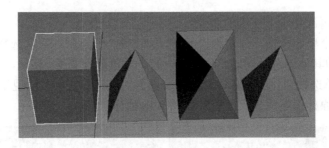

图 7.21   "塌陷"命令的效果

附加：将不同的可编辑多边形附加为一个对象，从而产生多个"元素"子对象。如果单击"附加"按钮，则可以手动选择附加对象；如果单击"附加"按钮旁边的设置按钮▣，则会弹出"附加列表"对话框，在该对话框中选择附加对象。"附加列表"对话框如图 7.22 所示。

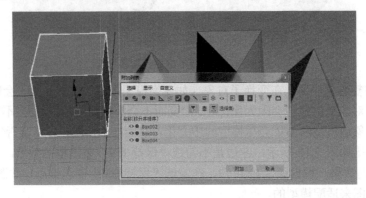

图 7.22   "附加列表"对话框

分离：主要针对"多边形"子对象和"元素"子对象，如果选择顶点进行分离，则会将该顶点所在的面与本体进行分离。如果选择线进行分离，则会将该线所在的面与本体进行分离，操作方法是先选择顶点、边或面，然后单击该按钮。分离方式有两种，如图 7.23 所示，左图使用"分离到元素"方式，右图使用"以克隆对象分离"方式。

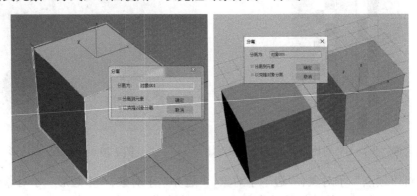

图 7.23   分离

如果勾选"分离到元素"复选框，则将所选子对象以"元素"方式分离，但仍属于同一个可编辑多边形对象。

如果勾选"以克隆方式分离"复选框，则将所选子对象分离，并且分离开的子对象不会成为原可编辑多边形的"元素"子对象，而是成为可编辑多边形的克隆体。

切片平面：选中"多边形"子对象中的面，单击"切片平面"按钮产生一个虚拟平面，对多边形穿插形成分割预览，此时单击"切片"按钮，即可对该面进行切割。如果勾选"分割"复选框，则在切割后会将顶点分离，反之不分离。

分割：在勾选该复选框后，单击"切片"按钮，会将选中的面切割成两部分。

切片：在单击"切片平面"按钮后，单击"切片"按钮，会执行切割平面的命令。

重置平面：将切片平面的位置重置到初始位置。

快速切片：对选中的面进行快速切割，在视图中单击确定切割线的原点。

切割：单独使用"切割"工具对模型表面进行切割，快捷键为 Alt+C，它是创建角色模型的常用工具。

网格平滑：不用进入任何子对象层级即可直接使用。单击"网格平滑"按钮可以将原模型的面一分为四并对整体对象进行平滑处理，最大值为 1，可以多次重复使用，如图 7.24 所示。

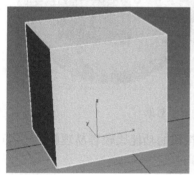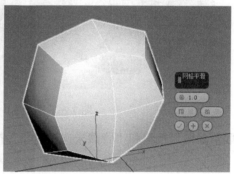

图 7.24 网格平滑

细化：将原模型的面一分为四，可调节"张力"的值，使其向外凸出或向内凹陷，当"张力"的值为正数时凸出，当"张力"的值为负数时凹陷，但不产生平滑效果，如图 7.25 所示。

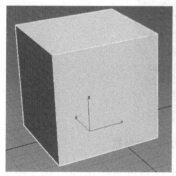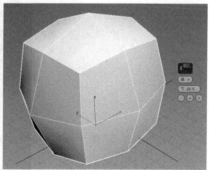

图 7.25 细化

平面化：有 X、Y、Z 三个方向，在进入"多边形"子对象层级并选中需要的面时，如果单击其中一个方向按钮，则会以该方向为垂直方向，将所选的面修整为一个平面；如果单击"平面化"按钮，则会以这些平面的中心为基准进行平面化。

视图对齐：以当前视图为基准，将选中的面修整为一个平面，该功能在视角变换后很可能导致模型严重变形，因此很少使用。

栅格对齐：以视口区的参考网格为基准，将选中的面修整为一个与网格平行的平面，该功能也很少使用。

松弛：将选中的面进行顶点位置平均化分布，使可编辑多边形的整体外观更平滑，但多次使用会使模型变小。

隐藏选定对象：将选中的子对象隐藏（只对顶点和面起作用，在隐藏顶点时仍可以看到边的存在），但并不删除，可通过取消隐藏的相关命令恢复显示，如图 7.26 所示。

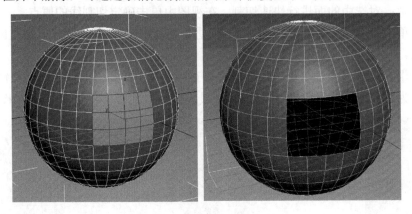

图 7.26　隐藏选中的子对象

"全部取消隐藏"按钮和"隐藏未选定对象"按钮的功能比较容易理解，读者可以自行尝试使用。

4．"编辑多边形"卷展栏

"编辑多边形"卷展栏中包含常用的多边形编辑命令，如图 7.27 所示，对该卷展栏中的参数进行设置需要进入"多边形"子对象层级。

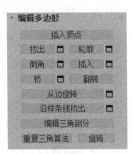

图 7.27　"编辑多边形"卷展栏

插入顶点：单击"插入顶点"按钮，在模型中任意位置单击即可在"多边形"子对象中创建顶点，该操作需要进入"多边形"子对象层级，如图 7.28 所示。

挤出：进入"多边形"子对象层级，选中需要挤出的面，单击"挤出"按钮可以手动将选中的面挤出，也可以单击旁边的设置按钮▣，设置挤出效果的具体参数，该操作也可以通过右击弹出的快捷菜单实现，如图 7.29 所示。

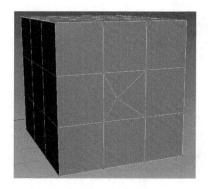
图 7.28　插入顶点

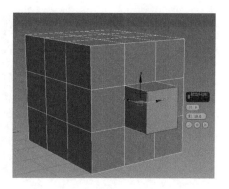
图 7.29　挤出

轮廓：与"选择并均匀缩放"工具的功能类似，只有一个参数，使用频率不高，如图 7.30 所示。

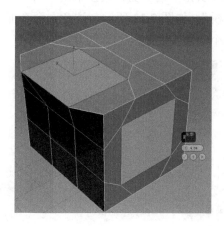
图 7.30　轮廓

倒角：单击"倒角"按钮，在产生挤出效果的同时，也会对面产生放大或缩小的效果。单击"倒角"按钮旁边的设置按钮 ，可以通过设置"高度"和"轮廓"的值控制挤出效果。倒角类型包括组、局部法线和多边形共 3 种，这 3 种倒角类型的挤出效果如图 7.31 所示。

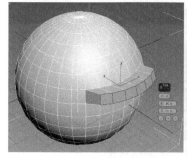
图 7.31　3 种倒角类型的挤出效果

插入：选中需要的面，单击"插入"按钮，会产生新的面，并且新的面内收。单击"插入"按钮旁边的设置按钮 ，可以通过设置"数量"的值控制产生的效果。插入类型包括组和按多边形共两种，这两种插入类型的效果如图 7.32 所示。

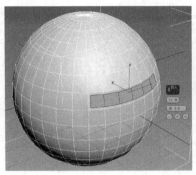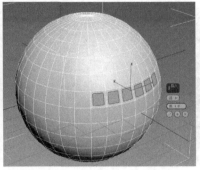

图 7.32　两种插入类型的效果

　　桥：对选中的两个或更多个相对的面进行实体连接，形成"桥"状。在选中两个面后单击"桥"按钮形成连接，也可以先不选中面，直接单击"桥"按钮，然后按住鼠标左键从一个面拖动到另一个面形成"桥"，如图 7.33 所示。注意，两个面必须在同一个对象上，或者在两个对象"附加"成的一个对象上。

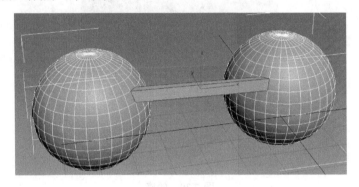

图 7.33　桥

　　翻转：将选中的面的法线翻转，被翻转后的面不会被渲染。
　　创建一个长方体，选中一个方向的面，单击"翻转"按钮将面的法线翻转到里面，此时翻转的面呈黑色（不能被渲染），如图 7.34 所示。

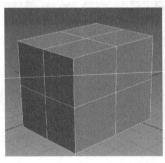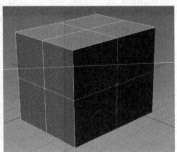

图 7.34　翻转选中面的法线

　　从边旋转：沿着一条边将选中的面挤出并绕该边旋转。
　　创建一个长方体，选中一个面，单击"从边旋转"按钮旁边的设置按钮□（也可以直接单击"从边旋转"按钮并手动编辑），设置"角度"的值为 65.0，设置"分段"的值为 6，然后单击![]按钮，再单击该面的一条边，则挤出的面会以该边为轴进行旋转，如图 7.35 所示。

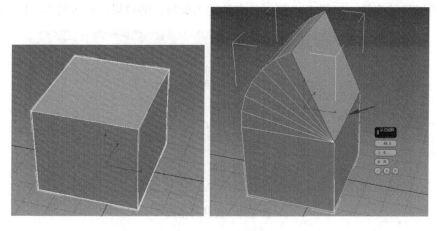

图 7.35　从边旋转

沿样条线挤出：将选中的面沿附近的样条线挤出，并且将挤出的造型锥化。

选中长方体的一个面，单击"沿样条线挤出"按钮旁边的设置按钮![]，然后单击![]按钮，再单击附近的一条样条线，则会沿该样条线挤出面，设置"分段"的值为 16，设置"锥化量"的值为-1.0，其他参数保持默认设置，效果如图 7.36 所示。

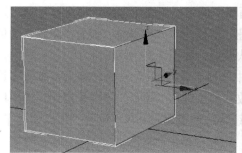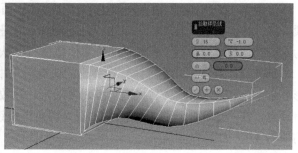

图 7.36　沿样条线挤出

编辑三角剖分：可以查看多边形的三角剖分，也可以通过单击相同多边形中的两个对角顶点对其进行更改，如图 7.37 所示，左边的为更改前的三角部分，右边的为更改后的三角剖分。

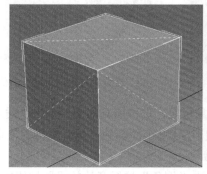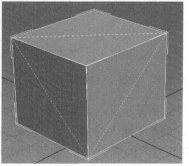

图 7.37　编辑三角剖分

重复三角算法：对当前选中的面进行最佳三角剖分，该功能并不常用。

旋转：将选中的面的对角线旋转。选中一个面，单击"旋转"按钮，再单击该面的对角线中心，可以将其旋转，如图 7.38 所示，左边的为旋转前的效果，右边的为旋转后的效果。

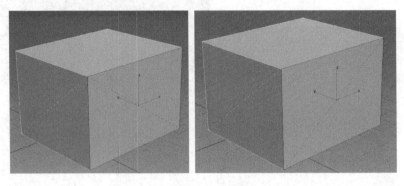

图 7.38　旋转对角线

7.2　多边形模型实例

7.2.1　案例 I——制作"高尔夫球"模型

步骤 1：在"创建"命令面板中的"几何体"面板中的下拉列表中选择"标准基本体"选项，在"对象类型"卷展栏中单击"几何球体"按钮，创建一个几何球体，设置"半径"的值为 65.326，设置"分段"的值为 6，其他值保持默认设置，如图 7.39 所示。

步骤 2：右击该几何球体，在弹出的快捷菜单中选择"转换为："→"转换为可编辑多边形"命令，将该几何球体转换为可编辑多边形。按数字键 1 进入"顶点"子对象层级，选中所有顶点，在"编辑顶点"卷展栏中单击"切角"按钮旁边的设置按钮■，设置"顶点切角量"的值为 4.0，如图 7.40 所示。

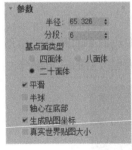
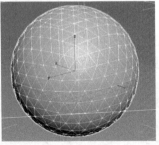
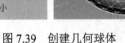
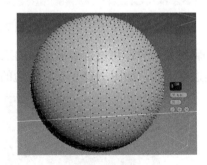

图 7.39　创建几何球体　　　　　　图 7.40　设置"顶点切角量"的值及其效果

步骤 3：按数字键 4 进入"多边形"子对象层级，选中所有的面，单击"插入"按钮旁边的设置按钮■，设置"插入类型"为"按多边形"（每个面都独立执行"插入"命令，互不干涉），设置"插入量"的值为 1.0，如图 7.41 所示。

步骤 4：使插入的面保持被选中状态，单击"倒角"按钮旁边的设置按钮■，将"高度"和"轮廓"的值都设置为-1.0，如图 7.42 所示。

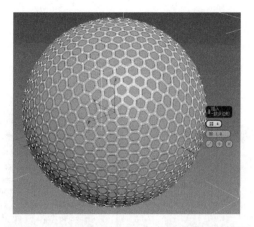 

图 7.41 对面设置"插入"的相关参数及其效果　　图 7.42 对面设置"倒角"的相关参数及其效果

步骤 5：按 Ctrl+B 组合键退出所有子对象层级，在"修改"命令面板中的"修改器列表"下拉列表中选择"涡轮平滑"选项，在"涡轮平滑"卷展栏中，设置"迭代次数"的值为 1，其他参数保持默认设置，参数设置及效果如图 7.43 所示。

图 7.43 "涡轮平滑"修改器的参数设置及效果

7.2.2 案例 Ⅱ——制作"曲面显示器"模型

步骤 1：选择"自定义"→"单位设置"命令，弹出"单位设置"对话框，选择"公制"单选按钮并在其下方的下拉列表中选择"厘米"选项，如图 7.44 所示。

步骤 2：在"创建"命令面板中的"几何体"面板中的下拉列表中选择"扩展基本体"选项，在"对象类型"卷展栏中单击"切角长方体"按钮，在前视图中创建一个切角长方体"显示器主屏"模型，按照 23.5 寸显示器的实际大小设置参数，如图 7.45 所示。

步骤 3：右击步骤 2 中创建的"显示器主屏"模型，在弹出的快捷菜单中选择"转换为："→"转换为可编辑多边形"命令，将该"显示器主屏"模型转换为可编辑多边形。按 F 快捷键切换到前视图，单击"快速切片"按钮，在"显示器主屏"模型上从左到右切出一条水平切割线，下部空余的位置用于放 LOGO，如图 7.46 所示。

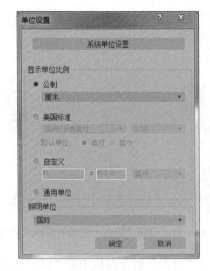

图 7.44　单位设置

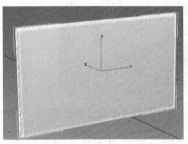

图 7.45　创建切角长方体"显示器主屏"模型并设置参数

步骤 4：右击前方中间的面，在弹出的快捷菜单中单击"挤出"命令旁边的设置按钮▣，设置"高度"的值为-0.1cm，作为凹进里面的"显示屏"模型，如图 7.47 所示。

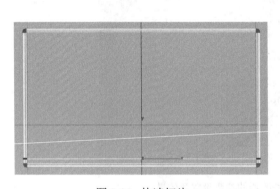

图 7.46　快速切片

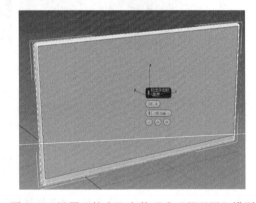

图 7.47　设置"挤出"参数形成"显示屏"模型

步骤 5：按数字键 2 进入"线"子对象层级，选中"显示器主屏"模型上方和下方的线并右击，在弹出的快捷菜单中单击"连接"命令旁边的设置按钮▣，为了使弯曲屏有足够的分段，设置"分段"的值为 20，如图 7.48 所示。

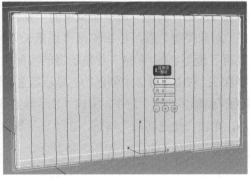

图 7.48　设置"连接"参数

步骤 6：按 Ctrl+B 组合键退出所有子对象层级，在"修改"命令面板中添加"弯曲"修改器，参数设置及效果如图 7.49 所示。

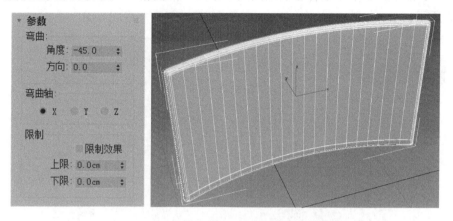

图 7.49　"弯曲"修改器的参数设置及效果

步骤 7：在"创建"命令面板中的"图形"面板中的下拉列表中选择"样条线"选项，在"对象类型"卷展栏中单击"文本"按钮，在前视图中创建"AOC"字样，设置"字体"为 Trebuchet MS Italic，设置文字的"大小"的值为 2.0cm，如图 7.50 所示。

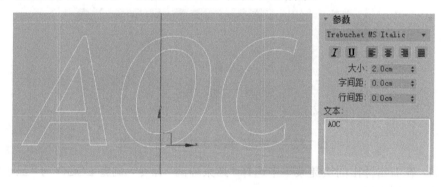

图 7.50　创建"AOC"字样并设置参数

步骤 8：选择字体，按 Alt+Q 组合键使字体进入孤立状态，将其转换为可编辑样条线。按数字键 2 进入"线段"子对象层级，选中字母 A 的两条多余线段并将其删除，如图 7.51 所示。

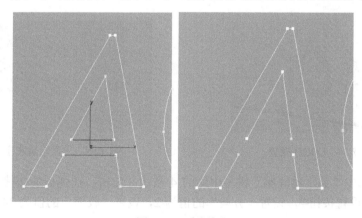

图 7.51　删除线段

步骤 9：按数字键 1 进入"顶点"子对象层级，单击"几何体"卷展栏中的"连接"按钮，分别单击相邻的 2 个顶点将它们连接成 1 条线，然后选中多余的 4 个顶点并将其删除，如图 7.52 所示。

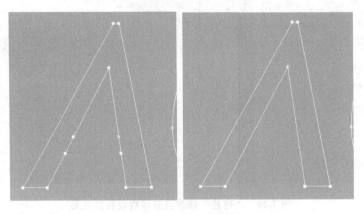

图 7.52　连接并删除顶点

步骤 10：按 Ctrl+B 组合键退出所有子对象层级，为字母样条线添加"挤出"修改器，设置"数量"的值为 0.3cm，其他参数保持默认设置，参数设置及效果如图 7.53 所示。

图 7.53　"挤出"修改器参数设置及效果

步骤 11：在右击弹出的快捷菜单中选择"结束隔离"命令，调整 LOGO 与"显示器主屏"模型的位置，如图 7.54 所示。

步骤 12：创建"显示器底座"模型。在视图中创建一个长方体并将其转换为可编辑多边形，选择两边的面使用"挤出"命令生成两边分叉的结构，然后适当调整顶点的位置，如图 7.55 所示。

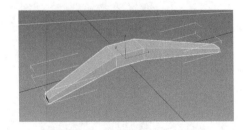

图 7.54　LOGO 摆放　　　　　　　　图 7.55　"显示器底座"模型

步骤 13：选中"显示器底座"模型中间的 4 条边并右击，在弹出的快捷菜单中单击"连接"命令旁边的设置按钮▣，设置"分段"的值为 2，设置"收缩"的值为 24（此处仅为参考值），如图 7.56 所示。

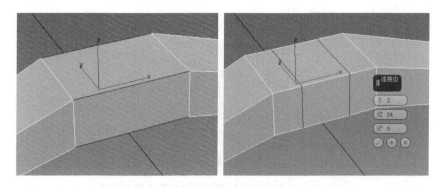

图 7.56 "显示器底座"模型的"连接"参数设置及效果

步骤 14：选中"显示器底座"模型中间两侧的面并右击，在弹出的快捷菜单中单击"挤出"命令旁边的设置按钮▣，设置"高度"的值为 21.397cm，再调整"显示器主屏"模型的高度，如图 7.57 所示。

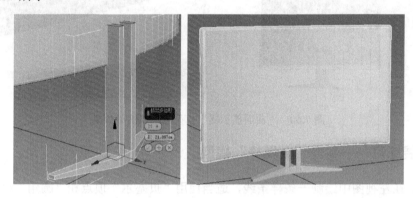

图 7.57 设置"显示器底座"模型的"挤出"参数并调整"显示器主屏"模型的高度

步骤 15：按数字键 2 进入"边"子对象层级，选择所有的边并右击，在弹出的快捷菜单中单击"切角"命令旁边的设置按钮▣，设置"边切角量"的值为 0.1cm，如图 7.58 所示。

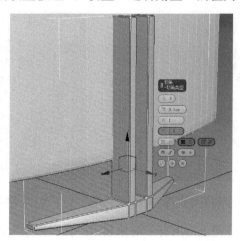

图 7.58 切角

步骤 16：按 Ctrl+B 组合键退出所有子对象层级，在"修改"命令面板中添加"涡轮平滑"修改器，设置"迭代次数"的值为 2，参数设置及效果如图 7.59 所示。

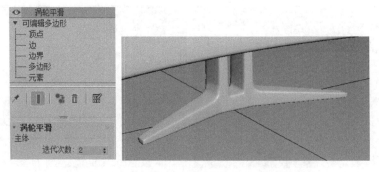

图 7.59　"涡轮平滑"修改器的参数设置及效果

"曲面显示器"模型的最终渲染效果如图 7.60 所示。

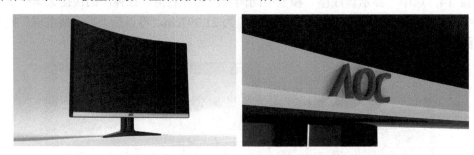

图 7.60　"曲面显示器"模型的最终渲染效果

7.2.3　拓展练习——制作"金属椅"模型

步骤 1：在左视图中绘制一条样条线，适当使用"贝塞尔"顶点和"圆角"命令调整样条线的形状，如图 7.61 所示。

步骤 2：克隆一条样条线作为备份，选中其中一条样条线，进入"样条线"子对象层级，使用"轮廓"命令将样条线扩展为带轮廓的图样，如图 7.62 所示。

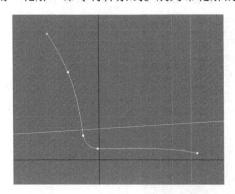
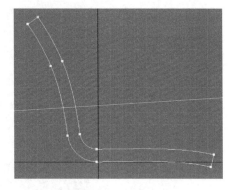

图 7.61　"金属椅"模型轮廓样条线　　　　图 7.62　样条线轮廓

步骤 3：按 Ctrl+B 组合键退出所有子对象层级，在"修改"命令面板中添加"挤出"修改器，生成"金属椅右侧板"模型，如图 7.63 所示。

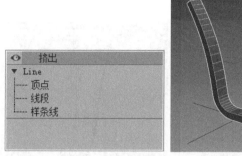

图 7.63 添加"挤出"修改器并生成"金属椅右侧板"模型

步骤 4：选择另一条样条线，调整顶点位置，使之与实体模型匹配。在"渲染"卷展栏中勾选"在渲染中启用"复选框和"在视口中启用"复选框，选择"径向"单选按钮并设置"边"的值为 10（此处表示横截面的圆周线段数，值越大则生成的面越多，10 是一个比较适中的值），生成一条线段，如图 7.64 所示。

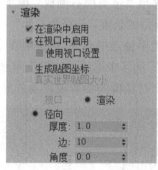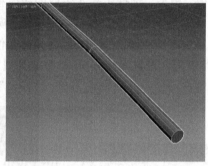

图 7.64 "渲染"卷展栏参数设置及效果

步骤 5：在左视图中创建一个圆柱体，设置"半径"的值为 0.5，适当调整其位置，不要离步骤 4 生成的线段太远，此位置并不影响最终生成结果，如图 7.65 所示。

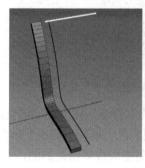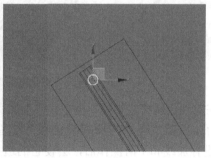

图 7.65 创建圆柱体

步骤 6：选中步骤 5 创建的圆柱体，选择"工具"→"对齐"→"间隔工具"命令，弹出"间隔工具"窗口，单击"拾取路径"按钮，再单击步骤 4 生成的线段（"拾取路径"按钮的名称会变为线段的名称，即"Line002"），即可看到圆柱体被克隆且均匀分布在线段上，如图 7.66 所示。

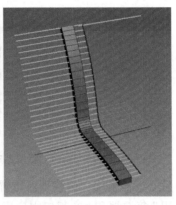

图 7.66　间隔工具

　　步骤 7：选择"金属椅右侧板"模型，使用"选择并移动"工具配合 Shift 键沿 X 轴克隆出"金属椅左侧板"模型。选择步骤 4 生成的线段移至"金属椅右侧板"模型附近，适当调整其首顶点和末顶点的位置以匹配"金属椅右侧板"模型的长度。选择"工具"→"阵列"命令，弹出"阵列"对话框，将"阵列变换：世界坐标（使用轴点中心）"选区中 X 轴的"增量"值（向 X 轴方向进行克隆）设置为 4.0，在"对象类型"选区中选择"实例"单选按钮，"阵列中的总数"的值视情况而定，此处设置为 22。"阵列"对话框的参数设置及效果如图 7.67 所示。

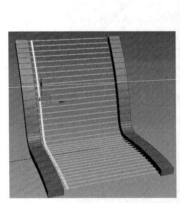
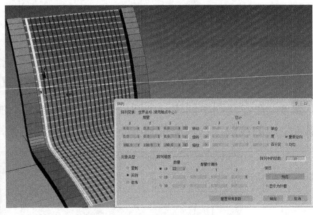

图 7.67　"阵列"对话框的参数设置及效果

　　步骤 8：现在对"金属椅左侧板"模型和"金属椅右侧板"模型进行优化，这就要用到 3ds Max 的石墨工具了。观察发现，"金属椅左侧板"模型和"金属椅右侧板"模型两侧的面是没有连线的，后面在进行加线和平滑操作后，会使它的造型生成很多错乱的面，正确操作如下。

　　（1）首先将"金属椅左侧板"模型和"金属椅右侧板"模型分别克隆出一个进行备份，然后选中"金属椅左侧板"模型和"金属椅右侧板"模型并右击，在弹出的快捷菜单中选择"转换为："→"转换为可编辑多边形"命令，将"金属椅左侧板"模型和"金属椅右侧板"模型转换为可编辑多边形。按数字键 1 进入"顶点"子对象层级，选中所有顶点并右击，在弹出的快捷菜单中选择"连接"命令，将"金属椅左侧板"模型和"金属椅右侧板"模型转换为的可编辑多边形的所有顶点连接生成三角面，如图 7.68 所示。

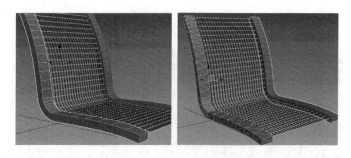

图 7.68　连接顶点生成三角面

（2）单击石墨工具栏最右边的三角形按钮 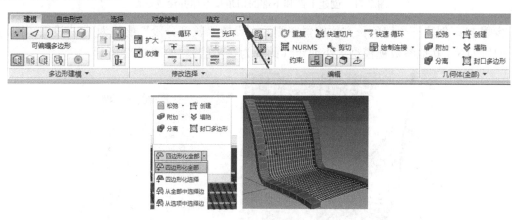，在弹出的下拉菜单中选择"几何体（全部）"下的"四边形化全部"命令，将所有三角面转换为四边面（对三角面进行平滑操作会产生不良效果），如图 7.69 所示。

图 7.69　将三角面转换为四边面

步骤 9：删除"金属椅左侧板"模型和"金属椅右侧板"模型始端和末端的面，并且选择上部的一条边，按 Ctrl+R 组合键环形选择，然后按 Alt+R 组合键循环选择，将 4 条长边都选中。右击选中的 4 条长边，在弹出的快捷菜单中单击"切角"命令旁边的设置按钮 ，设置"连接边分段"的值为 4，生成边缘平滑的结构，如图 7.70 所示。

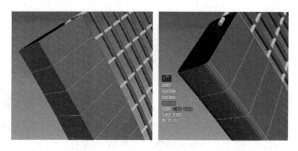

图 7.70　设置"切角"参数生成边缘平滑的结构

步骤 10：创建一个切角长方体放置在顶部，适当调整参数使大小匹配，然后克隆一个放置在下部并调整其位置，如图 7.71 所示。

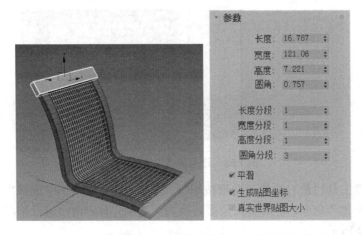

图 7.71　创建上部和下部的切角长方体并设置参数

步骤 11：创建一个切角长方体放置在侧面，设置"长度分段"的值为 14，设置"圆角分段"的值为 3，其他参数视模型大小而定（此处为参考值），如图 7.72 所示。

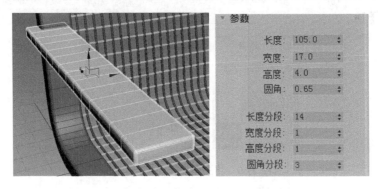

图 7.72　创建侧面的切角长方体并设置参数

步骤 12：在"修改"命令面板中添加"弯曲"修改器，进入"中心"子对象层级，使用"选择并移动"工具调整"弯曲"修改器的中心位置，"弯曲"修改器的参数设置及效果如图 7.73 所示。

图 7.73　"弯曲"修改器的参数设置及效果

步骤 13：在左视图中绘制顶点类型为角点的样条线，调整样条线的形状（可以适当将一些顶点转换为圆角顶点或 Bezier 顶点），如图 7.74 所示。在"修改"命令面板中的"渲染"卷展栏中勾选"在渲染中启用"复选框和"在视口中启用"复选框，形成"金属椅腿"模型，如图 7.75 所示。

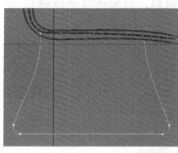

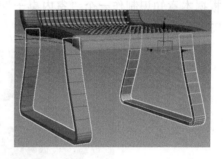

图 7.74 绘制样条线并调整其形状　　　图 7.75 "金属椅腿"模型的参数设置及效果

"金属椅"模型的最终渲染效果如图 7.76 所示，具体渲染方法可以参考第 11 章渲染的相关内容。

图 7.76 "金属椅"模型的最终渲染效果

（2019 版 Arnold 渲染器）

本章小结

本章主要讲解了 3ds Max 中可编辑多边形的基本使用方法及多边形建模的流程。由于可编辑多边形是由可编辑网格改进而成的，功能比可编辑网格更完善，在大部分项目中使用前者，因此本章只针对多边形建模进行讲解。在多边形建模过程中，主要对"顶点"子对象、"边"子对象、"多边形"子对象进行操作，"边界"子对象（封闭的边）和"元素"子对象的使用频率相对较低。对于"元素"子对象，只有当两个"多边形"子对象"附加"在一起时才会使用。

本章还介绍了石墨工具的基本使用方法，它相当于常规建模的快捷命令，同时带有一些更便捷的建模工具，可以大大加快建模的速度，提高工作效率。

课后练习

根据本章知识制作一个"室内桌子"模型（材质效果暂时忽略，后续章节会讲解），如图 7.77 所示。

图 7.77　"室内桌子"模型

第 8 章

材质与贴图

3ds Max 模型在创建完成后就能显示其基本色，但不带材质。如果我们要制作更精细的模型纹理，就需要用到材质。有很多人在概念上将材质单纯地理解为贴图，这是错误的观念。材质包含贴图、质感、光感的表现，贴图必须依附于材质的贴图通道中才能表现正确的效果，贴图还可以调节灯光，从而影响灯光效果。贴图从维度上分为平面贴图、置换贴图和体积贴图，从类型上分为文件贴图（如位图）和程序贴图（3ds Max 自带的程序无缝贴图，如"细胞"贴图和"棋盘格"贴图），本章会讲解材质与贴图的各种使用方法和技巧。

学习目标

➢ 了解什么是材质与贴图。
➢ 掌握材质的运用方法。
➢ 掌握多种贴图的运用方法。
➢ 掌握材质的混合设置。

学习内容

➢ 材质编辑器入门。
➢ 通用材质设置。
➢ 材质的分类。
➢ 贴图通道。

8.1 材质基础

在 3ds Max 2019 中按 M 快捷键，或者单击工具栏中的"材质编辑器"按钮，可以打开材质编辑器。材质编辑器有两种模式，分别是精简模式和 Slate 模式。

8.1.1 精简材质编辑器

按住"材质编辑器"按钮，在弹出的下拉列表中选择"精简模式"选项 ，即可打开精简材质编辑器，如图 8.1 所示。或者在材质编辑器的菜单栏中选择"模式"→"精简材质编辑器"命令，如图 8.2 所示，即可切换为精简材质编辑器。

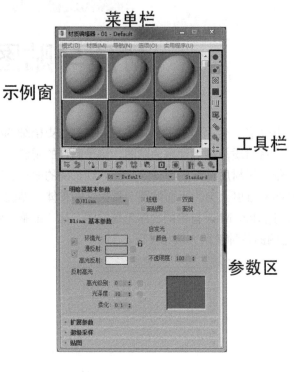

图 8.1 精简材质编辑器　　　　图 8.2 选择"精简材质编辑器"命令

1. 菜单栏
精简材质编辑器的菜单栏比较简单，只有 5 个菜单，包含编辑材质的命令。

2. 示例窗
示例窗用于存储材质球和预览材质效果。精简材质编辑器的示例窗中可以显示 24 个材质球，但并不代表只能用 24 种材质，材质球是可以无限量使用的，如图 8.3 所示。

3. 工具栏
工具栏在示例窗的右方和下方，包含对材质进行各种操作的常用工具按钮，如图 8.4 所示。

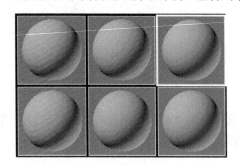

图 8.3 示例窗

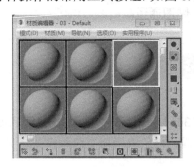

图 8.4 工具栏

4．参数区

1）"明暗器基本参数"卷展栏。

明暗器也称着色器，材质编辑器中默认显示的是标准明暗器，用于调节显示的不同方式，以及对光线吸收的反馈效果。

标准明暗器有 4 种特殊的显示方式，分别是线框、双面、面贴图、面状，但在一般情况下用不上。

线框：将模型材质显示为只有线框，同时去除漫反射纹理。

双面：在面的法线正反面添加材质，一般用于布料材质，如旗子、窗帘等。

面贴图：将材质适配到每个面，每个面都单独享有该材质的全部纹理和属性。

面状：除了给自身添加材质，还会去除多边形的法线平滑组，使模型渲染不具有平滑效果。

在"明暗器基本参数"卷展栏中的下拉列表中可以选择明暗器类型。明暗器类型有各向异性、Blinn、金属、多层、Oren-Nayar-Blinn、Phong、Strauss、半透明明暗器，其中用得最多的是 Blinn（布林）材质，如图 8.5 所示。

"明暗器基本参数"卷展栏中的参数主要用于调节自身与灯光之间的关系，每个参数都会对最终结果起到重要作用。在"明暗器基本参数"卷展栏中的下拉列表中选择 Blinn 选项，下面对应的就是"Blinn 基本参数"卷展栏，如图 8.6 所示。

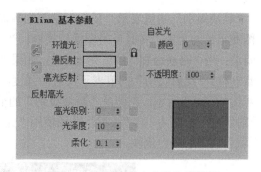

图 8.5 明暗器类型　　　　　图 8.6 "Blinn 基本参数"卷展栏

环境光：被渲染对象的模拟环境光，并不是真的灯光。假如在场景中设置了白色灯光，而环境光为绿色，则显示绿色的光，场景光起明暗作用，而环境光起调色作用。在一般情况下，环境光保持默认设置即可，但在单独表达一个对象的环境光时可以使用它。

漫反射：对象自身的表面纹理，又称为固有色。

高光反射：高光的明暗度和颜色。

颜色：使用漫反射表现纹理而不会受到灯光影响，是网络游戏模型常用的贴图方式。

不透明度：对象纹理的不透明度，值越小则越透明。

高光级别：反射高光的强度。

光泽度：反射高光的范围，值越大，反射高光的范围越小。

柔化：值越大，反射高光边缘越硬，最小值为 0，最大值为 1。

2）"扩展参数"卷展栏。

"扩展参数"卷展栏中的参数主要用于辅助"明暗器基本参数"卷展栏中的参数，在一般情况下保持默认设置即可，如果有特殊要求，则可以手动调整，如图 8.7 所示。

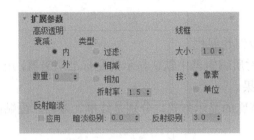

图 8.7　"扩展参数"卷展栏

衰减：选择在内部或外部进行衰减，以及衰减的强度。

如果选择"内"单选按钮，则向着对象内部增加不透明度，效果犹如玻璃；如果选择"外"单选按钮，则向着对象外部增加不透明度，效果犹如云雾。

数量：内部或外部的不透明度。

类型：计算不透明度的算法类型，包括过滤、相减、相加共 3 种。计算不透明度与直接设置材质不透明度有本质上的区别，前者是根据不同情况计算出的不透明度，而后者是将模型所有空间位置的不透明度统一成了一个值。

反射暗淡：如果勾选"应用"复选框，那么产生反射的面积也会根据光线角度产生阴影效果。

"暗淡级别"的值表示"反射"贴图的暗淡级别，当"暗淡级别"的值为 0.0 时，"反射"贴图在暗部为全黑，并且反射图像较模糊；当"暗淡级别"的值为 0.5 时，"反射"贴图只有一半暗淡；当"暗淡级别"的值为 1.0 时，如果"反射"贴图没有进行暗淡处理，则效果和禁用该参数一样。"反射级别"的值表示反射的强度，值越大则反射越强。不同"反射暗淡"参数的效果对比如图 8.8 所示，左图是"暗淡级别"的值为 0.1 的效果，右图是"暗淡级别"的值为 0.9、"反射级别"的值为 10、"反射"贴图使用"光线跟踪"（软件自带程序贴图）的效果，注意对比"壶盖"模型的反射倒映。

图 8.8　不同"反射暗淡"参数的效果对比

由此可见，当"暗淡级别"的值较小时，反射区域亮度会受到暗部（模型上的背光面）影响而变暗；当"暗淡级别"的值较大时，反射区域亮度不会受暗部影响而变得过暗。

8.1.2　Slate 材质编辑器

Slate 材质编辑器沿用了 Maya 的材质编辑器的编辑方式，通过对节点网格进行操作实现材质效果。按住"材质编辑器"按钮，在弹出的下拉列表中选择"Slate 模式"选项，即可打开 Slate 材质编辑器；或者在材质编辑器菜单栏中选择"模式"→"Slate 材质编辑器"命令，即可切换为 Slate 材质编辑器。如图 8.9 所示。

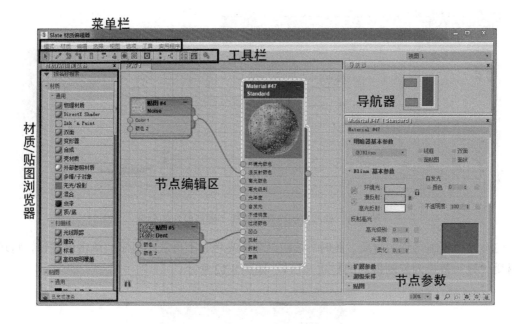

图 8.9　Slate 材质编辑器

1．菜单栏

Slate 材质编辑器的菜单栏比精简材质编辑器多几个菜单，但基本功能相差不大。

2．工具栏

与精简材质编辑器相比，Slate 材质编辑器的工具栏中增加了一些用于节点操作的工具按钮。

"选择工具"按钮 ：用于选择材质节点。

"吸管工具"按钮 ：用于吸取模型上的材质。

"将材质放入场景"按钮 ：用于编辑一个材质副本，从而更新当前材质，具体操作如下。

（1）在 Slate 材质编辑器的空白处右击，在弹出的快捷菜单中选择"材质"→"扫描线"→"标准"命令，创建一个"标准"材质，材质名称为 Material #25（随机生成），将"漫反射"的颜色设置为绿色，在"场景材质"中右击 Material #25 (standard)选项，在弹出的快捷菜单中选择"复制到"→"临时库"命令，即可得到两个相同的材质，其中一个是不活动的材质，如图 8.10 所示。

图 8.10　复制材质

（2）双击临时库中复制得到的材质，将其"漫反射"的颜色设置为白色，此时场景中的模型材质效果不会有任何变化，如图 8.11 所示。

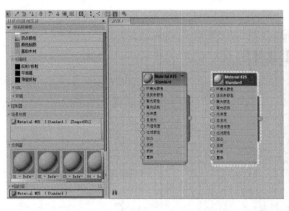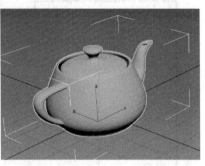

图 8.11　修改复制得到的材质"漫反射"的颜色

（3）选中复制得到的材质，此时 按钮已变成亮色，不再灰暗显示。单击该按钮，将场景的材质（绿）替换为复制得到的材质（白），如图 8.12 所示。

图 8.12　将材质放入场景替换

设计本功能的目的是使创作者在调整材质的同时不会影响原本的材质，当有多个相似的可选材质方案时，这是一个非常不错的操作流程。

"将材质指定给选定对象"按钮 ：将选定的材质赋予选中的场景对象。

"重置贴图/材质为默认设置"按钮 ：取消节点编辑区选定的材质显示，此操作并不会真正删除节点，只是取消显示，按 Delete 键可得到同样的效果。

"移动子对象"按钮 ：只能移动除最高级节点外的节点。

"隐藏未使用的节点示例窗"按钮 ：隐藏未使用的材质节点，当材质编辑器中有材质未被赋予对象时，此图标会呈亮色显示，表示可操作。

"视口中显示明暗处理材质"按钮 ：在视口（场景）中显示材质，但不能显示最终效果，仅显示部分纹理。

"背景"按钮 ：在材质球预览中显示棋盘格背景，用于观察反射、折射类材质的基本效果。

"材质 ID 通道"按钮 ：用于设置"材质 ID"通道，共有 16 个通道可用。在渲染时，可以将赋予该材质通道的模型单独渲染出来以方便后期合成，该操作需要在"渲染元素"卷展栏中手动添加"材质 ID"（"渲染元素"卷展栏在大部分渲染器面板中都有，它是后期合成通道的必要功能）。"材质 ID"通道的渲染效果如图 8.13 所示。

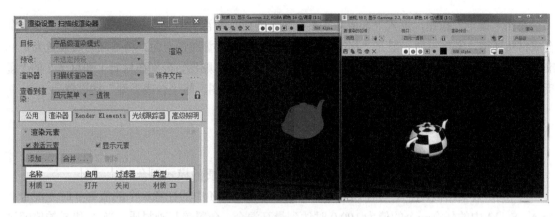

图 8.13　"材质 ID"通道的渲染效果

"布局全部-垂直"按钮 和"布局全部-水平"按钮 ：单击"布局全部-垂直"按钮 ，可以使所有节点之间的连线作垂直状分布；单击"布局全部-水平"按钮 ，可以使所有节点之间的连线作水平状分布。一般不进行调整。

"布局子对象"按钮 ：会根据"布局全部"的设置，布局选中的材质球节点下的子节点。

"材质/贴图浏览器"按钮 ：打开"材质/贴图浏览器"对话框的开关。

"参数编辑器"按钮 ：右边的参数编辑器开关。

"按材质选择"按钮 ：按材质选择已赋予该材质的对象。

对于初学者来说，精简材质编辑器比较容易操作，在熟练后可使用 Slate 材质编辑器进行操作。

8.2　材质的类型

8.2.1　"合成"材质

"合成"材质使用材质叠加的方式，类似于 Photoshop 的图层叠加，将多个材质的效果合成最终效果。

在精简材质编辑器中单击默认材质球的 Standard 按钮，即可打开"材质/贴图浏览器"对话框，选择"合成"材质，弹出"替换材质"对话框，如图 8.14 所示。此时材质无任何设置，选择哪个单选按钮的效果都是一样的。

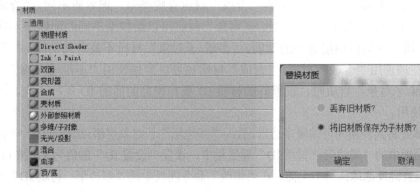

图 8.14　在"材质/贴图浏览器"对话框中选择"合成"材质并弹出"替换材质"对话框

单击"确定"按钮,进入"合成基本参数"卷展栏,该卷展栏中有 1 个基础材质通道和 9 个合成材质通道,基础材质一般是"标准"材质,将其他材质叠加在上面。将基础材质设置为"标准"材质(Blinn),在"漫反射颜色"通道中添加"棋盘格"贴图,分别在材质 1 和材质 2 的"漫反射颜色"通道中添加"Perlin 大理石"贴图和"凹痕"贴图,将"合成类型"均设置为 A。

合成类型有 3 种,分别为 A、S、M。

A:将材质中的颜色在不透明度的基础上相加。

S:将材质中的颜色在不透明度的基础上相减。

M:材质中的颜色和不透明度按照使用无遮罩混合材质的模式混合。

A 和 M 效果相似,且 A 与 S 效果相差较大。当 A、S、M 中的任意一个的值为 0 时无混合;当 A、S、M 中的任意一个的值为 100.0 时达到最高混合,会覆盖基础材质。当 A 和 S 的值超过 100.0 时不透明度会继续增加,最大值为 200.0,而 M 的最大值为 100.0。

将材质 1 和材质 2 的合成类型均设置为 A,并且将它们的混合值均设置为 50.0,则 3 个材质的效果会呈现不同的透明度;将材质 1 和材质 2 的混合值均设置为 100.0,则只显示最下面的材质,完全覆盖上面的材质,如图 8.15 所示。

图 8.15   不同混合值的效果对比

8.2.2   "多维/子对象"材质

"多维/子对象"材质是为多个子对象(ID)服务的,可以给一个可编辑多边形对象贴多个材质。"多维/子对象"材质与上一节提到的"合成"材质有些类似,但本质不同。"合成"材质主要针对单个模型的整体对象,而"多维/子对象"材质可以给模型不同的面赋予不同的子材质。"合成"材质具有类似图层叠加的功能,"多维/子对象"材质不具有此功能。"多维/子对象"材质可以穿插使用"合成"材质,"合成"材质也可以穿插使用"多维/子对象"材质。

在使用"多维/子对象"材质时,设置好的材质 ID 要和模型的面的 ID 保持一致,这样才能使材质被正确使用。

创建一个球体并将其转换为可编辑多边形,进入"多边形"子对象层级,选择球体一半的面,在"修改"命令面板中的"多边形:材质 ID"卷展栏中,设置"设置 ID"的值为 1,按 Enter 键确定;按 Ctrl+I 组合键反选球体另一半面,在"修改"命令面板中的"多边形:材质 ID"卷展栏中,设置"设置 ID"的值为 2,按 Enter 键确定。这样就将一个球体的面分为两个 ID。按 Ctrl+B

组合键退出子对象层级，在给球体赋予材质时就会直接匹配"多维/子对象"材质中的 ID1 和 ID2。

在材质编辑器中的"多维/子对象"卷展栏中，将"多维/子对象"材质中的材质 1 和材质 2 均设置为"标准"材质，它们的"漫反射贴图"通道分别使用"棋盘格"贴图和"细胞"贴图，在将这两种材质赋予球体后，球体可显示两种材质效果，如图 8.16 所示。

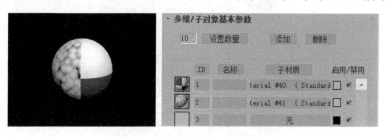

图 8.16　"多维/子对象"材质

8.2.3　"建筑"材质

"建筑"材质是一个比较特殊的材质，它主要用于表现建筑材料的质感，对默认的扫描线渲染器来说，它自带了许多模板参数，而且它可以被 3ds Max 2019 自带的 Arnold 渲染器渲染。

在"建筑"材质的"模板"卷展栏中的下拉列表中可以选择多种预设，不熟悉"建筑"材质的学习者可以直接套用模板。例如，选择"木材"模板的渲染效果和参数设置如图 8.17 所示，左图为扫描线渲染器的渲染效果，右图为 Arnold 渲染器的渲染效果。

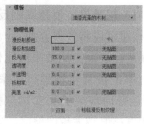

图 8.17　"建筑"材质渲染

8.2.4　"物理"材质

"物理"材质是新增的模拟真实物理计算的材质，它像"建筑"材质一样自带参数模板，但它比"建筑"材质更完善，应用范围更广，而且它也可以被 Arnold 渲染器渲染。在"预设"卷展栏中的"选择预设"下拉列表中选择"天光金"选项，使用扫描线渲染器进行渲染的效果如图 8.18 所示，具体渲染方法可以参考渲染章节的相关内容。

图 8.18　"物理"材质使用"天光金"预设的扫描线渲染效果

在"材质模式"下拉列表中选择"高级"选项，可以看到在"基本参数"卷展栏中，"基础颜色和反射"选区被拆分成"基础颜色"选区和"反射"选区，如图 8.19 所示。

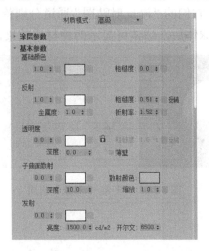

图 8.19 "物理"材质的"高级"模式

基础颜色：和"标准"材质的 Blinn 材质基本一样，用于表现漫反射颜色，可以单击右边的色块设置漫反射颜色或添加贴图。

反射：用于表现对周围的反射效果，最小值为 0，最大值为 1，当设置为最小值时无任何反射效果。可以单击右边的色块设置反射的颜色或添加贴图作为反射内容。

（反射）粗糙度：值越高则反射的效果越模糊，值越低则反射的效果越清晰，单击右边的"反转"按钮可以将效果互换。

金属度：表现金属效果的比值，值越大则越像金属，最小值为 0，最大值为 1。

折射率：按真实物理折射率计算光在不同材质中的折射效果，如水的真实物理折射率为 1.333，普通玻璃的真实物理折射率约为 1.5。

透明度：值越大越像玻璃，当值为 0 时不透明，当值为 1 时达到最大透明度。选择"冻结玻璃（物理）"预设，分别将"透明度"的值设置为 0.2 和 1.0，渲染后的效果如图 8.20 所示，左图的"透明度"的值为 0.2，右图的"透明度"的值为 1.0。

图 8.20 "冻结玻璃（物理）"不同"透明度"值的渲染效果对比

8.2.5 Ink'n Paint 材质

Ink'n Paint 材质在扫描线渲染器中具有渲染二维效果的功能，它在进行三维渲染二维效果时起到重要的作用，俗称"三渲二"，而在其他高级渲染器中也有同类"三渲二"的材质。

在"基本材质扩展"卷展栏中有个"双面"复选框，默认是勾选状态，它能渲染模型的正、反面，但如果是实体封闭模型，则不需要勾选该复选框。

在一般情况下，我们主要调整的参数是"漫反射""高光""重叠偏移"，其他参数保持默认设置即可。创建两个相同的"茶壶"模型，将 Ink'n Paint 材质赋予这两个"茶壶"模型，赋予第一个"茶壶"模型的 Ink'n Paint 材质保持默认参数设置；对于赋予第二个"茶壶"模型的 Ink'n Paint 材质，勾选"高光"复选框，将"重叠偏移"的值设置为 1.0，"漫反射"采用默认参数，效果如图 8.21 所示，左图为采用默认参数的效果，右图为修改参数后的效果。

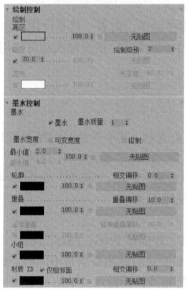
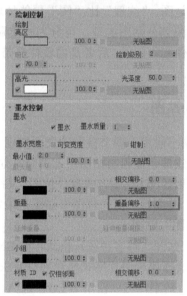

图 8.21　Ink'n Paint 材质的不同参数设置的效果对比

根据图 8.21 可知，使距离过近的线条显示出来的参数是"重叠偏移"，值越大则近距离线条越不可见。

如果勾选"亮区""暗区""高光"复选框，则可以渲染相应区域的线条，并且通过设置对应的参数调整其颜色和深度。

绘制级别：渲染颜色从浅到深的明暗处理数，值越小，对象看起来越平坦。取值范围为 1～255，默认值为 2，一般将该值设置为 2～5，值太大会破坏画面整体平衡。

墨水质量：表示线条的平滑度，值越高则线条越平滑，但渲染时间也会成倍增加。

可变宽度：在勾选该复选框后即可编辑"最大值"，结合"最小值"，可以渲染出两端尖中间宽的线条，实现手绘效果。将"墨水宽度"的"最小值"和"最大值"的值分别设置为 2.0 和 12.0，参数设置及渲染效果如图 8.22 所示。

图 8.22　"墨水宽度"的参数设置及渲染效果

8.3　贴图类型

根据维度划分贴图类型，可分为 2D 贴图和 3D 贴图，前者包括位图贴图和程序贴图，后者只有程序贴图。程序贴图从严格意义上来说不能称为贴图，它是由程序算法产生的空间无缝纹理，并不是图，"纹理"比"图"更能体现它的本质。

根据来源划分贴图类型，可分为固定贴图和程序贴图，前者一般是位图或序列帧，一般由第三方软件制作而成，后者是由软件自带的程序生成的纹理。所有贴图都可以用于调节材质纹理和灯光。

8.3.1　2D 贴图

2D 贴图一般用于调节模型的表面纹理、环境、灯光等，其中彩色贴图用于调节"漫反射"通道的材质纹理，而黑白贴图用于调节其他通道（如"凹凸"通道、"不透明度"通道）的材质纹理。常用的 2D 贴图方式有"位图"贴图、"棋盘格"贴图、"渐变"贴图、"噪波"贴图、"光线追踪"贴图等，而"位图"贴图是最常用的贴图方式。

1．"位图"贴图

"位图"贴图支持多种图片格式，如 BMP、GIF、JPEG、PNG、PSD、TGA、TIFF、HDRI等，但具体选择哪种图片格式要看项目要求，影视和游戏的贴图要求是不同的。影视类贴图一般要求 4K 分辨率，可以使用 JPEG、TGA、BMP 等格式；而游戏类贴图的分辨率要求比影视类贴图低，可以使用 TGA、DDS 等格式。

"位图"贴图除了可以使用单张图片，还可以使用多张序列帧图，但必须按数字从小到大的规律命名，如 a001、a002、a003 等。

单击"贴图"卷展栏中的"漫反射颜色"后面的按钮，选择"位图"贴图方式，然后展开"位图参数"卷展栏，如图 8.23 所示。

单击"位图"按钮可以载入电脑中的图片作为贴图。在更换了位图但未自动刷新效果时，可以单击"重新加载"按钮来刷新贴图显示。

过滤：以"四棱锥"方式渲染最快，以"总面积"方式渲染相对较慢，一般保持默认参数设置即可。

单通道输出：如果使用的位图是带有 Alpha 通道的文件，如 TGA、PDS 等格式的文件，则下方的"Alpha 作为灰度"单选按钮会变为可选状态。

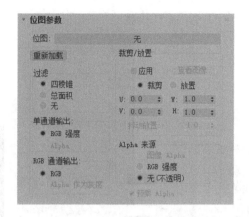

图 8.23　"位图参数"卷展栏

如果在"不透明度"通道中选择"位图"贴图方式，然后在"位图参数"卷展栏中的"单通道输出"选区中选择 Alpha 单选按钮，那么可以使用此通道信息处理不透明度。

瓷砖：此处为软件的直译，意译为（贴图）重复量。U 为贴图的水平方向，V 为贴图的竖直方向。例如，"瓷砖"的 U 的值为 2.0，表示贴图在水平方向重复 2 次，以此类推。

偏移：在 U 或 V 方向上偏离原位置的量，一般保持默认设置即可。

2. "棋盘格"贴图

棋盘格为黑白相间的方格图像，并且可以无限循环。"棋盘格"贴图一般不作为"漫反射颜色"通道的最终贴图，主要用于检查 UV 贴图的坐标是否出现拉扯现象。创建一个长方体，在给其赋予"标准"材质后，在"漫反射"通道中添加"棋盘格"贴图，设置"瓷砖"的 U、V 的值均为 4.0，参数设置及效果如图 8.24 所示。

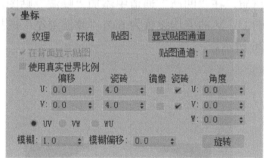

图 8.24　"棋盘格"贴图的参数设置及效果

3. "渐变"贴图

"渐变"贴图默认为黑白过渡的灰度图，一般不作为"漫反射颜色"通道的最终贴图，主要用于控制不透明度，黑色表示透明，白色表示不透明。

在前视图中创建一个平面，给其赋予"标准"材质。在"漫反射颜色"通道中添加"棋盘格"贴图（"瓷砖"的 U、V 的值均为 8.0）。在"不透明度"通道中添加"渐变"贴图，设置"角度"的 W 的值为 90.0（将渐变效果从垂直状转换为水平状），渐变参数的黑、灰、白 3 种颜色保持默认设置，"渐变类型"选择"线性"单选按钮，在渲染后左边纹理不透明，右边透明，中间为过渡状态，如图 8.25 所示。

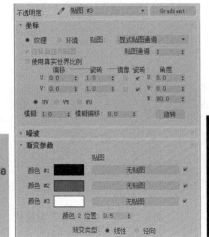

图 8.25　"渐变"贴图的参数设置及效果

8.3.2　3D 贴图

3D 贴图是根据程序以三维方式生成的纹理，如果将指定纹理的模型对象切除一部分，那么切除部分的纹理与该模型对象其他部分的纹理是一致的。

下面介绍两种最常用的 3D 贴图。

1. "噪波" 贴图

"噪波"贴图通常用于"漫反射"通道和"凹凸"通道的材质设置，它在竖直方向会出现拉扯现象，不适合用于高度过高的模型。

创建一个平面，给其赋予"标准"材质，在"凹凸"通道中添加"噪波"贴图，"漫反射颜色"通道保持默认设置，将"瓷砖"的 U、V 的值均设置为 6.0，"噪波类型"选择"分形"单选按钮，参数设置及渲染效果如图 8.26 所示。

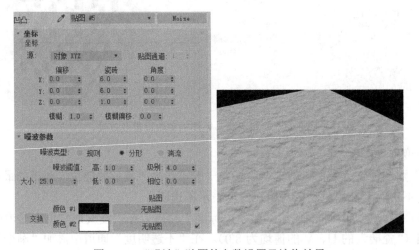

图 8.26　"噪波"贴图的参数设置及渲染效果

噪波类型：有 3 种不同的噪波类型，分别为"规则""分形""湍流"，根据不同的需要进行选择。

噪波阈值："高"的值默认为 1.0，"低"的值默认为 0.0，如果"低"的值大于 0.0（如 0.5），则会降低噪波的连续性。当"低"的值为 0.5、"高"的值为 1.0 时，效果如图 8.27 所示。

级别：值越大，纹理越精细，最小值为 1.0，最大值为 10.0，效果对比如图 8.28 所示。

 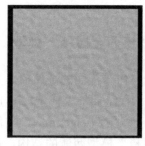 

级别 1.0　　　　　级别 10.0

图 8.27　当"低"的值为 0.5、"高"的值为 1.0 时的效果　图 8.28　"级别"值最小和最大的效果对比

相位：在保持基础参数不变的情况下，随机生成不同的噪波。

2. "光线跟踪"贴图

"光线跟踪"贴图严格来说本身不生成纹理，它是通过反射或折射环境光来表现真实纹理的，一般用于"反射"通道或"折射"通道中的材质设置，会自动生成反射或折射效果，一般无须手动调节。"光线跟踪器参数"卷展栏如图 8.29 所示。

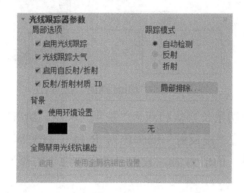

图 8.29　"光线追踪器参数"卷展栏

创建几个几何体和一个平面，分别给其赋予不同颜色的"标准"材质，在"贴图"卷展栏中的"反射"通道中添加"光线跟踪"贴图（参数保持默认设置）。创建一盏泛光灯，在"阴影贴图参数"卷展栏中设置"大小"的值为 64（值越小阴影越模糊），用扫描线渲染器进行渲染，如图 8.30 所示。

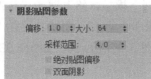 

图 8.30　"光线跟踪"贴图的参数设置及效果

8.4 材质与贴图的应用

8.4.1 案例Ⅰ——"漆面金属椅"模型

本案例要表现一个室内带漆面的金属椅。先将一个"漆面金属椅"模型的材质设置好，再群组克隆出另一个"漆面金属椅"模型。配上简单的灯光，使用扫描线渲染器渲染出图。

步骤 1：打开"第 8 章案例\ch01.max"文件，先给"漆面金属椅"模型两侧的结构设置材质。选中"漆面金属椅"模型两侧的结构，选择一个空白材质球，按 按钮赋予模型"标准"材质（Blinn），打开材质编辑器（也可以先设置好材质再将其赋予模型），设置"漫反射"的颜色为 R:48、G:71、B:36，设置"高光级别"的值为 120，设置"光泽度"的值为 71，如图 8.31 所示。

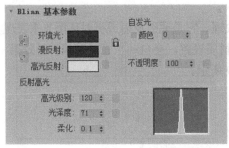
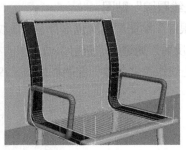

图 8.31 "Blinn 漆面"材质

步骤 2：选中上下两个切角长方体和两个"扶手"模型，给其赋予"标准"材质（各向异性），打开材质编辑器，设置"漫反射"的颜色为 R:142、G:159、B:137，设置"高光级别"的值为 158，设置"光泽度"的值为 73，设置"各向异性"的值为 50，如图 8.32 所示。

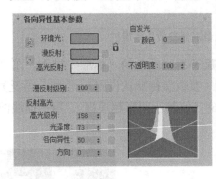
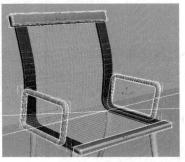

图 8.32 "各向异性漆面"材质

步骤 3：选中中间的"铁丝网"模型，给其赋予"标准"材质（各向异性），打开材质编辑器，设置"漫反射"的颜色为 R:34、G:62、B:10，设置"高光级别"的值为 607，设置"光泽度"的值为 58，设置"各向异性"的值为 50，如图 8.33 所示。

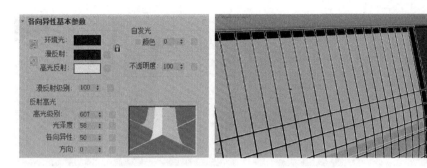

图 8.33　"铁丝网"模型的"各向异性漆面"材质

步骤 4：选择 4 个"支脚"模型，给其赋予"标准"材质（Phong），设置"漫反射"的颜色为 R:173、G:194、B:116，设置"高光级别"的值为 26，设置"光泽度"的值为 22，如图 8.34 所示。

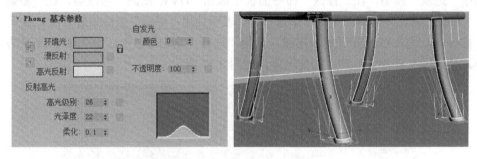

图 8.34　"支脚"模型的 Phong 材质

提 示　Phong 材质适合表现高光柔和的橡胶质感。

步骤 5：用同样的方法，给下面 4 个"脚垫"模型赋予"标准"材质（Blinn），设置"漫反射"的颜色为 R:94、G:199、B:238，设置"高光级别"的值为 37，设置"光泽度"的值为 17，如图 8.35 所示。

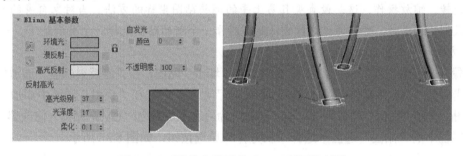

图 8.35　"脚垫"模型的"Blinn 漆面"材质

步骤 6：选择"地板"模型，给其赋予"标准"材质（Blinn），在"漫反射颜色"通道中以"位图"方式添加"第 8 章\漆面金属椅\木纹地板 041.jpg"贴图文件，在"反射"通道中添加"光线跟踪"贴图，设置"反射"的值为 25，单击■按钮在场景中显示贴图，如图 8.36 所示。

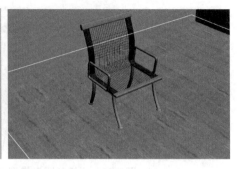

图 8.36　"地板"模型的贴图

从图 8.36 中可以看出，"木纹地板"贴图已经贴在"地板"模型上，但纹理有拉扯现象，我们可以通过添加"UVW 贴图"修改器进行修正。

选中"地板"模型，在"修改"命令面板中添加"UVW 贴图"修改器，在"参数"卷展栏中的"贴图"选区中选择"平面"单选按钮，表示使用"平面"坐标映射方法。展开"UVW 贴图"修改器，进入 Gizmo 子对象层级，使用"选择并均匀缩放"工具█在 U 或 V 方向上进行调整，使贴图在视觉上不发生拉扯现象，如图 8.37 所示。

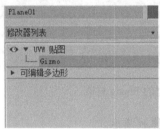

图 8.37　调整 UVW 贴图坐标

提示　调整 Gizmo（图 8.37 中包含坐标轴的框）就是调整贴图坐标，可以对其进行移动、旋转、缩放操作，这是最直观且易上手的调整贴图坐标的方法。当对象自身的贴图坐标不符合我们的要求时，可以通过这种方法赋予对象一个新的贴图坐标。主要调整 U、V 方向，调整 W 方向对平面图来说没有意义。

步骤 7：使用同样的方法给"墙"模型添加"墙纸"贴图，在"漫反射颜色"通道中以"位图"方式添加"第 8 章案例\漆面金属椅\墙纸.jpg"贴图文件，在"反射"通道中添加"光线跟踪"贴图，设置"反射"的值为 20，在"修改"命令面板中添加"UVW 贴图"修改器，在"参数"卷展栏中的"贴图"选区中选择"长方体"单选按钮，如图 8.38 所示。

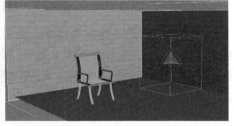

图 8.38　"墙纸"贴图及长方体坐标映射

步骤 8：按 Ctrl+B 组合键退出所有子对象层级，选择"漆面金属椅"模型的所有部件（可以在视图中框选，然后按住 Alt 键，单击需要减选的对象），选择"组"→"组"命令，将其组成一个群组并命名为"椅子 001"。选中该群组，使用"选择并移动"工具配合 Shift 键横向克隆（以"实例"方式）出第二个"漆面金属椅"模型，如图 8.39 所示。

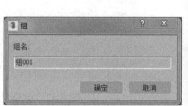

图 8.39　群组"漆面金属椅"模型

步骤 9：在"创建"命令面板中单击"灯光"按钮，打开"灯光"面板。在"灯光"面板中的下拉列表中选择"标准"选项，在"对象类型"卷展栏中单击"泛光"按钮，在场景中单击创建一盏泛光灯并使用"选择并移动"工具调整其位置。在"常规参数"卷展栏中的"阴影"选区中，勾选"启动"复选框，并且在下面的下拉列表中选择"区域阴影"选项；在"强度/颜色/衰减"卷展栏中，设置"倍增"的值为 1.2，并且设置灯光颜色为淡黄色；在"区域阴影"卷展栏中，在"基本选项"下拉列表中选择"球形灯光"选项，设置"阴影完整性"的值为 2，设置"阴影质量"的值为 4，将"区域灯光尺寸"选区中的所有值均设置为 50.0，如图 8.40 所示。

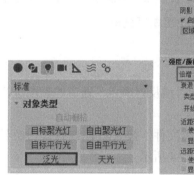

图 8.40　区域阴影

球形灯光能更真实地模拟真实光影，"阴影完整性"的值越大则阴影锯齿越少，"阴影质量"的值越大则阴影越清晰，"区域灯光尺寸"选区中各项的值越大则阴影边缘越柔和，区域阴影离对象越远则越模糊。

步骤 10：按 Shift+F 组合键调出安全框，可以显示可渲染的范围。调整透视图角度至适合构图，按 Ctrl+C 组合键在透视图中创建一台摄影机，同时将透视图切换为摄影机视图，如图 8.41 所示。

按 P 快捷键可以将摄影机视图切换为透视图，再按 C 快捷键可以切换回摄影机视图。切记调节好的摄影机视图不能再用 Alt+鼠标中键调节角度，防止破坏原本的构图。摄影机可以记录动画，也可以记录单帧构图，如果需要多个构图，则需要创建多台摄影机。

步骤 11：按 F10 快捷键打开"渲染设置"窗口，选择"公用"选项卡，在"公用参数"卷展栏中的"输出大小"下拉列表中选择"35mm 1.85：1（电影）"选项，如图 8.42 所示。

图 8.41　摄影机视图　　　　　　　　　　图 8.42　渲染尺寸

单击"渲染产品"按钮或按 F9 快捷键进行快速渲染，"漆面金属椅"模型的最终渲染效果如图 8.43 所示。

图 8.43　"漆面金属椅"模型的最终渲染效果

提 示　按 F9 快捷键进行快速渲染只能渲染单帧，不能渲染动画。在渲染前必须切换到摄影机视图才能正确渲染，否则可能会渲染到前视图或顶视图。

8.4.2　案例Ⅱ——"陶瓷咖啡杯"模型

本案例同样使用了"光线跟踪"材质，同时对"漫反射颜色"通道的贴图进行 UV 坐标适配，最后调节灯光并渲染。

步骤 1：打开"第 8 章案例\咖啡杯\杯子.max"文件，按 Alt+W 组合键切换至透视图，最大化显示透视图中的对象以方便后续操作，如图 8.44 所示。

图 8.44　最大化显示透视图中的对象

提 示　选中"杯身"模型，按 Z 快捷键将其最大化显示，这样可以快速拉近对象的距离，从而方便操作。

步骤 2：单击主工具栏中的"材质编辑器"按钮⚊或按 M 快捷键，打开材质编辑器。在材质编辑器中选择一个默认材质球（Blinn），在"漫反射颜色"通道中以"位图"方式添加"第 8 章案例\咖啡杯\杯身.jpg"贴图文件，在"反射"通道中添加"光线跟踪"贴图（参数保持默认设置），设置"反射"的值为 30，单击材质编辑器中的"视口中显示明暗处理材质"按钮⚈使场景中的贴图可见，如图 8.45 所示。

图 8.45　"杯身"贴图

步骤 2：选中"杯身"模型，在"修改"命令面板中添加"UVW 贴图"修改器，在"参数"卷展栏中，在"贴图"选区中选择"柱形"单选按钮，在"对齐"选区中单击"适配"按钮使贴图坐标自动适配模型，再选择"对齐"选区中的 X 单选按钮，然后在"贴图"选区中设置"U 向平铺"的值为 2.0，最后按材质编辑器中的"视口中显示明暗处理材质"按钮⚈，使场景中的贴图可见，如图 8.46 所示。

图 8.46　"杯身"模型"UVW 贴图"修改器的参数设置及效果

提示　模型外形接近哪种几何体，就选哪种几何体的坐标贴图类型。对齐的轴总有一个是适合的，依次尝试找到匹配的轴即可。设置"U 向平铺"的值为 2.0，因为当设置该值为1.0 时会使贴图发生严重拉扯现象，重复 2 次贴图会大大降低拉扯程度，只要肉眼分辨不出贴图有拉扯即可。

步骤 3：设置"杯耳"模型的材质，选择一个默认材质球，将"杯耳"模型的"漫反射"颜色调到和"杯身"模型的贴图颜色一致但不带有字体。单击材质球的"漫反射"色块，弹出"颜色选择器：漫反射颜色"对话框，单击其左下角的■按钮，然后在场景中的"杯身"模型灰白色区域单击吸取颜色，单击"确定"按钮，即可吸取"杯身"模型的颜色又不带有字体了。"反射"通道的设置方法和步骤 2 一致，最后将该材质赋予"杯耳"模型，如图 8.47 所示。

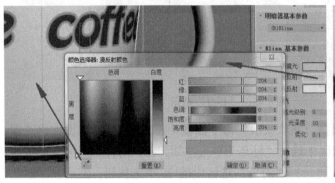

图 8.47　设置"杯耳"模型的材质

步骤 4：选择一个默认材质球并将其赋予"碟子"模型，在"漫反射颜色"通道中以"位图"方式添加"第 8 章案例\咖啡杯\碟子.jpg"贴图文件。在"反射"通道中添加"光线跟踪"贴图，设置"反射"的值为 30。如果"杯身"模型挡住了"碟子"模型的纹理，则可以按 Alt+Q 组合键孤立显示"碟子"模型，如图 8.48 所示。

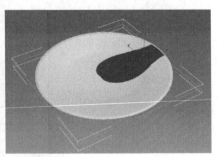

图 8.48　设置"碟子"模型的贴图设置及孤立显示效果

步骤 5：选中"碟子"模型，在"修改"命令面板中添加"UVW 贴图"修改器，在"参数"卷展栏中，在"贴图"选区中选择"平面"单选按钮，在"对齐"选区中单击"适配"按钮使贴图坐标自动适配模型，再选择"对齐"选区中的 Y 单选按钮，然后在"贴图"选区中将"U 向平铺"和"V 向平铺"的值均设置为 1.0，最后单击材质编辑器中的"视口中显示明暗处理材质"按钮■，使场景中的贴图可见，如图 8.49 所示。

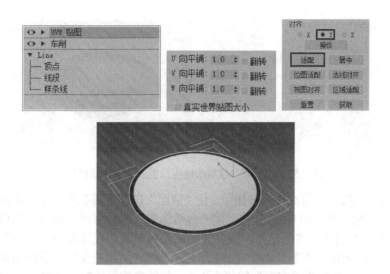

图 8.49 "碟子"模型的"UVW 贴图"修改器的参数设置及效果

步骤 6：按时间轴下方的"孤立当前选择"按钮，或者右击"碟子"模型，在弹出的快捷菜单中选择"结束隔离"命令，使"碟子"模型不再孤立显示，然后设置"桌面"模型的材质。选择一个默认材质球并将其赋予"桌面"模型，在"漫反射颜色"通道中以"位图"方式添加"第 8 章案例\咖啡杯\红木纹.jpg"贴图文件，单击材质编辑器中的"视口中显示明暗处理材质"按钮使场景中的贴图可见；按住鼠标左键将"红木纹"贴图拖动到"凹凸"通道的按钮上，设置"凹凸"的值为 30（"凹凸"通道只认黑、灰、白色调，彩色图像放进该通道中只有明暗色调起作用，色彩信息会被忽略）；使用前几步的方法设置贴图坐标，将"贴图类型"设置为"平面"，如图 8.50 所示。

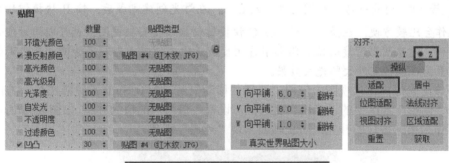

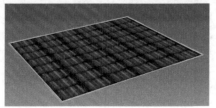

图 8.50 "桌面"模型的贴图

步骤 7：选择一个默认材质球并将其赋予"液面"模型，在"漫反射颜色"通道中以"位图"方式添加"第 8 章\咖啡杯\液面.jpg"贴图文件，在"反射"通道中添加"光线跟踪"贴图。在"修改"命令面板中添加"UVW 贴图"修改器，保持默认参数设置，按 Alt+Q 组合键，使"液面"模型孤立显示，如图 8.51 所示。

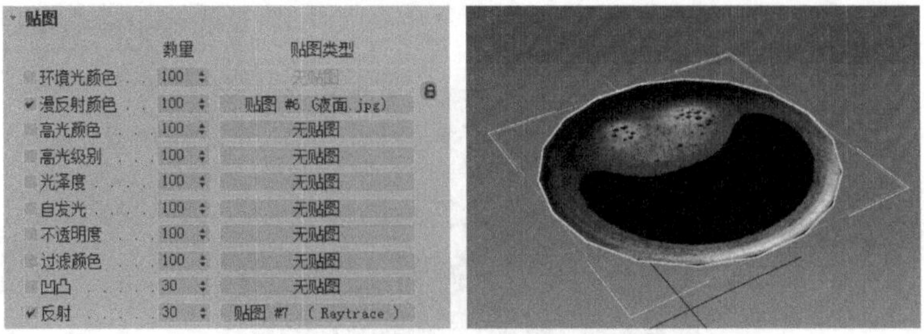

图 8.51 “液面”模型的贴图设置及孤立显示效果

步骤 8：单击“孤立当前选择”按钮，使“液面”模型不再孤立显示，在透视图中调整出一个合适的构图角度，按 Ctrl+C 组合键创建一台摄影机，同时将透视图切换到摄影机视图。在摄影机视图的右上方创建一盏泛光灯，调整灯光位置和参数。在灯光的“阴影”下拉列表中选择“光线跟踪阴影”选项，设置“倍增”的值为 1.3，设置“阴影对象”的颜色为 R:255、G:241、B:204，设置“阴影对象”的“密度”的值为 1.0，其他参数保持默认设置，如图 8.52 所示。

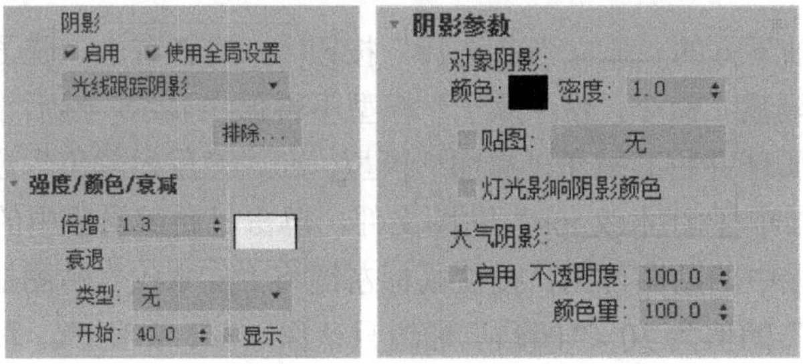

图 8.52 灯光参数设定

提 示 灯光一般在构图的左上或右上，在灯光创建完成后，按 P 快捷键切换到透视图进行操作会比较方便，在操作完毕后按 C 快捷键切换回摄影机视图，也可以同时使用两个视口进行操作。对象阴影密度的值和阴影不透明度成正比，值越大则越不透明，反之则越透明。该灯光设置意在模拟室外太阳光的效果。

选择该泛光灯，在顶视图中使用“选择并移动”工具配合 Shift 键克隆出另一盏泛光灯，取消勾选“阴影”选区中的“启用”复选框，设置“倍增”的值为 0.3，如图 8.53 所示。将这盏泛光灯作为第一盏灯的补光，防止画面出现“死黑”现象，

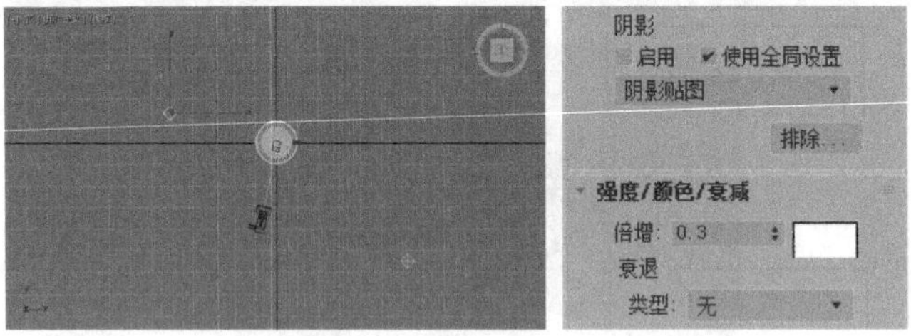

图 8.53 补光参数设定

步骤 9：单击“渲染设置”按钮或按 F10 快捷键，打开“渲染设置”窗口，渲染尺寸采用默认的 800×600，或者自行调整喜欢的尺寸。在透视图中按 Shift+F 组合键调出安全框（可渲染范围预览）。单击“渲染产品”按钮或按 F9 快捷键进行快速渲染，“陶瓷咖啡杯”模型的最终效果如图 8.54 所示。

图 8.54 "陶瓷咖啡杯"模型的最终渲染效果

8.4.3 案例 Ⅲ——"玻璃酒杯"模型

"玻璃酒杯"模型可以使用扫描线渲染器配合默认材质进行渲染,也可以使用 3ds Max 2019 的 Arnold 渲染器配合 Arnold 灯光和材质进行渲染。Mental Ray 渲染器在 3ds Max 2019 中已被淘汰,我们无须学习。对于使用低版本软件的读者可能没有 Arnold 渲染器,这里介绍一种使用扫描线渲染器进行渲染且最接近真实效果的方法,本案例是一个综合应用案例,可以展现材质灵活多变的特性。

制作思路:对于"酒杯"模型的玻璃通透质感,可以使用前面讲到的"建筑"材质(玻璃)来表现,但这种材质的缺点是不能表现玻璃的高光,因为它本身没有高光参数,而"标准"材质具有高光参数,因此可以使用"合成"材质将"建筑"材质和"标准"材质合并起来,从而完美解决这个问题。最专业的 3ds Max 方案是使用 VRay 渲染器,但这对没有渲染基础的初学者来说难度太大,这里不进行讲解。

下面讲解如何使用材质混合搭配的方法。

步骤 1:打开"第 8 章案例\红酒杯素模.max"文件,选择一个"标准"材质球,单击 Standard 按钮,选择"合成"材质,在"替换材质"对话框中选择任意一项,如图 8.55 所示。

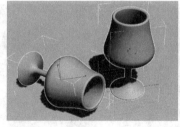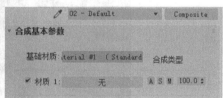

图 8.55 "合成"材质

步骤 2:单击"合成基本参数"卷展栏中的"基础材质"按钮,然后单击 Standard 按钮,选择"建筑"材质,即可将"合成"材质中的"基础材质"设置为"建筑"材质。

在"建筑"材质的"模板"卷展栏中的下拉列表中选择"玻璃-清析"选项,设置"漫反射颜色"为白色,如图 8.56 所示。

图 8.56 "玻璃"材质

步骤 3：单击"转到父对象"按钮返回上一层级，单击"材质 1"旁边的"无"按钮，选择"标准"材质；在"Blinn 基本参数"卷展栏中，设置"高光级别"的值为 93，设置"光泽度"的值为 40，设置"不透明度"的值为 0；在"贴图"卷展栏中，在"反射"通道中添加"光线跟踪"贴图，设置"反射"的值为 30；单击"背景"按钮打开材质球背景模拟，参数和材质球效果如图 8.57 所示。单击"将材质指定给选定对象"按钮，将材质赋予"酒杯"模型。

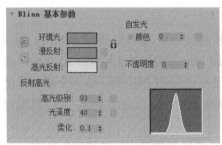
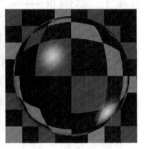

图 8.57 高光和反射

步骤 4：选择一个"标准"材质球（Blinn），在"漫反射颜色"通道中以"位图"方式添加"第 8 章案例\酒杯\红木纹 2.jpg"贴图文件，在"反射"通道中添加"光线跟踪"贴图，设置"反射"的值为 25。然后在"修改"命令面板中添加"UVW 贴图"修改器，在"参数"卷展栏中，在"贴图"选区中选择"平面"单选按钮，将"U 向平铺"和"V 向平铺"的值均设置为 8.0，单击"将材质指定给选定对象"按钮，将该材质赋予"桌面"模型，然后单击"视口中显示明暗处理材质"按钮，在场景中显示贴图，如图 8.58 所示。

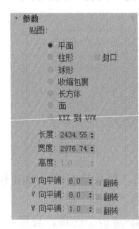
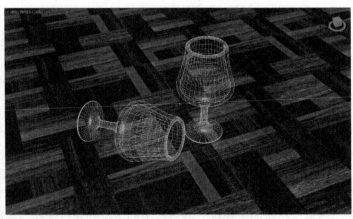

图 8.58 "桌面"模型的"UVW 贴图"修改器的参数设置及效果

切换为 Slate 材质编辑器，按住鼠标左键将"酒杯"模型的材质 ▇酒杯 （Composite）[Line01, Line02] 以"实例"的方式拖曳至节点编辑区，可以看到材质节点网络，如图 8.59 所示。

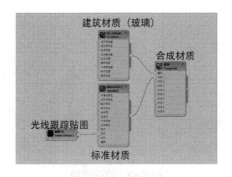

图 8.59 "酒杯"模型的材质节点网络

步骤 5：创建一盏泛光灯和一台摄影机，方法可以参考上一节的相关步骤。"玻璃酒杯"模型的最终渲染效果如图 8.60 所示。

图 8.60 "玻璃酒杯"模型的最终渲染效果

8.4.4 案例Ⅳ——"复古台灯"模型

本案例涉及透明材质和油漆材质，并且使用灯光来模拟台灯的自发光，用于表现室内学习的光影效果。

步骤 1：打开"第 8 章案例\复古台灯\复古台灯素模.max"文件，打开的场景如图 8.61 所示。选择"底座"模型，按 Z 快捷键即可快速拉近视角距离，调整适当视角以方便编辑。

图 8.61 "复古台灯素模.max"文件的场景

步骤 2：选中"墙"模型和"底座"模型并右击，在弹出的快捷菜单中选择"对象属性"命令，勾选"背面消隐"复选框。这样可以使模型的反面完全透明显示，在调整视角编辑"台灯"模型时就不会被这两个模型挡住视线了，如图 8.62 所示。

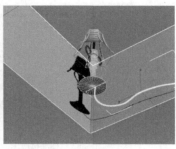

图 8.62 背面消隐

步骤 3：按 M 快捷键打开材质编辑器，选择一个"标准"材质球并将其命名为"黄色金属"（材质球是否命名并不影响渲染效果，但在场景对象较多时命名会给后续修改带来方便）。在"明暗器基本参数"卷展栏中的下拉列表中选择"金属"选项；在"金属基本参数"卷展栏中，设置"漫反射"的颜色为 R:227、G:187、B:134，设置"高光级别"的值为 171，设置"光泽度"的值为 8；在"贴图"卷展栏中，在"反射"通道中添加"光线跟踪"贴图，设置"反射量"的值为 30；单击"将材质指定给选定对象"按钮，给"支座"模型、"把手"模型、"支柱"模型、"灯罩框架"模型赋予材质，如图 8.63 所示。

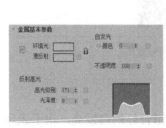

图 8.63 "黄色金属"材质（孤立显示）

步骤 4：选择一个"标准"材质球（Blinn）并将其命名为"底座"；在"Blinn 基本参数"卷展栏中，设置"漫反射"的颜色为 R:195、G:204、B:133，设置"高光级别"的值为 58，设置"光泽度"的值为 14；在"贴图"卷展栏中，在"反射"通道中添加"光线跟踪"贴图，设置"反射"的值为 20，将该材质赋予"底座"模型如图 8.64 所示。

图 8.64 "底座"材质

步骤 5：选择一个"标准"材质球（Blinn）并将其命名为"灯罩"；在"明暗器基本参数"

卷展栏中勾选"双面"复选框；在"**Blinn 基本参数**"卷展栏中，设置"漫反射"的颜色为 R:255、G:249、B:226，设置"自发光"选区中的"颜色"的值为 100（为了模拟灯光从里面透出来的效果），设置"不透明度"的值为 80；将该材质赋予"灯罩"模型和"灯罩顶"模型，如图 8.65 所示。

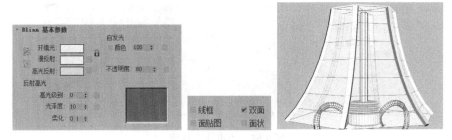

图 8.65　"灯罩"材质

　　步骤 6：选择一个"标准"材质球（**Blinn**）并将其命名为"桌面"；在"贴图"卷展栏中，在"漫反射颜色"通道中以"位图"方式添加"第 8 章案例\复古台灯\桌面木纹.jpg"贴图文件，在"反射"通道中添加"光线跟踪"贴图，设置"反射"的值为 30，将该材质赋予"桌面"模型，如图 8.66 所示。

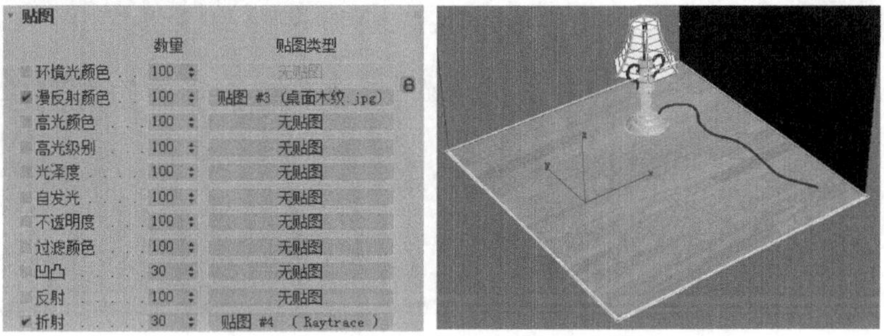

图 8.66　"桌面"材质

　　步骤 7：选择一个"标准"材质球（**Blinn**）并将其命名为"墙"，在"漫反射颜色"通道中以"位图"方式添加"第 8 章案例\复古台灯\墙纸.jpg"贴图文件，对"反射"通道的设置同步骤 6，将该材质赋予"墙"模型；在"修改"命令面板中添加"UVW 贴图"修改器，贴图使用"长方体"坐标映射方法，进入 Gizmo 子对象层级，使用"缩放"工具调整其大小至适合，如图 8.67 所示。

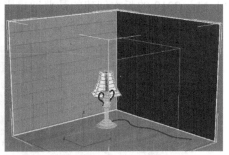

图 8.67　"墙"材质及 UV 映射

步骤 8：按 Ctrl+B 组合键退出所有子对象层级，选择一个"标准"材质球（Blinn）并将其命名为"电线"；在"Blinn 基本参数"卷展栏中，设置"漫反射"颜色为 R:176、G:26、B:26，设置"高光级别"的值为 35，设置"光泽度"的值为 32，将该材质赋予"电线"模型，如图 8.68 所示。

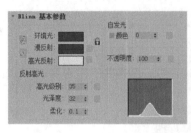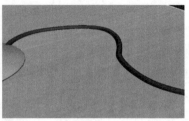

图 8.68 "电线"材质

步骤 9：创建一盏泛光灯，放置于"灯罩"模型的内部顶端。在"强度/颜色/衰减"卷展栏中，设置"倍增"的值为 1.0，设置灯光颜色为 R:225、G:248、B:206，设置"远距衰减"选区中的"开始"的值 52.0、"结束"的值为 856.0；在"阴影参数"卷展栏中，设置"对象阴影"选区中的"密度"的值为 0.8；在"阴影贴图参数"卷展栏中，设置"大小"的值为 64，如图 8.69 所示。

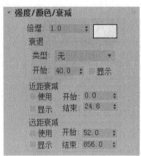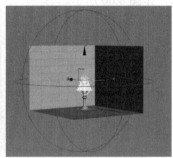

图 8.69 灯光设置

提 示　本案例只使用一盏泛光灯来模拟台灯的灯光（使用辅助灯光会破坏台灯照明的光影平衡），并且使用"光能传递"进一步计算照明效果。

步骤 10：在透视图中调整适合的构图角度，按 Shift+F 组合键调出安全框，注意镜头中不能留有空白，否则会出现"穿帮"镜头。按 Ctrl+C 组合键创建一台摄影机，并且将透视图切换为摄影机视图，如图 8.70 所示。注意 3ds Max 2019 及更高版本创建的是物理摄影机，低于 3ds Max 2019 的版本创建的是普通摄影机，但这并不影响最终渲染效果。

步骤 11：单击"渲染产品"按钮 或按 F9 快捷键进行快速渲染，效果如图 8.71 所示。

图 8.70 摄影机视图　　　　　　　　图 8.71 "复古台灯"模型预渲染效果

难点：观察图 8.71，发现灯光基本上不能穿过"灯罩"模型到达周围的"墙"模型，这是因为"灯罩"模型"不透明度"的值为 80，也就是说光线只有 20%能穿过"灯罩"模型到达"墙"模型，再加上远距离衰减，到达"墙"模型的光能就更少了。如果需要光线穿过"灯罩"模型又不降低"灯罩"模型的不透明度，那么需要给"灯罩"添加折射计算，但扫描线渲染器的折射计算非常耗费时间（这是它本身的算法问题），不像其他渲染器能够快速进行折射计算。所以我们绕过折射计算，使用另一种方法。

选中泛光灯，单击"常规参数"卷展栏中的"排除"按钮，弹出"排除/包含"对话框，将"把手 1"模型、"把手 2"模型、"灯罩"模型、"灯罩框架"模型都添加进"排除"列表框中，并且选择"投射阴影"单选按钮，即可使灯光既可以照射到对象，又不会产生阴影，产生类似折射透视的效果，如图 8.72 所示。

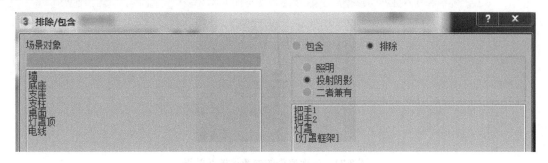

图 8.72　灯光排除阴影

二次渲染后的效果如图 8.73 所示。

图 8.73　二次渲染后的效果

步骤 12：观察图 8.73，发现"灯罩"模型内部的支柱并未受到光线影响，也未出现"光雾"效果，框架也未出现光线散射的现象。这是因为灯光只是照明，没有进行反弹计算，这就需要我们进行最后一步计算——光能传递。

单击"渲染设置"按钮 或按 F10 快捷键打开"渲染设置"窗口，在"公用"选项卡中选择 800×600 尺寸，在"高级照明"选项卡中，在"选择高级照明"卷展栏中的下拉列表中选择"光能传递"选项。选择"渲染"→"环境"命令，打开"环境和效果"窗口，在"曝光控制"卷展栏中的下拉列表中选择"线性曝光控制"选项，这种曝光算法比较快速且效果较好。回到"渲染设置"窗口，在"高级照明"选项卡中的"光能传递处理参数"卷展栏中单击"开始"按钮进行计算。三次渲染的参数设置及效果如图 8.74 所示。

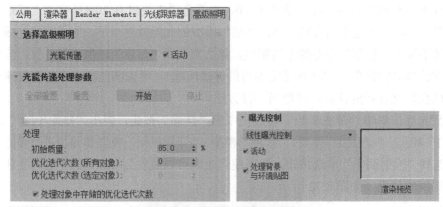

图 8.74 三次渲染的参数设置及效果

这次渲染比上次好很多，但仍未达到最终要求，"灯罩"模型内部顶端还未出现"光雾"效果。这里读者不要调整灯光的"倍增"值，这会使光能计算失去平衡，但可以直接调整"曝光"值来实现"光雾"效果。

步骤 13：选择"渲染"→"环境"命令，或者按数字键 8 打开"环境和效果"窗口，"线性曝光控制参数"卷展栏中的"亮度"的值默认为 50.0，将它设置为 56.0。单击"预览渲染"按钮可以快速预览曝光效果，如图 8.75 所示。"复古台灯"模型的最终渲染效果如图 8.76 所示。

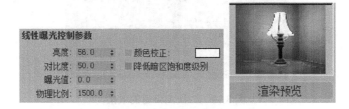

图 8.75 曝光效果参数设置及预览

图 8.76 "复古台灯"模型的最终渲染效果

8.4.5　拓展练习——"室内桌子"模型

步骤 1：打开"第 8 章\室内桌子\室内桌子素模.max"文件，调整适当的视角以方便后续操作，如图 8.77 所示。

步骤 2：在"显示"命令面板中的"按类别隐藏"卷展栏中勾选"摄影机"复选框，将摄影机隐藏，这样摄影机就不会挡住我们的操作视线了，如图 8.78 所示。导入的.obj 格式的文件是没有摄影机的，需要自己手动创建，方法在前面的案例中讲解过。

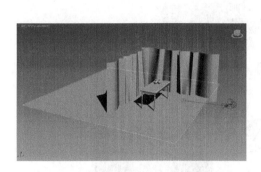

图 8.77　"室内桌子素模"文件的场景

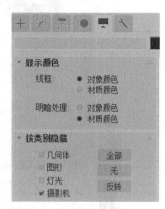

图 8.78　隐藏摄影机

步骤 3：选择一个"标准"材质球并将其命名为"桌面"，在"漫反射颜色"通道中以"位图"方式添加"第8章案例\室内桌子\石纹.jpg"贴图文件，在"反射"通道中添加"光线跟踪"贴图，设置"反射"的值为 30，将该材质赋予"桌面"模型。

由于贴图在模型上有拉扯现象，因此在"修改"命令面板中添加"UVW 贴图"修改器，选择"长方体"贴图类型，使用"选择并均匀缩放"工具在 Gizmo 的竖直方向将坐标拉长，使贴图伸展到和原来差不多大小，孤立显示如图 8.79 所示。

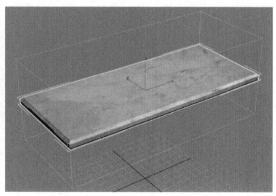

图 8.79　"桌面"模型贴图

步骤 4：按 Ctrl+B 组合键退出子对象层级，再退出孤立显示。选择一个"标准"材质球并将其命名为"前侧边"，在"漫反射颜色"通道中以"位图"方式添加"第 8 章案例\室内桌子\边角.jpg"贴图文件，在"凹凸"通道中添加"第 8 章案例\室内桌子\边角凹凸.jpg"贴图文件，将该材质赋予"前边 01"模型、"前边 02"模型、"侧边 01"模型、"侧边 02"模型。

在"修改"命令面板中添加"UVW 贴图"修改器，选择"平面"贴图类型，使用"选择并旋转"工具调整 Gizmo 的坐标。

单击"对齐"选区中的"适配"按钮，进入 Gizmo 使用"选择并移动"工具适当地上下调整位置，如图 8.80 所示。

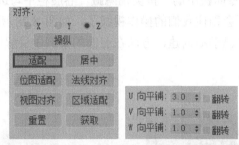

图 8.80　边模型贴图

按 Ctrl+B 组合键退出子对象层级，再使用同样的方法调整"侧边 01"模型和"侧边 02"模型的"U 向平铺"和"V 向平铺"的值。

步骤 5：选择一个"标准"材质球并将其命名为"红木"，以"位图"方式添加"第 8 章案例\室内桌子\红木.jpg"贴图文件到"漫反射颜色"通道中，将该材质赋予"支点"模型。此处纹理无须调整"U 向平铺"和"V 向平铺"的值，保持默认设置即可，如图 8.81 所示。

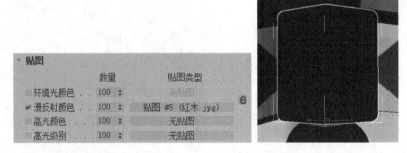

图 8.81　"支点"模型贴图

步骤 6：选择所有"桌脚"模型，将"红木"材质赋予它们，在"修改"命令面板中添加"UVW 贴图"修改器，使用"圆柱"贴图类型，在"对齐"选区中选择 X 单选按钮，并且单击"适配"按钮，如图 8.82 所示。

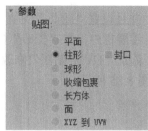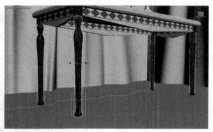

图 8.82 "桌脚"模型贴图

步骤 7：选择一个"标准"材质球并将其命名为"花纹"，以"位图"方式添加"第 8 章案例\室内桌子\花纹.jpg"贴图文件到"漫反射颜色"通道中，在"反射"通道中添加"光线跟踪"贴图，设置"反射"的值为 30，将其赋予两个"花瓶"模型。

使用步骤 6 的方法添加"UVW 贴图"修改器并调整其"U 向平铺"和"V 向平铺"的值，使用"选择并均匀缩放"工具沿竖直方向缩小"花瓶"模型，使用"选择并移动"工具调整"花瓶"模型的位置，U 向重复 3 次，如图 8.83 所示。

图 8.83 "花瓶"模型贴图

步骤 8：选择一个"标准"材质球并将其命名为"地面"，以"位图"方式添加"第 8 章案例\室内桌子\木地板.jpg"贴图文件到"漫反射颜色"通道中，在"反射"通道中添加"光线跟踪"贴图，设置"反射"的值为 10，将该材质赋予"地面"模型。在"修改"命令面板中添加"UVW 贴图"修改器，使用"平面"贴图类型，在"对齐"选区中选择 Z 单选按钮，设置"U 向平铺"的值为 4.0，设置"V 向平铺"的值为 7.0，如图 8.84 所示。

图 8.84 "地面"模型贴图

步骤 9：选择一个"标准"材质球并将其命名为"布料"，以"位图"方式添加"第 8 章案例\室内桌子\布花纹.jpg"贴图文件到"漫反射颜色"通道中，以同样的方式将"第 8 章案例\室内桌子\布料凹凸.jpg"贴图文件添加到"凹凸"通道中,并且设置"凹凸"的值 20,将该材质赋予"布料"模型。在"漫反射颜色"通道的"坐标"卷展栏中,将"瓷砖"(意译为"平铺")的 U 值和 V 值分别设置为 6 和 3(这样就无须给模型添加"UVW 贴图"修改器来修改 UV 平铺值了),最后将该材质赋予"布料"模型,效果如图 8.85 所示。

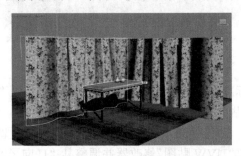

图 8.85 "布料"模型贴图

　　"布料"模型贴图不使用"UVW 贴图"修改器的贴图类型(包括"平面""柱形""球形"等多个几何体坐标映射类型),是因为"平面"贴图类型会使本身是曲面的"布料"模型出现贴图拉扯现象,所以即使调整贴图平铺值也要在贴图通道中调整"瓷砖"(重复)的 U、V 值。

　　步骤 10:使用前面讲过的方法,创建摄影机并切换到摄影机视图。在构图的右上角,创建一盏泛光灯,在"常规参数"卷展栏中,设置"倍增"的值为 1.0,设置灯光颜色为 R:255、G:254、B:232,在"阴影"选区中勾选"启用"复选框,并在下面的下拉列表中选择"阴影贴图"选项,设置"阴影参数"卷展栏中"对象阴影"选区中的"密度"的值为 0.8,设置"阴影贴图参数"卷展栏中的"大小"的值为 64,如图 8.86 所示。使用"选择并移动"工具配合 Shift 键克隆出另一盏泛光灯作为补光,将"倍增"的值改为 0.25,设置灯光颜色为 R:236、G:253、B:255,取消勾选阴影选区中的"启用"复选框。具体灯光布局如图 8.87 所示。

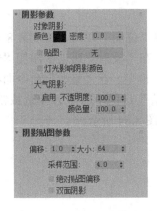

图 8.86 泛光灯的参数设置

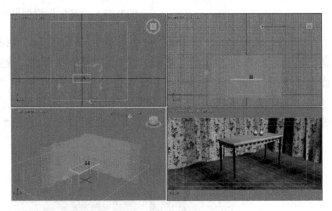

图 8.87 灯光布局

　　提 示 补光是为了提高没有灯光照射部位的亮度,以免画面出现"死黑"现象,"死黑"现象在后期处理中是无法调整的。补光的亮度一定要比主灯光暗,一般不超过主灯光亮度的一半。

　　使用"复古台灯"模型案例的步骤 12 的方法,计算光能传递并适当调整线性曝光的亮度,在"渲染设置"窗口中选择"公用"选项卡,在"公用参数"卷展栏中的"输出大小"选区中选择"70mm 宽银幕电影（电影）"选项，渲染效果如图 8.88 所示。

图 8.88　"室内桌子"模型的渲染效果

本章小结

　　本章在讲解材质的过程中讲解了灯光的使用方法。材质和灯光在本质上是相辅相成的，材质中的有些参数是专门针对灯光而设的，二者关系密不可分。本章的案例选择了最常用的材质应用，结合日常生活中的对象进行讲解，并且使用了泛光灯，使灯光初学者巩固了相关知识。

　　材质节点除了一些纯数字类型的参数，还有贴图通道，当调整 UV 坐标映射时只会对贴图起作用，对纯数字参数无影响。一个材质不仅可以连接贴图，材质与材质之间也可以互相连接（如"合成"材质和"混合"材质），同一个贴图节点也可以被多个贴图通道同时使用，节点网络千变万化、无穷无尽，这便是三维材质的魅力所在。

课后练习

　　打开"第 8 章案例\蘑菇林卡通材质.max"文件，使用 Ink'n Paint 材质的相关知识给场景添加材质，调整构图镜头，搭配适当的灯光，渲染效果如图 8.89 效果。

图 8.89　Ink'n Paint 材质渲染效果

第 9 章

灯光与摄影机

灯光与摄影机是 3ds Max 场景或动画中不可缺少的重要部分，对场景或动画的最后渲染起着重要作用，通过在场景中设置灯光，可以增强场景中的真实感、清晰度、三维纵深度，适当地设置照明与环境会给创作增添光彩。摄影机位置的设置能够突出场景中的主角，镜头切换和摄影机动画能够使整个动画流畅自然。本章会介绍 3ds Max 2019 中的灯光与摄影机的创建与应用。

学习目标

➢ 了解灯光与摄影机的基本概念。
➢ 掌握灯光与摄影机的创建方法和调整方法。
➢ 掌握灯光与摄影机常用的参数设置。
➢ 掌握灯光与摄影机的应用技巧。

学习内容

➢ 灯光基础知识。
➢ 灯光类型与特征、设置参数、阴影参数。
➢ 摄影机的相关基本概念。
➢ 摄影机的参数设置与调节。

9.1 灯光基础知识

没有灯光的世界是黑暗的，在 3ds Max 的场景中也是一样，精美的模型、真实的材质、完美的动画，没有灯光照射都是无用的，因此灯光的应用在场景的渲染中是最重要的一步。灯光的应用不仅仅是在场景的某个位置添加照明，3ds Max 提供的缺省灯光已经适用。设置合适的灯光不仅可以使场景充满生机，还可以烘托场景中的气氛、影响观察者的情绪、改变材质的效果，甚至可以使场景中的模型产生感情色彩。

9.1.1　三点照明

在 3ds Max 中场景布光非常重要,通常采用三点照明布光,即在场景主题周围三个位置布置灯光,从而获得良好的光影效果,这三个位置的灯光分别为主光源、辅光源、背光源,在一些特殊的情况下往往还要加上背景光源。

主光源主要用于提供场景的主要照明及阴影效果,有明显的光源方向,一般位于视平面 30~45°的位置,与摄影机的夹角为 30~45°,投向主物体,一般光照强度较大,能充分地将主物体从背景中突显出来。通常采用聚光灯或平行光作为主光源。

辅光源主要用于平衡主光源造成的过大的明暗对比,并且勾画出场景中物体的轮廓,一般相对于主光源位于摄影机的另一侧,高度和主光源相近,一般光照强度比主光源小,约为主光源的二分之一或三分之二,但光照范围较大,能够覆盖主光源照射不到的区域。一般使用聚光灯作为辅光源,也可以使用泛光灯或点光源作为辅光源。

背光源主要用于使主物体与背景分离,通常使用泛光灯作为背光源,其位置与摄影机呈近 180°,高度根据实际情况调节,照射强度一般很小,约为主光源的三分之一或二分之一,一般用大的衰减值。

9.1.2　光源的类型

在 3ds Max 中可以模拟的光源有点光源、聚光源、无穷远光源和环境光源,这些类型的光源都可以由用户创建和修改。在 3ds Max 的三维场景中会自动产生默认光源,但只要我们在场景中创建任意一个光源,默认光源就会自动关闭。

点光源向所有方向均匀地发射光,因此点光源也被称为全向光源。点光源是最简单的光源,可以放在场景中的任何位置。例如,点光源可以放在摄影机的视觉范围之外,可以放在场景中物体的后面,甚至可以放在物体的内部。放在物体内部的点光源的效果在不同软件中有所不同,但在一般情况下,光线会穿过透明物体照射,就像灯泡一样。白炽灯、蜡烛、萤火虫等都是点光源。

聚光源按一个圆锥或四棱锥的形状向指定方向发射光。聚光源有一些特征是其他类型的光源没有的,将在后面章节中讲解。用于舞台、电影产品中的闪光灯、带阴影的灯和光反射器都是聚光源。

因为无穷远光源离场景中的物体很远,所以光线会相互平行地到达场景。在 3ds Max 中用平行光来模拟无穷远光源。无穷远光源也被称为定向光源,如天空中的太阳。但与太阳不同,计算机模拟的无穷远光源可放在场景中的任何位置,是无质量的,并且可以调节强度。太阳定位器是 3ds Max 提供的一个特殊的无穷远光源,通过输入"太阳"位置的经纬度、模拟场景的日期和在一天中的准确时间,可以将"太阳"准确地放在场景之上。

9.1.3　光源的基本参数

光源的基本参数包括位置、方向、颜色、强度、衰退、衰减、阴影,此外,聚光灯会受其圆锥角度的影响。所有照明软件都可以设置光源的基本参数。

1. 位置和方向

一个光源的位置和方向可以用 3ds Max 提供的标准导航或几何变换工具控制。在一般情况下，将 3ds Max 中的灯光放进模拟三维空间中，通过简单平移、旋转操作，配合灯光参数设置，即可控制光线的强弱。在线框显示模式中，光源通常用各种图形或符号表示。例如，灯泡表示点光源，圆锥表示聚光源，带箭头的圆柱表示平行光源，等等。在重演一个场景时，通常不能看到光源本身，看到的是光源发出的光，除非光源有可见的模型物体作原型。

2. 颜色和强度

事实上，模拟光源可以是任意颜色的。光的强度与颜色相互影响。例如，有两束强度相同的红光，一束是暗红色的，另一束是亮红色的，但后者在视觉上具有更高的强度。

3. 衰退与衰减

光的衰退是指从内光圈到外光圈灯光强度由强到弱的变化，也可以理解为距离由近到远的灯光强度变化。光的衰减是指灯光在横向面上的强度变化，距离光束圆锥中心越远则灯光越弱。

4. 圆锥角度

光的圆锥角度是聚光灯特有的参数。聚光灯的圆锥角度影响光束的直径和覆盖的表面区域。该参数模拟实际聚光灯的挡光板，可以控制光束的传播。

5. 阴影

所有光源在原理上都会产生阴影，但阴影投射是一个可选的物体属性或着色技术，可以启用或关闭。阴影的最终视觉效果不仅由阴影的属性决定，还由阴影投射物体的属性和采用的渲染方法决定。

9.2 灯光的类型与特征

3ds Max 2019 为用户提供了 3 种灯光类型，分别为"标准""光度学""Arnold"，它们拥有共同的创建参数，如阴影生成器。下面对这 3 种类型的灯光进行详细介绍。

9.2.1 标准灯光

标准灯光是基于计算机的对象，用于模拟灯光，包括家用灯、办公室的灯、舞台上的照明灯、拍摄电影使用的灯光设备等。不同种类的灯光对象可用不同的方式投射灯光，从而模拟真实世界中不同种类的光源。与光度学灯光不同，标准灯光不具有基于物理的强度值。

在"创建"命令面板中单击"灯光"按钮，进入"灯光"面板，在该面板中的下拉列表中选择"标准"选项，即可在"对象类型"卷展栏中显示 6 种标准灯光的创建按钮，如图 9.1 所示。

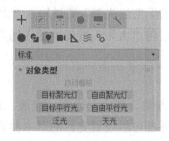

图 9.1　标准灯光的创建按钮

1. 目标聚光灯

聚光灯是从一个点投射聚焦的光束，如剧院中的聚光灯。在系统的默认情况下光束呈锥形。目标聚光灯包含目标和光源两部分，这种光源通常用于模拟舞台的灯光或马路上的路灯照射效果。目标聚光灯的优点是投射点图标和目标点图标可调，方向性非常好，如果加入投影设置，则可以产生逼真的静态仿真效果；缺点是在进行动画照射时不易控制方向，两个图标的调节经常改变发射范围，并且不易进行跟踪照射。目标聚光灯有矩形和圆形两种投射区域，矩形区域适合用作电影投影图像和窗户投影，圆形区域适合用作路灯、车灯、台灯及舞台跟踪等的照射区域。顶视图和透视图中的目标聚光灯如图 9.2 所示。

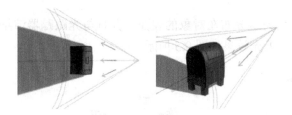

图 9.2 顶视图和透视图中的目标聚光灯

在创建目标聚光灯时，3ds Max 会自动为其指定"注视"控制器，并且将目标聚光灯的目标对象指定为注视目标。在"运动"命令面板中，通过设置"注视参数"卷展栏中的参数，可以将场景中的其他对象指定为注视目标。目标聚光灯与目标的距离不会影响灯光的衰减或亮度。

2. 自由聚光灯

与目标聚光灯不同，自由聚光灯没有目标对象，可以移动和旋转自由聚光灯，使其指向任何方向。在视图中，只能控制自由聚光灯的整个图标，无法分别对发射点和目标点进行调节。自由聚光灯的优点是不会在视图中改变投射范围，特别适合用作动画的灯光，如摇晃的手电筒、舞台上的投射灯、矿工头上的射灯、汽车的前大灯等。

3. 目标平行光

目标平行光与目标聚光灯相似，其照射范围呈圆形或矩形，光线平行发射。平行光主要用于模拟太阳光。可以调整目标平行光的灯光颜色和位置，并且在 3D 空间中旋转灯光。顶视图和透视图中的目标平行光如图 9.3 所示。

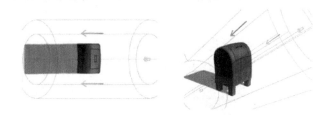

图 9.3 顶视图和透视图中的目标平行光

4. 自由平行光

与目标平行光不同，自由平行光没有目标对象，它只能移动和旋转灯光对象，因此可以在任何方向将其指向目标。

5. 泛光

泛光灯可以从单个光源向各个方向投射光束，主要用于将"辅助照明"添加到场景中，或者模拟点光源。顶视图和透视图中的泛光灯如图 9.4 所示。

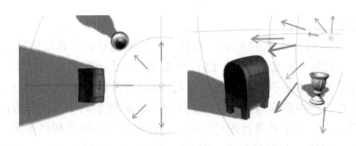

图 9.4　顶视图和透视图中的泛光灯

6. 天光

天光灯可以将光线均匀地分布在对象的表面，并且与光跟踪器渲染方式一起使用，从而模拟真实的自然光效果，天光效果如图 9.5 所示。

图 9.5　天光效果

9.2.2　光度学灯光

光度学灯光是一种特殊的灯光类型，它可以通过设置光能值定义灯光，经常用于模拟自然界中各种类型的照明效果，可以创建具有不同分布和颜色特性的灯光，还可以导入照明制造商提供的特定光度学文件。

在"创建"命令面板中单击"灯光"按钮，进入"灯光"面板，在该面板中的下拉列表中选择"光度学"选项，即可在"对象类型"卷展栏中显示 3 种光度学灯光的创建按钮，如图 9.6 所示。

图 9.6　光度学灯光的创建按钮

1. 目标灯光和自由灯光

目标灯光和自由灯光的属性基本相同，区别是目标灯光有目标控制显示点，自由灯光没有目标控制显示点，它们的分布类型有统一球形、统一漫反射、聚光灯、光度学 Web。

在视图中，统一分布、聚光灯分布及 Web 分布分别用球体（球体的位置决定分布是球形分布还是半球形分布）、圆锥体及 Web 图形表示。目标灯光分布如图 9.7 所示，自由灯光分布如图 9.8 所示。

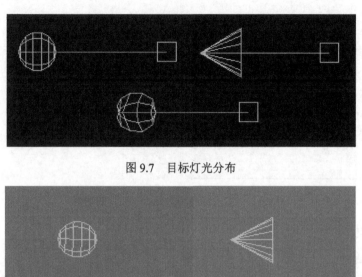

图 9.7 目标灯光分布

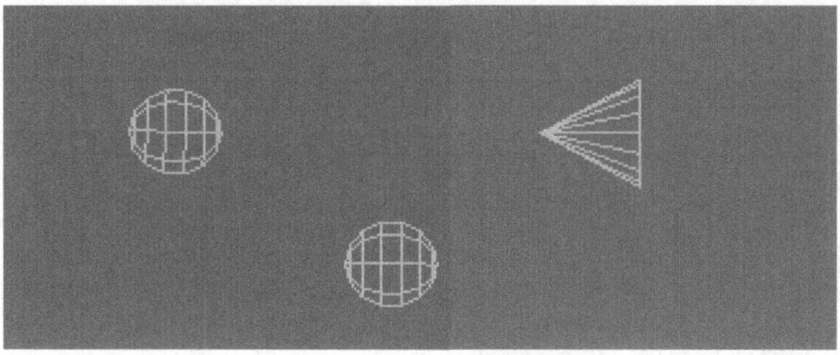

图 9.8 自由灯光分布

2．太阳定位器

太阳定位器类似于其他可用的太阳光和日光系统，太阳定位器使用的灯光遵循太阳在地球上某个指定位置的符合地理学的角度和运动，可以选择位置、日期、时间和指南针方向，也可以设置日期和时间的动画。太阳定位器适合用于计划中和现有结构的阴影研究。此外，可以通过设置"纬度"、"经度"、"北向"和"轨道缩放"等参数进行动画设置。

9.3 灯光的应用

9.3.1 案例 1——制作"室内灯光"效果

步骤 1：打开"第 9 章\室内灯光\室内灯光初始.max"文件，文件的场景如图 9.9 所示。

步骤 2：选择"创建" + →"灯光" → "泛光灯" 泛光 命令，在顶视图中创建一盏泛光灯，如图 9.10 所示。选中泛光灯，按住 Shift 键，使用"选择并移动"工具 + 沿 *Y* 轴方向移动，在弹出的"克隆选项"对话框中，在"对象"选区中选择"实例"单选按钮，设置"副本数"的值为 3，如图 9.11 所示，从而以"实例"方式复制出 3 盏泛光灯。

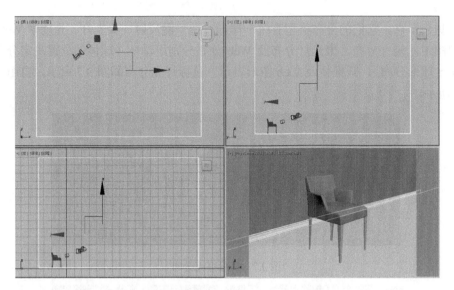

图 9.9　"室内灯光初始.max"文件的场景

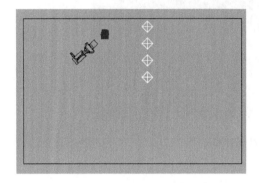

图 9.10　在顶视图中创建一盏泛光灯

图 9.11　使用"实例"方式复制出 3 盏泛光灯

步骤 3：在左视图中选中 4 盏泛光灯，按住 Shift 键，使用"选择并移动"工具 ⊕ 沿 *Y* 轴方向往下移动，再次以"实例"方式复制出 3 组泛光灯，如图 9.12 所示。

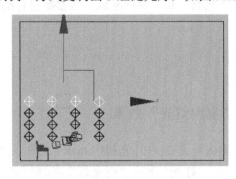

图 9.12　在左视图中使用"实例"方式复制出 3 组泛光灯

步骤 4：选择其中一盏泛光灯，在"修改"命令面板中，展开"强度/颜色/衰减"卷展栏，设置"倍增"的值为 0.05，在"远距衰减"选区中勾选"使用"复选框，设置"开始"的值为 3000.0mm，设置"结束"的值为 5000.0mm。泛光灯的参数设置及效果如图 9.13 所示。只要设置一盏泛光灯，以"实例"方式复制出的泛光灯的参数就都会随之改变。

图 9.13　泛光灯的参数设置及效果

　　步骤 5：在左视图中选中中间的 4 盏泛光灯，如图 9.14 所示。然后切换到顶视图，向左移动复制，如图 9.15 所示。在弹出的"克隆选项"对话框中，在"对象"选区中选择"复制"单选按钮，设置"副本数"的值为 1，如图 9.16 所示，从而以"复制"方式复制出 1 组（4 盏）泛光灯。

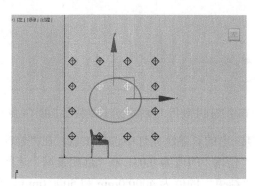

图 9.14　在左视图中选中中间的 4 盏泛光灯

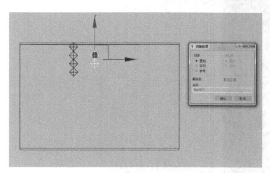

图 9.15　在顶视图中向左移动复制　　　　图 9.16　以"复制"方式复制出 1 组（4 盏）泛光灯

　　步骤 6：在步骤 5 中复制出的 4 盏泛光灯中选择 1 盏，在"修改"命令面板中，展开"强度/颜色/衰减"卷展栏，设置"倍增"的值为 0.05，在"远距衰减"选区中勾选"开始"复选框，设置"开始"的值为 3000.0mm，设置"结束"的值为 5000.0mm，如图 9.17 所示。

图 9.17 "强度/颜色/衰减"卷展栏中的参数设置及效果（一）

步骤 7：选择在步骤 5 中复制出的 4 盏泛光灯，在顶视图中，按住 Shift 键沿着 X 轴向左移动，使用"复制"方式复制出 1 组（4 盏）泛光灯，如图 9.18 所示。

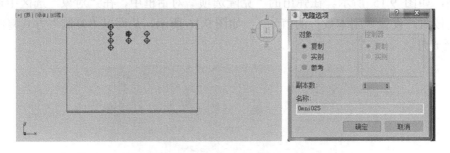

图 9.18 在顶视图中使用"复制"分式复制出 1 组（4 盏）泛光灯

步骤 8：在步骤 7 中复制出的 4 盏泛光灯中选择 1 盏，在"修改"命令面板中展开"强度/颜色/衰减"卷展栏，设置"倍增"的值为 0.03，在"远距衰减"选区中勾选"开始"复选框，并且分别设置"开始"和"结束"的值为 4000.0mm 和 5000.0mm，如图 9.19 所示。

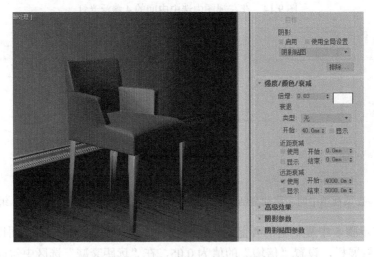

图 9.19 "强度/颜色/衰减"卷展栏中的参数设置及效果（二）

步骤 9：在前视图中，选择"创建" ➕ → "灯光" 🔆 → "平行光" 目标平行光 命令，创建一盏目标平行光，并且在其他视图中调整其位置。目标平行光的位置调整效果如图 9.20 所示。

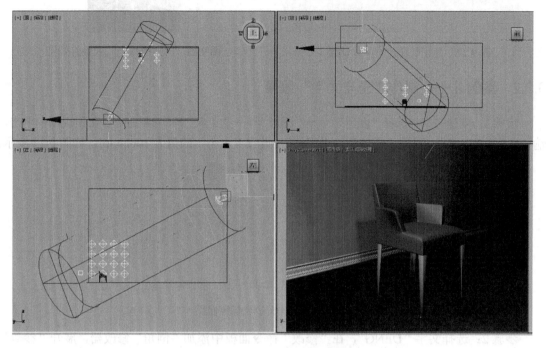

图 9.20　目标平行光的位置调整效果

步骤 10：选中目标平行光，展开"修改"命令面板中的"常规参数"卷展栏，勾选"阴影"选区中的"启用"复选框，在下面的下拉列表中选择"阴影贴图"选项；展开"强度/颜色/衰减"卷展栏，设置"倍增"的值为 1.0，在"远距衰减"选区中勾选"使用"复选框，并且分别设置"开始"和"结束"的值为 2000.0mm 和 15000.0mm，如图 9.21 所示。展开"平行光参数"卷展栏，设置"聚光区/光束"的值为 2631.0mm，设置"衰减区/区域"的值为 2633.0mm；展开"阴影贴图参数"卷展栏，设置"偏移"的值为 0.0，设置"大小"的值为 2048，设置"采样范围"的值为 8.0，如图 9.22 所示。"室内灯光"的最终效果如图 9.23 所示。

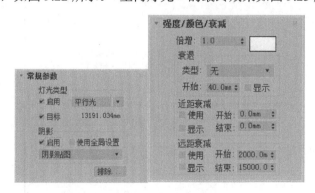

图 9.21　目标平行光的参数设置（一）

图 9.22　目标平行光的参数设置（二）　　　　图 9.23　"室内灯光"的最终效果

9.3.2　案例Ⅱ——制作"光与文字"效果

步骤 1：创建文字。选择"创建" <kbd>+</kbd> →"图形" <kbd>⦿</kbd> →"文本" <kbd>文本</kbd> 命令，在顶视图中单击，输入文字"DENG"，设置"字体"为"黑体"，设置"大小"的值为 100.0mm。如图 9.24 所示。

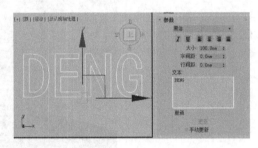

图 9.24　创建文字及参数设置

步骤 2：选择文字"DENG"，在"修改"命令面板中添加"倒角"修改器，展开"参数"卷展栏，在"曲面"选区中选择"曲线侧面"单选按钮，设置"分段"的值为 4；展开"倒角值"卷展栏，设置"起始轮廓"的值为 0.5mm，分别设置"级别 1："中的"高度"和"轮廓"的值为 0.5mm 和 1.0mm；勾选"级别 2："复选框，分别设置"级别 2："中的"高度"和"轮廓"的值为 5.0mm 和 0.0mm；勾选"级别 3："复选框，分别设置"级别 3："中的"高度"和"轮廓"的值为 0.5mm 和-1.0mm，如图 9.25 所示。

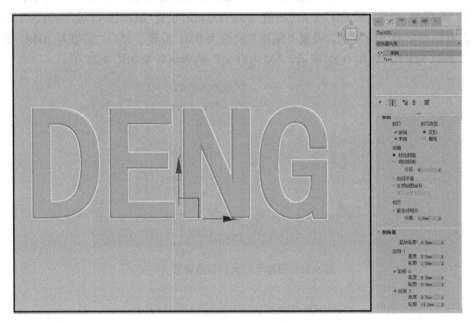

图 9.25　"倒角"修改器的参数设置及效果

步骤 3：选择"创建" ✛ →"几何体" ● →"平面" 平面 命令，在顶视图中创建一个平面，命名为"地面"，在"创建"命令面板中的"几何体"面板中展开"参数"卷展栏，将"长宽"和"宽度"的值均设置为 1000.0mm，如图 9.26 所示。在前视图中调整平面与文字的位置，调整后的效果如图 9.27 所示。

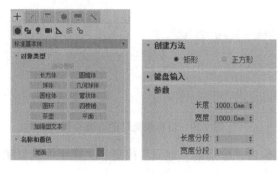

图 9.26　创建平面的参数设置

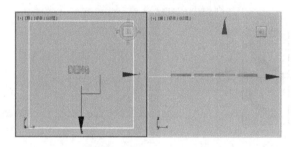

图 9.27　调整平面位置与文字位置后的效果

步骤 4：创建目标聚光灯。选择"创建" ✛ →"几何体" ● →"目标聚光灯" 目标聚光灯 命令，在顶视图中创建目标聚光灯，然后在前视图中调整其位置，如图 9.28 所示。在"修改"命令面板中，展开"常规参数"卷展栏，勾选"阴影"选区中的"启用"复选框，在下面的下拉列表中选择"区域阴影"选项；展开"强度/颜色/衰减"卷展栏，设置"倍增"的值为 1.0，单击右侧的色块，设置颜色为淡黄色，在色块上右击，在弹出的快捷菜单中选择"复制"命令；展开"聚光灯参数"卷展栏，设置"聚光区/光束"的值为 70.0，设置"衰减区/区域"的值为 100.0；展开"区域阴影"卷展栏，在"区域灯光尺寸"选区中将"长度"和"宽度"的值均设置为 30.0mm。目标聚光灯的参数设置如图 9.29 所示。

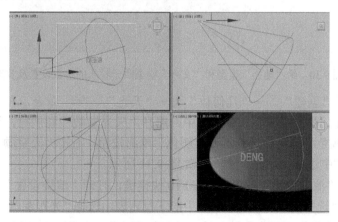

图 9.28　创建目标聚光灯并调整其位置

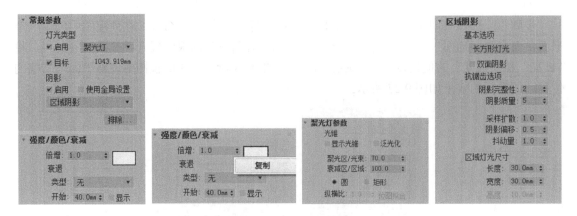

图 9.29　目标聚光灯的参数设置

步骤 5：打开材质编辑器，分别给"地面"模型和"文字"模型赋予材质，参数设置及效果如图 9.30 所示。

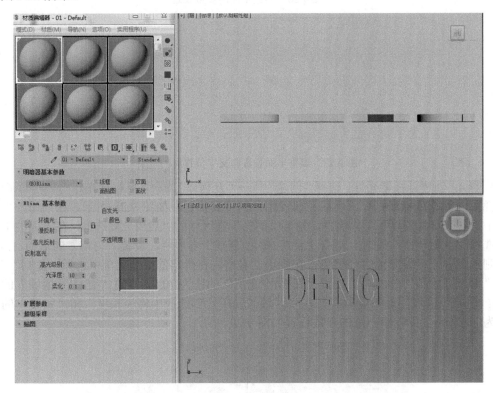

图 9.30　给"地面"模型和"文字"模型赋予材质的参数设置及效果

步骤 6：选择"创建" + →"几何体" ● →"天光" 天光 命令，在顶视图中的任意位置创建一盏天光灯。在"修改"命令面板中，展开"天光参数"卷展栏，设置"倍增"的值为 1.0，在"天空颜色"选区中选择"天空颜色"单选按钮，右击"天空颜色"右侧的色块，在弹出的快捷菜单中选择"粘贴"命令，如图 9.31 所示。

步骤 7：单击"渲染设置"按钮 或按 F10 快捷键，打开"渲染设置"窗口，选择"高级照明"选项卡，在"选择高级照明"卷展栏中的下拉列表中选择"光跟踪器"选项，在"参数"卷展栏中的"常规设置"选区中取消勾选"体积"复选框，如图 9.32 所示。

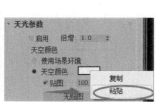

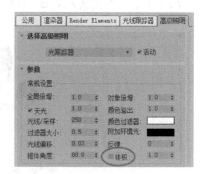

图 9.31　"天光参数"卷展栏中的参数设置　　　图 9.32　"渲染设置"窗口中的"高级照明"选项卡

步骤 8：按 F9 快捷键进行快速渲染。"光与文字"的最终渲染效果如图 9.33 所示。

图 9.33　"光与文字"的最终渲染效果

9.4　摄影机基础知识

9.4.1　摄影机简介

摄影机通常是一个场景中不可缺少的组成单位，它从特定的观察点表现场景，模拟真实世界中的摄影机拍摄静止图像或运动视频。在摄影机视图中调整摄影机，就好像通过其镜头进行观看。摄影机视图在编辑几何体和设置渲染的场景时非常有用。多台摄影机可以提供相同场景的不同视图。

3ds Max 中的摄影机拥有超现实摄影机的能力，更换镜头动作可以瞬间完成，无级变焦更是真实摄影机无法比拟的。对于景深的设置，可以直观地用范围表示，无须计算光圈，对于摄影机的动画，除了位置变动，还可以表现焦距、视角、景深等动画效果。自由摄影机可以很好地绑定到运动目标上，随着目标在运动轨迹上一起运动，同时进行跟随和倾斜。将目标摄影机的目标点连接到运动的对象上，可以表现目光跟随的动画效果。直接为摄影机绘制运动路径，可以表现沿路径拍摄的效果。

9.4.2 摄影机常用专业术语

在真实世界中，摄影机使用镜头将场景反射的灯光聚焦于具有灯光敏感性曲面的焦点平面，如图 9.34 所示，A 为焦距，B 为视野（FOV）。

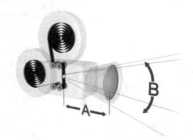

A：焦距　　　B：视野（FOV）

图 9.34　真实世界中的摄影机测量

1. 焦距

镜头与感光表面间的距离称为焦距。焦距影响对象出现在图片上的清晰度。焦距越短，图片中包含的场景越多；焦距越长，图片中包含的场景越少，但能够更清晰地表现远处场景的细节。焦距以毫米（mm）为单位。通常将焦距为 50mm 的镜头称为摄影机的标准镜头，焦距小于 50mm 的镜头称为广角镜头，焦距大于 50mm 的镜头称为长焦镜头。

2. 视野（FOV）

视野（FOV）用于控制可见场景范围的大小，FOV 以水平线度数进行测量，单位为地平角度，它与镜头的焦距直接相关，如焦距为 50mm 的镜头的水平线角度为 46°。镜头越长，视野越窄；镜头越短，视野越宽。

3. 视角与透视

短焦距（宽视野）会加剧场景的透视失真，使观察者看到的场景更深、更模糊；长焦距（窄视野）能够减轻透视失真，如图 9.35 所示，左上图为长焦距（窄视野）镜头；右下图为短焦距（宽视野）镜头。焦距为 50mm 的镜头最接近人眼看到的场景，产生的图像效果比较正常，该镜头多用于快照、新闻图片、电影制作。

左上角：长焦距（窄视野）右下角：短焦距（宽视野）

图 9.35　视角与透视

9.5　摄影机的基本操作

9.5.1　摄影机的对象类型

3ds Max 中有两种摄影机对象，分别为目标摄影机和自由摄影机。单击"创建"命令面板中的"摄影机"按钮，进入"摄影机"面板，如图 9.36 所示。

目标摄影机用于观察目标点附近的场景，它包含摄影机和目标点两部分，这两部分可以同时调整，也可以单独调整。摄影机和摄影机目标点可以分别设置动画，从而产生各种有趣的效果。目标摄影机始终面向其目标，如图 9.37 所示。

图 9.36　"摄影机"面板

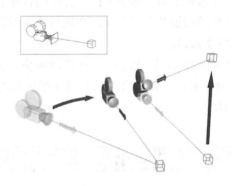

图 9.37　目标摄影机

自由摄影机主要用于观察所指方向的场景，它没有目标点，只能通过旋转操作对齐目标对象。自由摄影机一般用于制作轨迹动画，如建筑物中的巡游、车辆移动中的跟踪拍摄等。自由摄影机的图标与目标摄影机的图标看起来相同，但是不存在设置单独目标点的动画。在沿着某条路径设置摄影机动画时，使用自由摄影机更方便。自由摄影机可以不受限制地移动和定向，如图 9.38 所示。

图 9.38　自由摄影机

9.5.2　摄影机视图操作

3ds Max 提供了一系列用于控制摄影机视图的按钮。在活动视图为摄影机视图时，屏幕右下角的视口控制按钮如图 9.39 所示。

图 9.39　摄影机的视口控制按钮

"推拉摄影机"按钮■■：通过拖动移动摄影机。向上拖动可以沿着其视线向前移动摄影机，向下拖动可以沿着其视线向后移动摄影机。按 Esc 键或右击可以取消激活该按钮。

"视野"按钮▷：改变摄影机视图的视野，相当于移动镜头。改变视野的同时改变画面内容和物体之间的透视关系。

"透视"按钮■：改变摄影机视图中物体之间的透视关系，但不会改变画面内容。

"平移摄影机"按钮■：平行移动目标点和摄影机，使画面内容发生变化。

"侧滚摄影机"按钮■：在旋转镜头时摄影机绕目标点与摄影机之间的连线进行旋转，使画面发生倾斜。

"环游摄影机"按钮■：在旋转镜头时摄影机绕目标点旋转。3ds Max 中的摄影机可以绕目标进行垂直（摇移摄影机）或水平（环游摄影机）旋转，从而使摄影机从不同角度观察目标物体。

9.6　摄影机案例——制作"室内漫游动画"

步骤 1：打开"第 9 章\室内漫游动画\室内漫游动画初始.max"文件，文件的场景如图 9.40 所示。

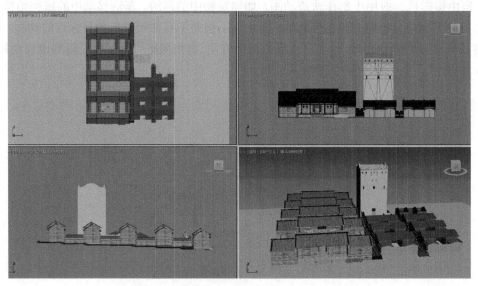

图 9.40　"室内漫游动画初始.max"文件的场景

步骤 2：选择"创建" ■→"图形" ■→"线" ■■■■■ 命令，在顶视图中创建一条样条线并调整其形状，如图 9.41 所示。

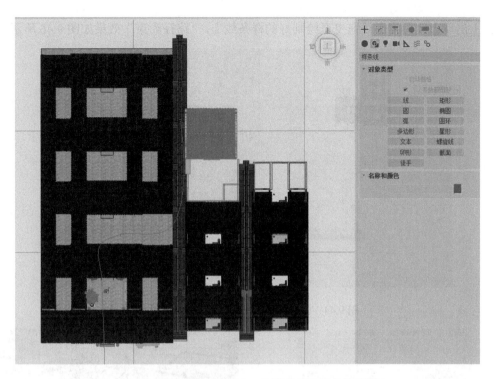

图 9.41   在顶视图中创建一条样条线并调整其形状

步骤 3：在左视图和透视图中调整样条线位置，如图 9.42 所示。

步骤 4：单击右下角的"时间配置"按钮 🔧，弹出"时间配置"对话框，设置"帧速率"选区中的 FPS 的值为 25，设置"动画"选区中的"结束时间"的值为 500，如图 9.43 所示。

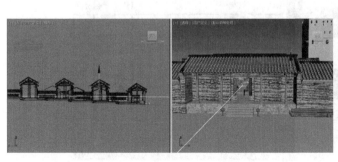

图 9.42   在左视图和透视图中调整样条线位置

图 9.43   "时间配置"对话框

步骤 5：创建目标摄影机。选择"创建" ➕ → "摄影机" 📷 → "目标" 目标 命令，在左视图中创建一台目标摄影机，结合其他视图调整好其位置，如图 9.44 所示。在透视图中选中目标摄影机，选择"动画" → "约束" → "路径约束"命令，如图 9.45 所示。这时可以看到摄影机上出现虚线，将虚线拖曳至绘制好的样条线上，"路径约束"效果如图 9.46 所示。

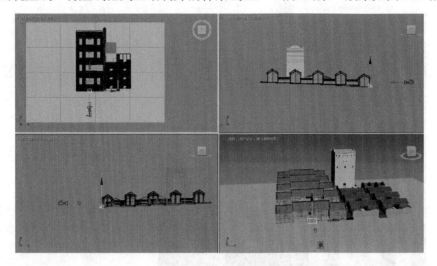

图 9.44 创建一台目标摄影机并调整其位置

图 9.45 选择"路径约束"命令

图 9.46 "路径约束"效果

步骤 6：设置摄影机目标点动画。单击"自动关键点"按钮，将时间滑块移动到第 110 帧位置，在顶视图中放大视图，选中摄影机目标点并将其移动到朝向门口的位置，如图 9.47 所示。

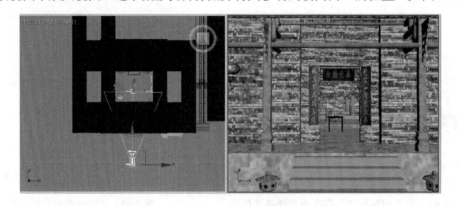

图 9.47 在第 110 帧位置调整目标点位置

步骤 7：将时间滑块移动到第 192 帧位置，调整目标点保持不动，如图 9.48 所示。

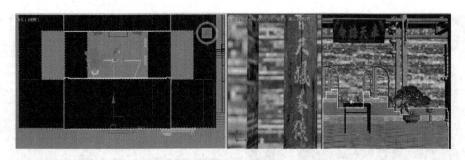

图 9.48 在第 192 帧位置调整目标点位置

步骤 8：将时间滑块移动到第 230 帧位置，继续调整目标点位置，如图 9.49 所示。

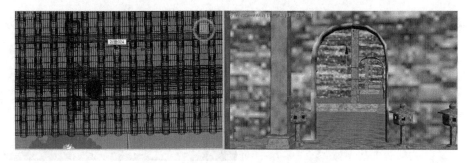

图 9.49 在第 230 帧位置调整目标点位置

步骤 9：将时间滑块移动到第 250 帧位置，继续调整目标点位置，如图 9.50 所示。

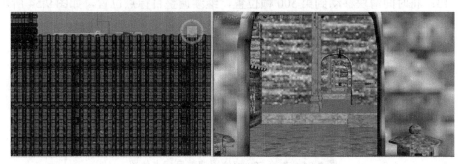

图 9.50 在第 250 帧位置调整目标点位置

步骤 10：将时间滑块移动到第 290 帧位置，继续调整目标点位置，如图 9.51 所示。

图 9.51 在第 290 帧位置调整目标点位置

步骤 11：将时间滑块移动到第 333 帧位置，继续调整目标点位置，如图 9.52 所示。

图 9.52　在第 333 帧位置调整目标点位置

步骤 12：将时间滑块移动到第 375 帧位置，继续调整目标点位置，如图 9.53 所示。

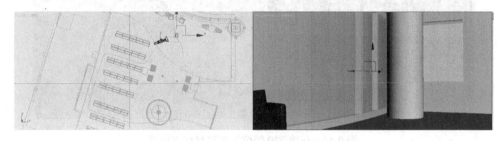

图 9.53　在第 375 帧位置调整目标点位置

步骤 13：将时间滑块移动到第 500 帧位置，继续调整目标点位置，如图 9.54 所示。

图 9.54　在第 500 帧位置调整目标点位置

本章小结

本章主要讲解了 3ds Max 2019 中灯光和摄影机的创建方法及参数设置方法。好的灯光搭配可以使场景更具有层次感和真实感，从而烘托场景气氛，为制作效果增色。本章通过 2 个案例，循序渐进地讲解了 3ds Max 中各种灯光的使用方法。掌握不同的灯光和阴影类型的设置是使用 3ds Max 进行三维制作的关键。在场景中使用摄影机可以模拟真实的镜头效果，本章通过案例讲解了摄影机动画在建筑漫游动画中的应用技巧。

课后练习

在场景中创建一台摄影机，然后分别创建两盏泛光灯和多盏目标聚光灯，调整灯光参数，对摄影机视图进行渲染，效果如图 9.55 所示

图 9.55　摄影机视图渲染效果

第 10 章

环境和效果

使用环境特效可以增加三维场景的临场感，烘托气氛。本章会详细讲解 3ds Max 2019 中常用的"环境和效果"窗口。在"环境和效果"窗口中，不但可以设置背景和背景贴图，还可以模拟现实生活中对象被特定环境围绕的现象，如雾、火焰。通过对本章知识的学习，读者可以熟悉 3ds Max 中常用的内置环境特效，掌握如火焰、浓烟、体积光等特效的制作方法和使用技巧。

学习目标

- ➢ 了解"环境和效果"窗口的参数设置。
- ➢ 了解各种效果特征。
- ➢ 掌握大气效果的应用技巧。

学习内容

- ➢ 环境选项卡中的重要参数。
- ➢ 效果选项卡中的重要参数。
- ➢ 大气效果。

10.1 "环境和效果"窗口的参数设置

在 3ds Max 中，通过设置"环境和效果"窗口的参数制作各种背景、雾效、体积光和火焰，不过需要与其他功能配合使用才能发挥作用。如果背景要和材质编辑器共同编辑，雾效和摄影机的设置有关，体积光和灯光属性有关，火焰必须借助大气装置（辅助对象）才能产生。

10.1.1 "环境"选项卡

选择"渲染→环境"命令，打开"环境和效果"窗口，并且默认选择"环境"选项卡，如图 10.1 所示。

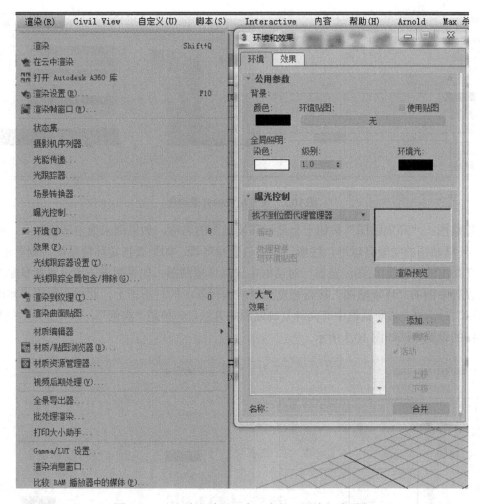

图 10.1 "环境和效果"窗口中的"环境"选项卡

在"环境"选项卡中可以进行以下设置。

● 设置背景颜色和背景颜色动画。

在渲染场景（屏幕环境）的背景中使用图像或贴图。例如，使用"纹理"贴图作为球形环境、柱形环境或收缩包裹环境，使用"渐变"贴图制作渐变背景，使用"噪波"贴图制作星云背景，使用"烟雾"贴图制作蓝天、白云背景，等等。

● 设置环境光和设置环境光动画。

使用各种大气模块，可以制作特殊的大气效果，如"火效果""雾""体积雾""体积光"，也可以导入第三方厂商开发的其他大气效果。

● 在"曝光控制"卷展栏中预览渲染效果。

10.1.2 "公用参数"卷展栏

"公用参数"卷展栏主要用于设置场景的背景颜色及环境贴图，该卷展栏中的参数如下。

颜色：用于设置场景的背景颜色。单击"颜色"色块，弹出"颜色选择器：背景色"对话框，选择所需的颜色即可，如图 10.2 所示。

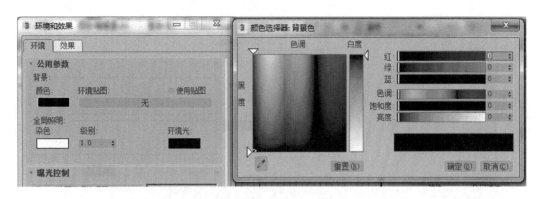

图 10.2　设置场景的背景颜色

　　环境贴图："环境贴图"按钮上会显示环境贴图的名称，如果尚未指定环境贴图，则显示"无"。环境贴图的类型有球形、柱形、收缩包裹和屏幕。如果要指定环境贴图，则单击"无"按钮，在弹出的"材质/贴图浏览器"对话框中选择环境贴图。如果想进一步设置背景贴图，则将已经设置贴图的"环境贴图"按钮拖曳至材质编辑器中的材质球上，此时会弹出"实例（副本）贴图"对话框。该对话框中有两种复制贴图的方法，一种是"实例"，另一种是"复制"。环境贴图的设置方法如图 10.3 所示。

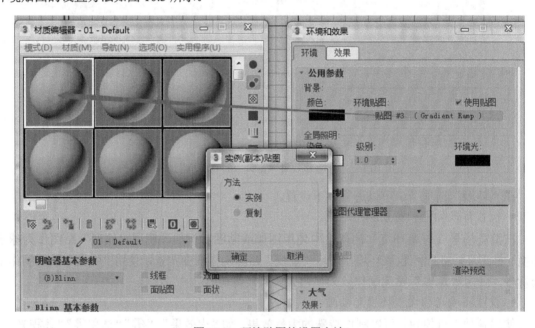

图 10.3　环境贴图的设置方法

　　使用贴图：在勾选该复选框后，当前环境贴图才会生效。

　　染色：如果此颜色不是白色，则将场景中的所有灯光（环境光除外）染色。单击"染色"色块，弹出"颜色选择器：全局光色彩"对话框，在该对话框中可以设置"染色"颜色。

　　级别：增强场景中的所有灯光。如果"级别"的值为 1.0，则保留各灯光的原始设置。增大"级别"的值会增强场景的总体照明强度，减少"级别"的值会减弱场景的总体照明强度。

　　环境光：用于设置环境光的颜色。单击"环境光"色块，在弹出的"颜色选择器：环境光"对话框中选择所需的颜色。

10.1.3 "曝光控制"卷展栏

"曝光控制"卷展栏中的参数主要用于调整渲染的输出级别和颜色范围，类似于电影的曝光处理。

曝光控制可以补偿显示器有限的动态范围。显示器的动态范围大约有两个数量级，显示器中显示的最亮的颜色比最暗的颜色亮大约 100 倍。眼睛可以感知大约 16 个数量级动态范围，可感知的最亮的颜色比最暗的颜色亮大约 10^{16} 倍。通过设置"曝光控制"卷展栏中的参数调整颜色，可以使颜色更好地模拟眼睛可以感知的大体动态范围，并且处于可以渲染的颜色范围。

在"曝光控制"卷展栏中的下拉列表中选择所需的曝光控制，如图 10.4 所示。"曝光控制"卷展栏中的下拉列表中的所有选项如图 10.5 所示。

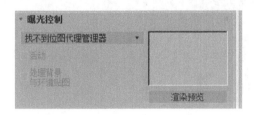
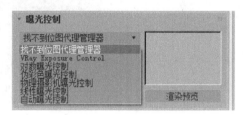

图 10.4　选择所需的曝光控制　　　　图 10.5　所有曝光控制选项

10.1.4 大气效果

环境中的大气效果包括"火效果""雾""体积雾""体积光"共 4 种，不同类型的大气效果在使用时有不同的要求。

1. 火效果

"火效果"要求给大气装置创建 Gizmo 对象，在 Gizmo 对象内部进行燃烧处理，产生火焰、烟雾、爆炸等特殊效果，它通过 Gizmo 对象确定形态。如果有一组大小不同的 Gizmo 对象组成的火焰，可以将它运用到其他场景中，在"环境和效果"窗口中"合并"即可。

"火效果"不产生任何投射光效，不能作为场景的光源。如果需要模拟燃烧产生的光效，必须创建配合使用的灯光，"火效果"效果如图 10.6 所示。在同一个场景中可以创建任意数量的"火效果"，它们在列表中排列的顺序非常重要，先创建的总是排在上方，并且先进行渲染。

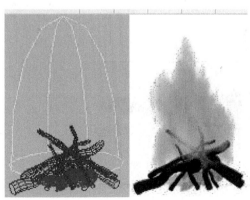
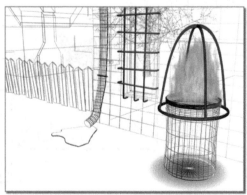

图 10.6　"火效果"效果

2．雾

"雾"效果需要针对整个场景的空间进行设置，是营造气氛的有力手段。三维空间中是真空的，空中没有一粒尘埃，不管多么遥远，物体都像在眼前一样清晰，这种现象与真实世界是完全不同的。为了表现真实的效果，需要为场景增加一定的"雾"效果，使三维空间中充满大气，"雾"效果如图 10.7 所示。

图 10.7　"雾"效果

"雾"效果主要用于产生雾、烟雾、云雾、蒸汽等大气效果，作用于全部场景，分为"标准雾"和"分层雾"两种类型。"标准雾"类似于现实世界中的大气层，会根据摄影机的视景为画面增加层次深度，在制作时可以自由地调整雾弥散的范围，还可以为它指定贴图来控制它的不透明度。"分层雾"与"标准雾"不同，只作用于空间中的一层，对于深度和宽度没有限制，可以自由指定雾的高度。例如，做一层白色云雾放置于天空中充当云，做一层云雾放置于水面充当水雾，为开水表面增加一层蒸发的热气。

3．体积雾

"体积雾"可以对整个场景空间进行设置，也可以作用于给大气装置创建的 Gizmo 对象，从而制作云团效果。使用"体积雾"可以制作三维空间中的云团，这是真实的云雾效果，这种云团在三维空间中以真实的体积存在，不仅可以飘动，还可以被穿透。"体积雾"有两种使用方法，一种是直接作用于整个场景，但要求场景中必须有物体存在；另一种是作用于给大气装置创建的 Gizmo 对象，在 Gizmo 对象限制的区域内产生云团，这是一种更易控制的方法。"体积雾"效果如图 10.8 所示。

图 10.8　"体积雾"效果

4. 体积光

"体积光"作用于所有基本类型的灯光（天光和环境光除外），根据灯光的照射范围确定光的体积。在 3ds Max 中，"体积光"提供了有形的光，不仅可以投射光束，还可以投射彩色图像。将它应用于泛光灯，可以制作出圆形光晕、光斑；将它应用于聚光灯和平行光，可以制作出光芒、光束及光线，"体积光"效果如图 10.9 所示。

图 10.9　"体积光"效果

10.1.5　"效果"选项卡

选择"渲染"→"效果"命令，打开"环境和效果"窗口，并且默认选择"效果"选项卡，如图 10.10 所示。

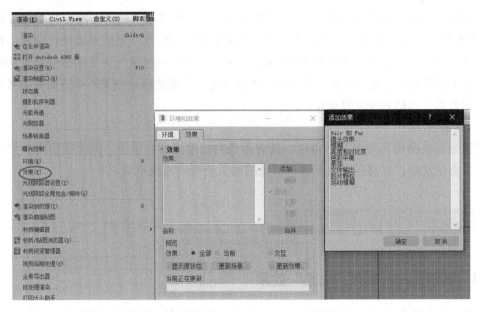

图 10.10　"环境和效果"窗口中的"效果"选项卡

在"效果"选项卡中可以设置以下参数。

添加：用于添加新的特效，单击该按钮，在弹出的"添加效果"对话框中选择需要的效果。

删除：删除列表中当前选中的效果名称。

活动：如果勾选该复选框，那么当前效果发生作用。

上移/下移：将当前选中的效果向上或向下移动，新建的效果总是放在最下方，在渲染时是按照从上到下的顺序进行计算的。

合并：合并其他场景文件中的大气效果，同时将所属 Gizmo 对象和灯光合并。

名称：显示当前列表中的效果名称，这个名称可以自己指定，用于区分相同类型的不同效果。

1．Hair 和 Fur

在添加"Hair 和 Fur"效果后，会在"效果"选项卡中显示"Hair 和 Fur"卷展栏。在毛发或皮毛的创建和调整完成后，为了得到更好的渲染效果，可以在"Hair 和 Fur"卷展栏中设置毛发或皮毛的渲染输出参数，包括毛发渲染选项、运动模糊、阻挡对象、照明等参数。

2．模糊

在添加"模糊"效果后，会在"效果"选项卡中显示"模糊参数"卷展栏。"模糊参数"卷展栏中有 2 个选项卡，分别为"模糊类型"选项卡和"像素选择"选项卡，在"模糊类型"选项卡中提供了"均匀型""方向型""径向型"共 3 种模糊处理方式，用于对图像进行模糊处理；"像素选择"选项卡中的参数主要用于设置需要模糊处理的像素位置。

3．亮度和对比度

在添加"亮度和对比度"效果后，会在"效果"选项卡中显示"亮度和对比度参数"卷展栏。在"亮度和对比度参数"卷展栏中，通过调整"亮度"和"对比度"的值，使渲染的对象与背景图像或背景动画相匹配。如果不希望调整的参数影响背景，则勾选"忽略背景"复选框。

4．色彩平衡

在添加"色彩平衡"效果后，会在"效果"选项卡中显示"色彩平衡参数"卷展栏。在"色彩平衡参数"卷展栏中，通过对"青/红""洋红/绿""黄/蓝"色值通道进行调整，在相邻像素之间填补过滤色，从而消除色彩之间强烈的反差，使渲染对象与背景图像或背景动画更匹配。如果不想影响颜色的亮度值，则勾选"保持发光度"复选框。如果不希望调整的参数影响背景，则勾选"忽略背景"复选框。

5．景深

景深是指当摄影机对准某一点时，其前后景物都能清晰的范围，因此摄影机的焦点平面上的对象会很清晰，远离摄影机焦点平面上的对象会变得模糊不清。

10.2 环境和效果的应用

10.2.1 案例 I——制作"火焰"效果

步骤 1：选择"文件"→"重置"命令，进入初始化场景。选择"创建" ➕ →"辅助对象" ◣ →"大气装置" 大气装置 →"球体 Gizmo" 球体 Gizmo 命令，在顶视图中创建一个球体线框并将其命名为"火焰 01"，在"球体 Gizmo 参数"卷展栏中，设置"半径"的值为 250.0mm，勾选"半球"复选框。创建半球体"火焰 01"及其参数设置如图 10.11 所示。

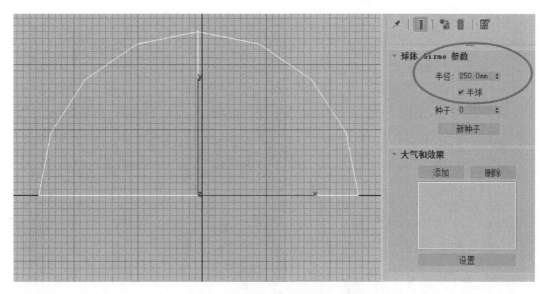

图 10.11　创建半球体"火焰 01"及其参数设置

步骤 2：切换到前视图，在主工具栏中右击"选择并均匀缩放"按钮，打开"缩放变换输入"窗口，在"绝对:局部"选区中，设置 Z 的值为 250.0，如图 10.12 所示。按 Enter 键，关闭该窗口。

步骤 3：选中半球体"火焰 01"，单击主工具栏中的"选择并移动"按钮，按住 Shift 键，以"复制"方式依次复制出 6 个半球体，并且适当调整其位置和大小，如图 10.13 所示。

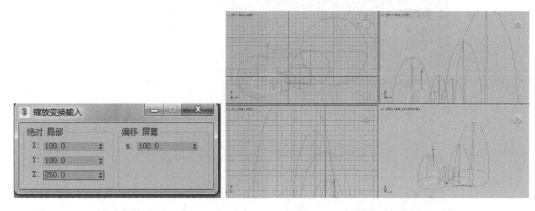

图 10.12　"缩放变换输入"窗口　　　　图 10.13　复制并调整半球体"火焰 01"

步骤 4：选择"创建"→"摄影机"→"目标"命令，在顶视图中创建一台摄影机，在右侧的"参数"卷展栏中，设置"镜头"的值为 24，在透视图中按 C 快捷键，切换到摄影机视图，在其他视图中调整摄影机的位置，如图 10.14 所示。

步骤 5：按数字键 8 打开"环境和效果"窗口，在该窗口中展开"大气"卷展栏，单击"添加"按钮，弹出"添加大气效果"对话框，选择"火效果"选项，单击"确定"按钮，添加一个"火效果"，如图 10.15 所示。

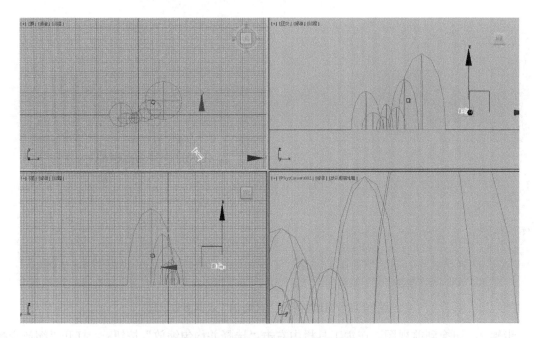

图 10.14　创建摄影机并调整其位置

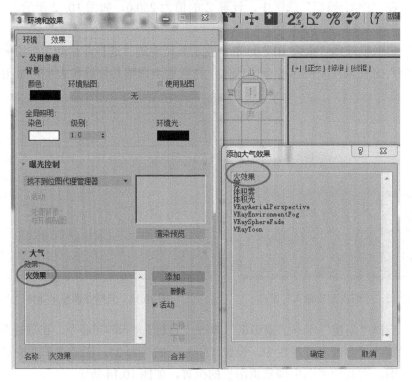

图 10.15　添加"火效果"

步骤 6：选择新添加的"火效果"，在"火效果参数"卷展栏中单击"拾取 Gizmo"按钮，并且在视图中依次选择"火焰"对象；在"颜色"选区中，将"内部颜色"设置为 R:255、G:60、B:0，将"外部颜色"设置为 R:255、G:10、B:0。在"图形"选区中选择"火舌"单选按钮；在"特性"选区中，分别设置"火焰大小""密度""火焰细节""采样"的值为 50.0、15.0、

3.0、10；在"动态"选区中，设置"相位"的值为 268.0，设置"漂移"的值为 90.0。"火效果"的参数设置如图 10.16 所示。

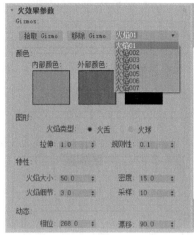
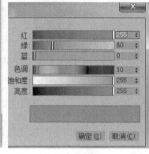
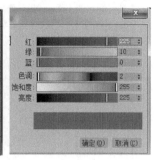

（a）内部颜色　　　　　　（b）外部颜色

图 10.16　"火效果"的参数设置

步骤 7：单击主工具栏中的"渲染产品"按钮，对摄影机视图进行渲染，"火焰"的最终渲染效果如图 10.17 所示。

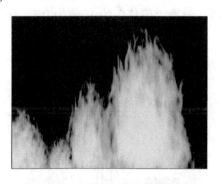

图 10.17　"火焰"的最终渲染效果

10.2.2　案例Ⅱ——制作"山中云雾"效果

步骤 1：打开"第 10 章\山中云雾\山中云雾初始.max"文件，文件的场景如图 10.18 所示。

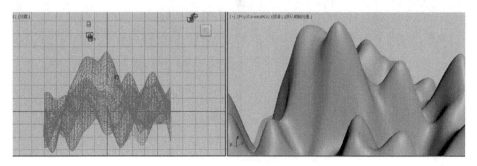

图 10.18　"山中云雾初始.max"文件的场景

步骤 2：选择"渲染"→"环境"命令，打开"环境和效果"窗口，并且默认选择"环境"选项卡，如图 10.19 所示。

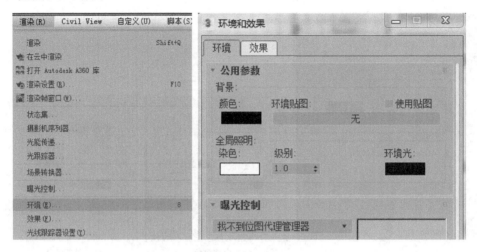

图 10.19　打开"环境和效果"窗口

步骤 3：单击"公用参数"卷展栏中"背景"选区中的"环境贴图"按钮，设置环境贴图，按 M 快捷键，打开材质编辑器，将环境贴图拖曳至材质球上，再单击"视口中显示明暗处理材质"按钮▣，展开材质编辑器中的"坐标"卷展栏，选择"环境"单选按钮，在"贴图"下拉列表中选择"屏幕"选项，设置"偏移"的 V 值为 0.1。环境贴图的参数设置如图 10.20所示。

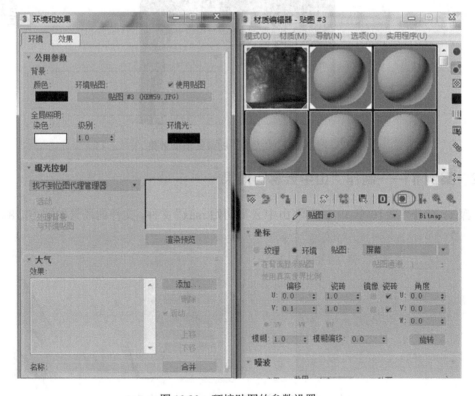

图 10.20　环境贴图的参数设置

步骤 4：切换到摄影机视图，将视口背景设置为"环境背景"，视口背景设置如图 10.21 所示。

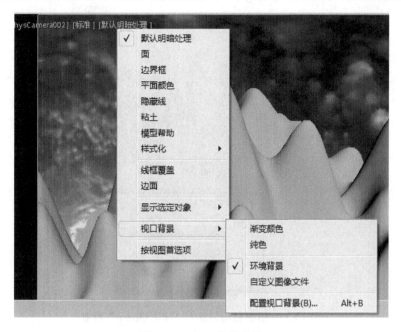

图 10.21　视口背景设置

步骤 5：选择"创建" + → "辅助对象" △ → "大气装置" 大气装置 → "球体 Gizmo" 球体 Gizmo 命令，在顶视图中创建一个"球体 Gizmo"对象，在"球体 Gizmo 参数"卷展栏中，设置"半径"的值为 650.0mm，勾选"半球"复选框，如图 10.22 所示。

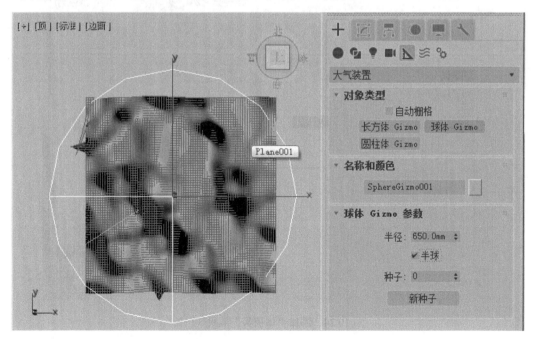

图 10.22　创建"球体 Gizmo"对象及其参数设置

步骤 6：在前视图中，右击"选择并均匀缩放"按钮，弹出"缩放变换输入"对话框，设置 Z 的值为 110.0，如图 10.23 所示。

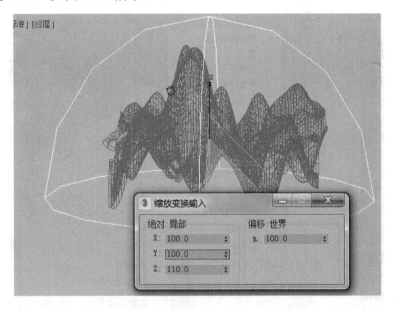

图 10.23　沿 Z 轴均匀放大"球体 Gizmo"对象

步骤 7：选择"渲染"→"环境"命令，打开"环境和效果"窗口，并且默认选择"环境"选项卡，单击"大气"卷展栏中的"添加"按钮，在弹出的"添加大气效果"对话框中选择"体积雾"选项，单击"确定"按钮，如图 10.24 所示。

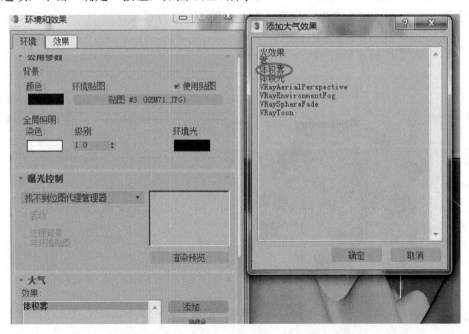

图 10.24　添加"体积雾"效果（一）

步骤 8：在"体积雾参数"卷展栏中，在 Gizmos 选区中，单击"拾取 Gizmo"按钮；在"体积"选区中，设置"颜色"为 R:168、G:168、B:168，设置"密度"的值为 2.0；在"噪波"选区中，选择"分形"单选按钮，设置"级别"的值为 3.0，设置"大小"的值为 150.0。"体积雾"的参数设置及效果如图 10.25 所示。

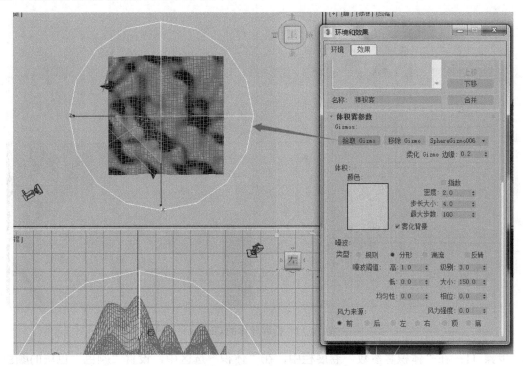

图 10.25 "体积雾"的参数设置及效果（一）

步骤 9：选择"渲染"→"环境"命令，打开"环境和效果"窗口，并且默认选择"环境"选项卡，单击"大气"卷展栏中的"添加"按钮，在弹出的"添加大气效果"对话框中选择"体积雾"选项，单击"确定"按钮，如图 10.26 所示，在"环境和效果"窗口中的"大气"卷展栏中的"效果"列表框中就有了两个"体积雾"选项。

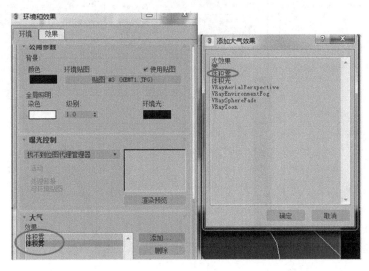

图 10.26 添加"体积雾"效果（二）

步骤 10：选择第 2 个"体积雾"选项，单击 Gizmo 选区中的"拾取 Gizmo"按钮，拾取球体 SphereGizmo007 的 Gizmo，如图 10.27 所示。

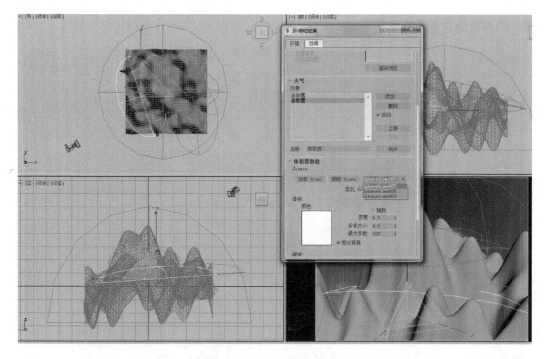

图 10.27　拾取球体的 Gizmo

步骤 11：在"体积雾参数"卷展栏中，在"体积"选区中，设置"颜色"色块的颜色为 R:235、G:235、B:235，设置"密度"的值为 6.0；在"噪波"选区中，选择"分形"单选按钮，设置"级别"的值为 3.0，设置"大小"的值为 200.0。"体积雾"的参数设置及效果如图 10.28 所示。

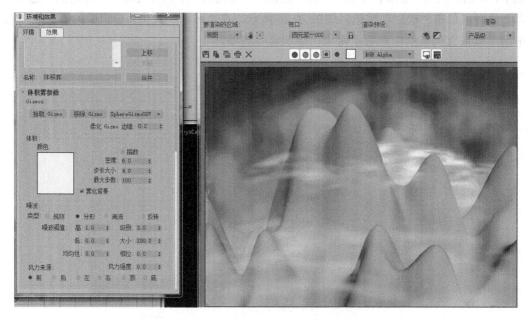

图 10.28　"体积雾"的参数设置及效果（二）

本章小结

　　本章主要讲解了环境设置方法、在场景中添加效果、各种效果（如"火效果""雾""体积雾""体积光"）的使用方法。熟练掌握各种效果的使用方法可以制作具有真实气氛的场景。

课后练习

　　打开"第 10 章\环境和效果\课后练习\燃烧效果.max"文件，制作动态燃烧效果，如图 10.29 所示。

图 10.29　动态燃烧效果

第11章

渲 染

所有三维软件都要通过渲染才能将效果计算出来，渲染是倒数第二道工序，最后一道工序是后期合成，本书不进行讲解。渲染从流程上可分为阶段性测试渲染和最终渲染。渲染又称为着色，主要用于对对象进行着色显示，并且计算灯光明暗色调。如果渲染的是动画，则 1 帧为 1 张图，24 张图合成 1 秒动画。渲染的本质是将三维空间对象进行着色，令其成为摄影机视角的二维画面。

学习目标

➢ 了解并掌握扫描线渲染器的使用方法。
➢ 掌握光线跟踪器的使用方法。
➢ 掌握光能传递的使用方法。

学习内容

➢ 渲染工具分类。
➢ 扫描线渲染器的常规设置。
➢ 光线跟踪器的使用方法。
➢ 光能传递的使用方法。

11.1 渲染工具

在主工具栏中，3ds Max 提供了几个不同功能的渲染工具按钮，如图 11.1 所示。

图 11.1 渲染工具按钮

"渲染设置"按钮 ：单击该按钮，打开"渲染设置"窗口。在"渲染设置"窗口中可以对整个渲染方案进行全局参数调整，控制渲染输出、高级光效、渲染通道等。

"渲染帧窗口"按钮：单击该按钮，可以打开"渲染帧窗口"，观察渲染的进度和最终效果，对要渲染的区域进行"选定""区域""裁剪""放大"等操作，并且观察渲染的各通道效果。

"渲染产品"按钮：单击该按钮，可以对当前视图进行着色处理，该工具会根据"渲染设置"窗口的参数设置进行综合计算，从而达到"产品级"的效果。

"渲染迭代"按钮：单击该按钮，会忽略文件输出、网络渲染、多帧渲染、导出到 MI 文件和电子邮件通知（迭代是数学中重复反馈过程的活动，其目的是接近所需目标或结果。重复一次反馈过程称为一次迭代，而每次迭代得到的结果都会作为下一次迭代的初始值，从而简化计算过程）。渲染迭代可以简单地理解为"快速渲染出近似的效果"，它与"渲染产品"的最终效果是有差距的。简而言之，如果要得到质量最好的"产品"，则使用"渲染产品"工具；如果只是想观察大致效果，则使用"渲染迭代"工具。

ActiveShade 按钮：单击该按钮，打开 ActiveShade 窗口，在该窗口中可以在同一视图中同时进行交互和渲染，扩展了渲染工作流，在进行调整时即可看到最终效果。对于高级渲染器（如 VRay 或 Arnold），使用 ActiveShade 工具可以对视图同时进行交互和渲染，如果使用扫描线渲染器，则只对材质、灯光进行交互渲染。

"在云中渲染"按钮：单击该按钮，打开"渲染设置：A360 云渲染"窗口，在该窗口中可以将当前的工程文件上传到官网的商业合作渲染农场进行渲染，在注册成功后即可使用该功能，目前渲染农场支持 VRay 和 Arnold 两大主流渲染器，普通用户可以忽略此工具。

11.2　渲染设置

单击"渲染设置"按钮，打开"渲染设置"窗口，该窗口的默认设置如图 11.2 所示。

图 11.2　"渲染设置"窗口的默认设置

3ds Max 2019 内置的渲染器有 Quicksilver 硬件渲染器、ART 渲染器、扫描线渲染器、VUE

文件渲染器、Arnold（阿诺德）渲染器，默认选择扫描线渲染器。Arnold（阿诺德）渲染器是最新的电影级渲染器，但功能没有 Maya 版本的全面。ART 渲染器的设置简单且速度快，对 HDRI 环境图具有更好的照明效果，但通常被 VRay 渲染器替代使用。

3ds Max 可以安装外挂渲染插件，如 VRay 渲染器、Brazil（巴西）渲染器，在安装后也会出现相应的选项卡。

在默认情况下，"渲染设置"窗口中有 5 个选项卡，分别为"公用"选项卡、"渲染器"选项卡、Render Elements 选项卡、"光线跟踪器"选项卡、"高级照明"选项卡。选项卡会因为选择的不同的渲染器而发生相应变化。

1. 公用

在"公用"选项卡中可以设置所有渲染器的公用参数，在该选项卡中可以选择需要的渲染器，可以设置单帧或动画、输出大小、输出路径等参数。

2. 渲染器

"渲染器"选项卡中的参数会根据在"公用"选项卡中选择的渲染器而发生变化，在默认情况下为扫描线渲染器

3. Render Elements

在 Render Elements 选项卡中可以渲染元素，可理解为图像通道的提取，是分层渲染的一种。"高光""法线""阴影""灯光""自发光"等通道均可以渲染为单帧（静帧）或动画序列帧，以便后期软件合成。

4. 光线跟踪器

在"光线跟踪器"选项卡中可以调节光线深度控制、启用抗锯齿计算、启用反射/折射计算等。

5. 高级照明

在"高级照明"选项卡中可以进行"光线跟踪器"和"光能传递"的具体参数设置。

11.3 公用

在"公用"选项卡中的"公用参数"卷展栏中可以设置所有渲染器的公用参数，如图 11.3 所示。

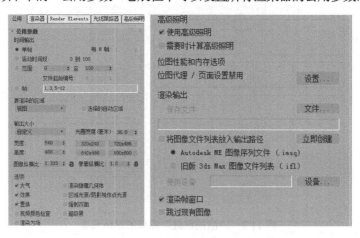

图 11.3 "公用参数"卷展栏

1."时间输出"选区

单帧：在默认情况下只对单帧进行渲染，并且不会自动保存。

每 N 帧：每 N 帧的采样规则。例如，如果值为 5，则每隔 5 帧渲染一次，仅用于"活动时间段"和"范围"输出。

活动时间段：默认为 0～100 帧，可以手动设置需要渲染的时间段。例如，当前动画共有 100 帧，需要渲染第 25～50 帧，则在对应数值框中分别输入"0"和"50"。

文件起始编号：从这个编号开始递增文件名，范围为-99 999～99 999。

帧：用于设置需要渲染的非线性帧，单帧用 1 个数字表示，连续帧用"-"连接，如"1,4,5-10"。注意在填写时所有符号必须使用英文半角格式。

2."输出大小"选区

可以根据电视或电影的不同要求，在下拉列表中选择相应的输出图像的尺寸，或者自定义输出图像的尺寸。

光圈宽度：用于修改摄影机的光圈宽度，此值会影响摄影机的镜头值和 FOV（场视角）值的关系，但不会影响场景中的摄影机视图。

宽度：用于设置输出图像的宽度，以像素为单位。

高度：用于设置输出图像的高度，以像素为单位。

图像纵横比：高度与宽度的比值，在确定高度与宽度的值后会自动算出该值，也可以手动输入该值。

像素纵横比：像素的宽（X）与高（Y）的比值。正方形的像素纵横比为 1∶1，非正方形（矩形）的高和宽不同，在默认情况下是正方形的像素纵横比。如果使用非正方形的像素纵横比，那么在不同的播放器上可能会发生画面拉伸现象，具体原理如图 11.4 所示。

在"图像纵横比"和"像素纵横比"数值框的右边都有"锁定"按钮 🔒，当在"输出大小"下拉列表中选择预置的选项时，这两个数值框中的值不能调节，如图 11.5 所示。

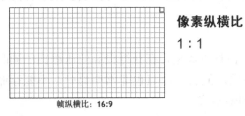

像素纵横比

1∶1

帧纵横比：16∶9

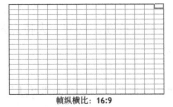

像素纵横比

1∶2

帧纵横比：16∶9

图 11.4　像素纵横比

输出大小		
35mm … (电影) ▼	光圈宽度(毫米): 20.955	
宽度:　350 ⬍	350x200	1120x640
高度:　200 ⬍	1575x900	4096x2340
图像纵横比: 1.75000	像素纵横比: 1.00000	

图 11.5　预置选项的纵横比

3."渲染输出"选区

单击"文件"按钮，打开"渲染输出文件"对话框，在该对话框中可以对渲染文件命名，并且选择需要的渲染格式，如图 11.6 所示。

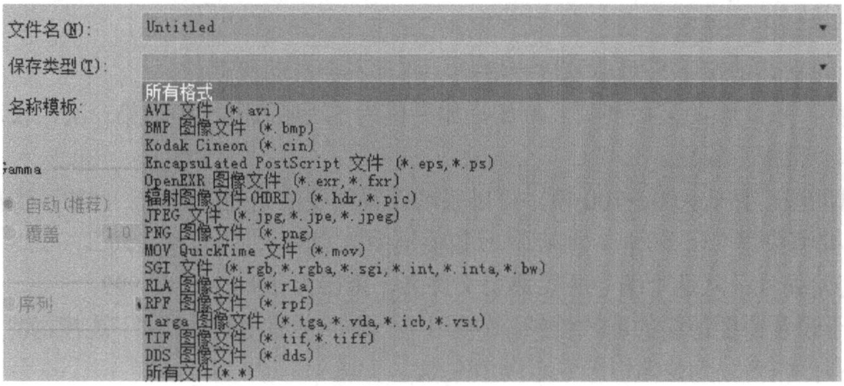

图 11.6 "渲染输出文件"对话框的参数设置

常见的渲染格式如下。

1）AVI 文件格式。

AVI 文件格式是 Windows 系统常用的动画格式，可以将动画直接渲染为此格式。对于小段预览性的动画可以使用 AVI 文件格式，但对于正式动画不建议使用 AVI 文件格式，因为该格式文件非常大，不利于后期合成或网格传播。体积过大是其本身算法优化问题，通常最终用于网络传播的正片一般使用 MP4、FLV 等格式，电影院高品质 2D 电影一般使用进口格式 JPEG2000 或国产格式 MPEG2000，所以 AVI 文件格式仅用于预览动画片断样本，或者用于导入 3ds Max 视图中作为动画参考，实际应用范畴并不大。

2）OpenEXR 图像文件格式。

OpenEXR 图像文件格式简称 EXR 格式，是巴西渲染器和工业光魔（全球顶级电影特效公司，位于美国）联合开发的一种格式，主要用于电影后期合成，是一个立体 360°的循环数据库。OpenEXR 图像文件格式可以存储多个渲染通道，大大减少了文件的体积。OpenEXR 图像文件格式的多通道功能主要针对 Nuke 等节点合成软件，对 After Effects 等图层合成软件几乎没有作用。

3）JPEG 图像文件格式。

JPEG 文件压缩技术十分强大，它可以精简图像和彩色数据，在获得极高的压缩比的同时保持绝大部分图像效果，是网络传播图像的常用格式，但它的缺点也非常明显——不能存储 Alpha 通道，动画后期合成通常不会选择它作为序列帧格式。

4）PNG 图像文件格式。

PNG 图像文件格式是网络传播图像的常用格式，具有无损压缩的特性，它的一大特点是可以存储透明图层，也有不少创作者将它用在 flash 动画制作中。

5）RPF 图像文件格式。

RPF 图像文件格式是三维软件的渲染输出格式，可以存储"Z 深度""UV 坐标""法线""透明度"等通道，如图 11.7 所示。RPF 图像文件格式与 OpenEXR 图像文件格式的功能类似，都是一个文件存储多个 Alpha 通道，区别是 OpenEXR 图像文件格式主要针对 Nuke 合成软件，RPF 图像文件格式主要针对 Combustion 合成软件。

6）TGA 图像文件格式。

TGA 图像文件格式是 Truevision 公司为其图像显卡开发的文件格式，已被全球的图形图像行业接受。它运用光线跟踪算法产生高质量图像，使用不失真的压缩算法，能够存储 Alpha 通道，支持行程编码压缩。

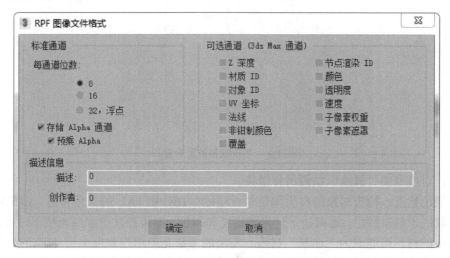

图 11.7　"RPF 图像文件格式"对话框

7）TIF 图像文件格式。

TIF 图像文件格式是最复杂的位图文件格式，它的结构灵活性和包容性较大，绝大多数图像系统都支持这种格式，广泛应用于平面打印领域，如海报设计。它的缺点也很明显，其本身就是一个漏洞百出的格式，在 iPhone 手机和家用游戏机中都曾因 TIF 漏洞而造成不小的损失，所以它不是软件行业的首选，但在打印领域却能独占鳌头。它的另一个缺点是文件体积较大，不适合用于动画合成，但适用于进行 Photoshop 单帧合成。

8）DDS 图像文件格式。

DDS 图像文件格式是基于 DirectX 的纹理压缩（DirectX Texture Compression，DXTC）的产物，是图像芯片 NVIDIA（英伟达）公司开发的。绝大部分 3D 游戏引擎都支持使用 DDS 图像文件作为贴图，它是游戏制作常用的图像文件格式。

4．"选项"选区

"选项"选区中的参数主要为一些特殊效果的开关，在通常情况下不需要变动，如图 11.8 所示。

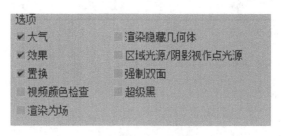

图 11.8　"选项"选区

大气：会对场景中设置的大气效果（如"体积光""雾"等）进行渲染。

效果：对"环境和效果"窗口中添加的效果进行渲染，如图 11.9 所示。

图 11.9　"环境和效果"窗口

置换：对模型的"置换"贴图进行渲染。

视频颜色检查：检查对象的材质颜色是否超过 NTSC 或 PAL 的安全阈值。渲染场景中的颜色除了取决于材质颜色，还取决于灯光的强度和颜色。如果在几个强烈光照下进行渲染，则在示例窗中的材质可能成为"非法"材质。安全的方法是使用饱和度小于 80%的颜色。简单地说，在勾选此复选框后，如果颜色过于饱和或明度过曝，则会自动进行调节。

渲染为场：场是指在电视监视器屏幕上隔一条水平线交替显示，从而形成交替的图像。两个场结合产生一帧，渲染为场是指以原本指定的帧速率渲染所有的帧，并且以两倍帧速率来渲染场。

强制双面：渲染场景中所有曲面的正、反两个面，会严重减慢渲染速度。如果复杂几何体未正确统一法线，则可能需要勾选此复选框。

以上介绍的几项较为常用，其余选项对应的复选框一般默认不勾选。

11.4　扫描线渲染器

11.4.1　常用参数介绍

在默认情况下，在"渲染设置"窗口中选择"渲染器"选项卡，可以看到"扫描线渲染器"卷展栏，如图 11.10 所示。

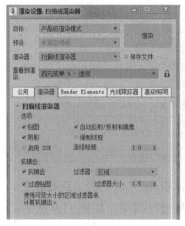

图 11.10　"扫描线渲染器"卷展栏

1. "选项"选区

默认勾选"贴图"复选框、"阴影"复选框、"自动反射/折射和镜像"复选框，如果勾选"强制线框"复选框，则会将场景中的所有曲面渲染成线框。

2. "抗锯齿"选区

对于曲面边缘的线条，通过计算生成插值使其更加平滑，在"过滤器"下拉列表中可以选择不同类型的过滤器（每一种过滤器的算法均不同），其中"区域"是默认过滤器，也是最快的过滤器。

Catmull-Rom：具有显著边缘增强效果的 25 像素模糊过滤器，对渲染曲面线条较多的模型有较好效果。

立方体：基于立方体样条线的 25 像素模糊过滤器。

视频：针对 NTSC 和 PAL 视频应用程序进行优化的 25 像素模糊过滤器，适合渲染视频文件。

3. "全局超级采样"选区

启用全局超级采样器：超级采样是用于增强渲染精细度、降低像素锯齿的加强算法。勾选此复选框可以对超级采样进行全局控制。Max 2.5 星是用得比较多的算法，这种算法每 5 个像素进行一次加强运算，这 5 个像素排列呈五角星形，比正方形算法更好，适合大部分情况。其他算法耗时较多，使用频率较少。

4. "对象运动模糊"选区

应用：如果勾选该复选框，则可以模拟真实镜头拍摄的运动模糊图像。

持续时间（帧）：指定虚拟快门打开的时间。当设置该值为 1.0 时，虚拟快门在当前帧和下一帧之间的虚拟快门保持打开状态。在默认情况下，该值为 0.5。该值越大，模糊效果越强。

持续时间细分：对运动模糊图像不同帧之间的效果进行采样，该值越大，运动模糊图像的连贯性越好。

在勾选"对象运动模糊"选区中的"应用"复选框后还不能直接渲染出其效果，后面会通过案例说明该操作流程。

11.4.2 光跟踪器

光跟踪器是基于扫描线渲染器的光线跟踪采样算法系统，它影响场景中的光线跟踪材质、光线跟踪贴图、高级光线跟踪阴影和区域阴影。

1. 光跟踪器的全局设置

按 F10 快捷键打开"渲染设置"窗口，选择"光线跟踪器"选项卡，在该选项卡中可以进行光跟踪器的全局设置，如图 11.11 所示。

1）"光线深度控制"选区。

光线深度又称递归深度，可以控制光线在被捕获之前反弹的次数。

如果两个镜面材质互相反弹光线，那么光线深度值可以反映反弹的次数。不同光线深度值的反弹效果如图 11.12 所示，图 a、图 b、图 c 的光线深度值分别为 0、2、非常高。

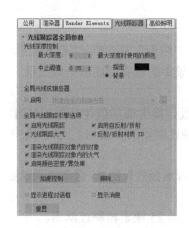

图 11.11　"光线跟踪器"选项卡

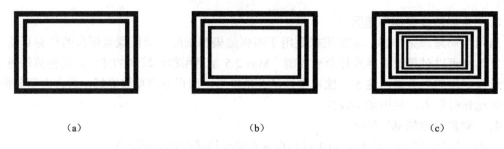

　　(a)　　　　　　　　　(b)　　　　　　　　　(c)

图 11.12　不同光线深度值的反弹效果

　　最大深度：最大光线深度，值越大则场景渲染越真实，并且渲染时间越长。适当设置该值可以有效地缩短渲染时间，并且使渲染效果达到要求。该值的取值范围为 0～100，默认值为 9。

　　光线深度值并非恒定值。例如，图 11.11 中的"最大深度"的值为 9，对应的光线深度的取值范围是 0～9。此值对大场景渲染的影响较为明显，对小场景渲染的影响不大。

　　中止阈值：为自适应光线级别设置的阈值。如果光线对最终像素颜色的作用值低于中止阈值，则终止该光线。默认值为 0.05（最终像素颜色的 5%），当该值为默认值时，能明显加快渲染速度。该值一般保持默认设置。

　　2）"全局光线抗锯齿器"选区。

　　在"全局光线抗锯齿器"选区中可以设置"光线跟踪"贴图和"光线跟踪"材质的全局光线抗锯齿，具体方法为勾选"启用"复选框，并且在其后的下拉列表中选择相应的抗锯齿器。全局光线抗锯齿效果对比如图 11.13 所示，上图为未启用抗锯齿器的斜边渲染效果，下图为启用抗锯齿器的斜边渲染效果。

图 11.13　全局光线抗锯齿效果对比

　　在"渲染设置"窗口中的"渲染器"选项卡中勾选"启用全局超级采样器"复选框，会有一定程度的抗锯齿效果。但在计算反射和折射时，勾选"全局光线抗锯齿器"选区中的"启用"复选框会有更好的表现。

3）"全局光线跟踪引擎选项"选区。

在"全局光线跟踪引擎选项"选区中可以设置影响"光线跟踪"材质和"光线跟踪"贴图的引擎。

启用光线跟踪：启用或禁用光线跟踪引擎。默认为启用。即使禁用光线跟踪引擎，"光线跟踪"材质和"光线跟踪"贴图仍然可以反射和折射环境，可以用于场景的环境贴图和指定给"光线跟踪"材质的环境贴图。

光线跟踪大气：大气效果的光线跟踪引擎。大气效果包括"火""雾""体积光"等。

启用自反射/折射：计算反射、折射效果，如玻璃的透明折射和镜面反射。

反射/折射材质 ID："光线跟踪"材质及"光线跟踪"贴图将反射或折射效果指定给某个材质 ID。

渲染光线跟踪对象内的对象：渲染光线跟踪对象内的对象，如渲染被赋予"光线跟踪"材质的所有多边形模型。

渲染光线跟踪对象内的大气：渲染光线跟踪对象内的大气，如渲染大气火效果、雾、体积光等。

启用颜色密度/雾效果：使用颜色密度和雾效果。

加速控制：单击该按钮，弹出"光线跟踪加速参数"对话框，如图 11.14 所示。在该对话框中可以对光线跟踪资源进行总体限制，从而适当地加快渲染速度。

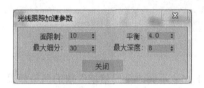

图 11.14　"光线跟踪加速参数"对话框

排除：单击该按钮，可以在弹出的"排除/包含"对话框中添加不计算光线跟踪效果的对象。

显示进程对话框：勾选该复选框，可以在渲染时显示进度条。

显示消息：勾选该复选框，可以在渲染时打开"光线跟踪消息"窗口，显示渲染状态和进度细节，类似 VRay 渲染器的消息窗口。

重置：单击该按钮，可以将所有参数设置还原为默认值。

2．光跟踪器的细节控制

在"高级照明"选项卡中的"选择高级照明"卷展栏中的下拉列表中选择"光跟踪器"选项，在"参数"卷展栏中可以进行光跟踪器的细节控制，如图 11.15 所示。

1）"常规设置"选区。

全局倍增：整体光照明度的级别，默认值为 1，一般不进行调整。

创建一个"茶壶"模型和一个平面，添加"标准"灯光中的天光灯，参数保持默认设置且位置随意。分别设置"全局倍增"的值为 0.5 和 1.5 进行渲染效果对比，如图 11.16 所示，左图的"全局倍增"的值为 0.5，右图的"全局倍增"的值为 1.5。

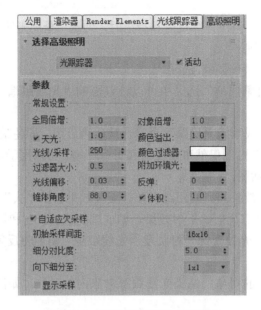

图 11.15　高级照明光跟踪器控制

图 11.16　不同"全局倍增"值的渲染效果对比

对象倍增：控制场景对象的光线反弹级别，默认值为 1，只有当"反弹"的值大于或等于 2 时才起作用。

天光：如果场景中有天光灯，则会将天光灯纳入重新计算，一个场景中可以有多个天光灯。

设置"反弹"的值为 2，分别设置"对象倍增"的值为 0.5 和 1.0 进行渲染效果对比，如图 11.17 所示，左图的"对象倍增"值为 0.5，右图的"对象倍增"值为 1.0。

图 11.17　不同"对象倍增"值的渲染效果对比（一）

颜色溢出：控制颜色溢出的强度，默认值为 1。当灯光在场景对象间相互反射时，"颜色溢出"的值起作用。

　　给"地板平面"模型赋予"光线跟踪"材质，在"反射"通道中添加"光线跟踪"贴图，给"茶壶"模型赋予"光线跟踪"材质，在"漫反射颜色"通道中添加"棋盘格"贴图。设置"反弹"的值为 2，分别设置"对象倍增"的值为 0.5 和 3.0 进行渲染效果对比，如图 11.18 所示，左图的"对象倍增"值为 0.5，右图的"对象倍增"值为 3.0。

图 11.18　不同"对象倍增"值的渲染效果对比（二）

　　光线/采样：值越大则清晰度越高、渲染时间越长，默认值为 250，在测试渲染时将该值设置为 100，能更快获得预览效果。设置"反弹"的值为 1，分别设置"光线/采样"的值为 2 和 100 进行渲染效果对比，如图 11.19 所示，左图的"光线/采样"值为 2，右图的"光线/采样"值为 100。

图 11.19　不同"光线/采样"值的渲染效果对比

　　颜色过滤器：过滤投影在对象上的所有灯光颜色，默认为白色，不会有任何影响，设置为白色以外的颜色会对色彩有一定影响。当"反弹"值大于或等于 2 时有明显效果。设置"颜色过滤器"的颜色为红色的效果如图 11.20 所示。

　　附加环境光：默认为黑色，当设置为黑色以外的颜色时，可以在对象及其阴影上添加该颜色作为附加环境光的颜色。设置"附加环境光"的颜色为绿色，设置"反弹"值为 1，效果如图 11.21 所示。

图 11.20　颜色过滤器

图 11.21　附加环境光

光线偏移：调整反射光的位置，默认值为 0.03，一般保持默认设置。

反弹：被跟踪的光线的反弹次数，值越大则场景越明亮，值越小则场景越灰暗。当值过大时可能产生过度曝光，并且延长渲染时间。如果场景中有类似玻璃的材质，则需要设置"反弹"的值大于 0。

锥体角度：控制光线重聚的角度，值越小则对比度越高，取值范围为 33.0～90.0，默认值为 88.0。分别设置"椎体角度"的值为 33.0 和 90.0 进行渲染效果对比，如图 11.22 所示，左图的"椎体角度"值为 33.0，右图的"椎体角度"值为 90.0，可以看出左图的对比度高于右图。

图 11.22　不同"锥体角度"值的渲染效果对比

体积：增强体积照明效果的灯光重聚量，值越大则场景越明亮，默认值为 1.0。注意这里并不是体积可以作为光源发光，而是体积将灯光的光线重聚，再散发出去进行照明。场景中有一个"大气装置"载体，该载体添加了"火效果"，有一盏泛光灯，周围是半封闭的"墙"模型，分别设置"体积"的值为 2.0 和 7.0 进行渲染效果对比，如图 11.23 所示，从左到右，第 1 张图是场景布局，第 2 张图是"体积"值为 2.0 的渲染效果，第 3 张图是"体积"值为 7.0 的渲染效果。

图 11.23　不同"体积"值的渲染效果对比

2）"自适应欠采样"选区。

默认勾选"自适应欠采样"复选框，在欠采样的情况下进行渲染。如果不勾选"自适应欠采样"复选框，则会对每个像素都采样，渲染细节会增加，但渲染时间也会延长。

初始采样间距：初始采样的栅格间距，单位是像素，值越小则渲染时间越长。不同"初始采样间距"值的渲染效果对比如图 11.24 所示。

图 11.24　不同"初始采样间距"值的渲染效果对比

细分对比度：细分的对比度阈值，值越大则细分越少，值过小会产生不必要的细分，默认值为 0.5，减小该值可以减少软阴影和反射照明中的噪波。不同"细分对比度对比"值的渲染效果对比如图 11.25 所示。

图 11.25　不同"细分对比度"值的渲染效果对比

向下细分至：细分的最小间距，值越大则渲染时间越短、精度越低，默认值为"1×1"。

显示采样：在勾选该复选框后可以渲染像素，使用红色圆点表示，在渲染测试阶段可观察采样情况，默认为关闭。

11.4.3　光能传递

光能传递主要用于设置在漫反射表面的光线互相反射的情况，从而模拟真实环境，表现真实自然的光照效果。

几何三角面是光能传递的最小单位，面越小则获得的结果越精准，在视图中可以看到光能分布。当光照射在几何面上时计算照射距离，几何面物理信息进行光能传递解算，在解算后将结果存储于几何面中，这样可以在视图中观察光能的分布情况。

在光能传递过程中，自发光对象也可以成为光源，用于模拟物体发光的效果。

1. 光能传递解决方案分为 3 个阶段

1）初始质量。

通过模拟真实光子的行为，计算场景中漫反射照明的分布。统计方法用于选择极小的一组光子光线，而非用于跟踪无穷多的光子运动的路径。近似使用的光线量越多则精度越高。在本阶段会建立场景照明效果的整体视觉效果，可在视图中进行观察。

2）细化。

在初始质量阶段的采样具有随机性，场景中较小的曲面缺乏足够多的光线投射，导致产生阴影。为了减少这种情况，本阶段会在每个曲面上重聚集灯光。可以针对整个场景或选定的对象进行细化计算。

3）重聚集。

在经过细化阶段后，由于在模型的拓扑场景中仍可能出现失真的渲染效果，这些效果有时会显示为阴影或光能溢出。本阶段主要用于消除这些失真效果，称为像素重聚集，它会很大程度增加渲染时间，同时生成较为真实的渲染效果。

2. 光能传递相关参数

在"渲染设置"窗口中的"高级照明"选项卡中，在"选择高级照明"卷展栏中的下拉列表中选择"光能传递"选项，可以看到光能传递的相关参数。

1）"光能传递处理参数"卷展栏。

"光能传递处理参数"卷展栏如图 11.26 所示。

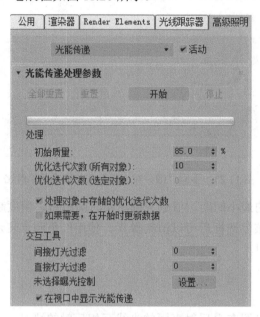

图 11.26　"光能传递处理参数"卷展栏

全部重置：清除上一次计算光能传递的记录信息，并且清除引擎中的所有几何体信息。

重置：清除光能传递引擎中的灯光信息，但不清除几何体信息。

开始：将场景的一个副本加载到光能传递引擎中进行计算。

停止：中途停止计算光能传递，快捷键是 ESC。

"处理"选区：该选区中的参数主要用于设置光能传递的前 2 个阶段——"初始质量"和"细化"。

初始质量："初始质量"阶段的质量百分比，最高值为 100%，默认值为 85%。质量是指能量分布精度，并非方案的最终质量。即使该值较高，但仍不能决定最终质量，其质量变化需要配合方案后面的阶段进行计算。不同"初始质量"值的渲染效果对比如图 11.27 所示。

图 11.27　不同"初始质量"值的渲染效果对比

优化迭代次数（所有对象）：设置整个场景的优化迭代次数，该值会增加场景中所有对象的光能传递质量，从而减少面与面之间的光能变化。此阶段不会增加场景亮度，但会大大提高视觉效果，使明暗过渡更自然。不同"优化迭代次数（所有对象）"值的渲染效果对比如图 11.28 所示。

图 11.28　不同"优化迭代次数（所有对象）"值的渲染效果对比

优化迭代次数（选定对象）：优化方法和"优化迭代次数（所有对象）"的优化方法相同，但优化的是选定对象而不是整个场景，能够节省大量计算时间。此值对有大量细分转折曲面的对象效果明显，如铁栏杆和石块模型。

处理对象中存储的优化迭代次数：每个对象都存在的光能传递属性。勾选此复选框，在重置光能传递解决方案后，在重新计算时，会自动优化每个对象的方案步骤，它对维持动画帧的同级质量起到很大作用。

如果需要，在开始时更新数据：如果勾选此复选框，那么在光能传递解决方案无效时重置光能传递解决方案并重新计算；如果取消勾选此复选框，那么在光能传递解决方案无效时不需要重置，可以使用无效的方案处理场景。

提　示　当添加、删除、移动或更改对象（包含灯光、材质）时，会导致光能传递解决方案无效。

"交互工具"选区：该选区中的参数主要用于调整光能的分布过滤，在调节后会立即生效，无须重置。

间接灯光过滤：采集周围的光能信息级别，从而减少曲面之间的噪波数量。通常在设置"优化迭代次数"时，如果仍然有噪波，则设置此值能进一步减少噪波。通常设置该值为 3 或 4 即可，该值过大会导致细节丢失。不同"间接灯光过滤"值的渲染效果对比如图 11.29 所示。

图 11.29　不同"间接灯光过滤"值的渲染效果对比

直接灯光过滤：计算方法和效果与"间接灯光过滤"的计算方法基本一致，需要在"光能传递网格参数"卷展栏中"灯光设置"选区中勾选"投射直接光"复选框才可以工作，否则会将所有对象视为间接照明，"投射直接光"复选框默认勾选。

未选择曝光控制：单击后面的"设置"按钮，打开"环境和效果"窗口，在该窗口中的"曝光控制"卷展栏中可以设置相关参数。

在视口中显示光能传递：如果勾选此复选框，则会在视口中显示光能传递的结果。

2）"光能传递网格参数"卷展栏。

"光能传递网格参数"卷展栏如图 11.30 所示。注意对比左右两图，如果勾选"全局细分设置"选区中的"启用"复选框，则无法勾选"灯光设置"选区中的"投射直接光"复选框；如果勾选"灯光设置"选区中的"投射直接光"复选框，则无法勾选"全局细分设置"选区中的"启用"复选框。

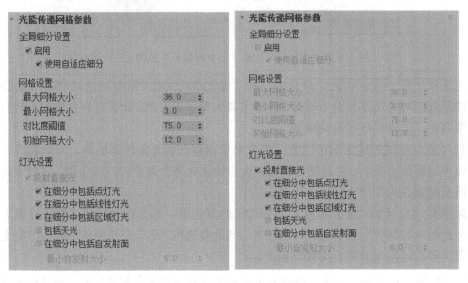

图 11.30　"光能传递网格参数"卷展栏

"光能传递网格参数"卷展栏中的参数可以以世界单位控制光能传递网格的大小，从而影响渲染精度。3ds Max 将模型曲面细分为光能传递网格，用于计算场景中的光能离散点的强度值，并且在一定程度上提高场景亮度。取消勾选"全局细分设置"选区中的"启用"复选框可加快渲染速度，但整体场景看起来会像平面。网格细分越小，照明效果越精确，但同时消耗的硬件资源越多。

"全局细分设置"选区：控制光能传递网格的大小及其他与光能相关的参数。

启用：勾选该复选框，可以启用场景光能传递网格。当需要快速渲染时，取消勾选该复选框。

使用自适应细分：在勾选该复选框后才能设置"初始网格大小"、"最大网格大小"和"最小网格大小"的值，否则只能统一设置网格大小。不同光能传递网格大小的计算结果如图 11.31 所示，第 1 张图取消勾选"使用自适应细分"复选框，"最大网格大小"的值为 10.0；第 2 张图取消勾选"使用自适应细分"复选框，"最大网格大小"的值为 5.0；第 3 张图勾选"使用自适应细分"复选框，"最大网格大小"的值为 5.0。

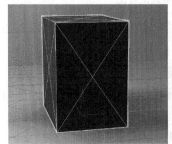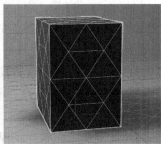

图 11.31　不同光能传递网格大小的计算结果

　　渲染的阴影质量取决于网格的分辨率，网格越小（"最大网格大小"的值越小）则越精细，计算光能传递时间也越长。对于动画渲染，因为可以直接读取直接照明信息，所以可以加快渲染速度。网格越大，模型暗部阴影越模糊，反之越精细。

　　"网格设置"选区：设置光能传递网格大小及对比度阈值。

　　最大网格大小：在勾选"使用自适应细分"复选框后，设置最大面的大小。

　　最小网格大小：在勾选"使用自适应细分"复选框后，设置最小面的大小。

　　对比度阈值：细分具有顶点照明的面，顶点照明会因该值的变化而产生不同的照明效果，默认值为 75.0。不同"对比度阈值"的光能传递网格对比如图 11.32 所示，从左到右的"对比度阈值"的值依次是 5.0、40.0、95.0。

图 11.32　不同"对比度阈值"的光能传递网格对比

　　初始网格大小：在计算光能传递网格的过程中，不细分小于初始网格大小的面。

　　"灯光设置"选区：设置灯光与细分网格的关联。

　　投射直接光：解析场景中对象的直射光，在勾选"使用自适应细分"复选框后，会默认勾选该复选框。"在细分中包括点灯光""在细分中包括线性灯光""在细分中包括区域灯光""包括天光"主要用于设置投射直接光使用的灯光类型，"在细分中包括自发射面"主要用于控制投射直接光是如何使用自发射面的，默认设置为禁用。

　　最小自发射大小：在计算照明时用于细分自发射面的最小值。

　　3）"灯光绘制"卷展栏。

　　根据"灯光绘制"卷展栏中的参数可以手动绘制阴影和照明区域，并且无须再次建模或计算光能传递。"灯光绘制"卷展栏如图 11.33 所示。

图 11.33　"灯光绘制"卷展栏

　　强度：设置照明强度，具体单位取决于在设置的系统单位。

　　压力：在使用"添加照明到曲面"或"从曲面减少照明"工具时指定使用的采样能量百分比。

　　添加照明到曲面：在选定对象的顶点添加照明，并且根据压力中的数量增加照明。

　　从曲面减少照明：从选定对象的顶点移除照明，并且根据压力中的数量移除照明。

　　从曲面拾取照明：对选定曲面的照明数进行采样。

　　单击"从曲面拾取照明"按钮，然后将滴管光标移动到曲面上，在单击曲面时会根据照明数在强度微调器中反映。

在"灯光绘制"卷展栏中使用"添加照明到曲面"工具的渲染效果如图 11.34 所示。

图 11.34　在"灯光绘制"卷展栏中使用"添加照明到曲面"工具的渲染效果

提 示　有时场景不会更新"灯光绘制"卷展栏中的参数，这时渲染即可获得效果。

4）"渲染参数"卷展栏。

"渲染参数"卷展栏如图 11.35 所示。

图 11.35　"渲染参数"卷展栏

重用光能传递解决方案中的直接照明：不渲染直接灯光，同时使用存储于光能传递中的直接照明。如果选择此单选按钮，则"重聚集间接照明"不可用。

"重聚集间接照明"选区：除了计算直接照明，还会计算每个像素上的间接照明。本选区中的参数可以设置渲染图像的精细度，从而控制渲染时间。

每采样光线数：每个采样投射的光线数，随机在所有方向投射光线以计算间接照明，"每采样光线数"的值越大则采样结果越精确，默认值为 64。

不同"每采样光线数"值的渲染效果对比如图 11.36 所示。

图 11.36　不同"每采样光线数"值的渲染效果对比

过滤器半径（像素）：每个采样与它相邻的采样取平均值，从而减少噪点，默认值为 2.5，单位为像素。不同"过滤器半径（像素）"值的渲染效果对比如图 11.37 所示。根据图 11.37 可知，在相同的渲染分辨率（尺寸）下，"过滤器半径（像素）"的值越大，图像越平滑、颗粒越少。

图 11.37　不同"过滤器半径（像素）"值的渲染效果对比

"过滤器半径（像素）"的值会随着输出的分辨率变化而变化。

钳位值（cd/m^2）：该参数表示感应到的材质亮度的值，它控制材质亮度的上限，在"重聚集"阶段会被纳入计算。适当设置该值可避免出现亮度过高的斑点。

不同"钳位值"的渲染效果对比如图 11.38 所示。根据图 11.38 可知，"钳位值"的值越小，渲染后暗部越暗，增大"钳位值"的值可以使暗部整体提亮。

图 11.38　不同"钳位值"的渲染效果对比

自适应采样：如果勾选该复选框，则渲染速度会相对提高，但图像质量会有所下降；如果取消勾选该复选框，则可以增加渲染的细节，但渲染速度会相对降低。默认为不勾选。是否勾选"自适应采样"复选框的渲染效果对比如图 11.39 所示，左图为勾选该复选框的效果，右图为不勾选该复选框的效果，可以看出左图的颗粒感比右图强。

图 11.39　是否勾选"自适应采样"复选框的渲染效果对比

初始采样间距：初始采样的网格间距，单位是像素，默认值为"16×16"。

细分对比度：判定场景是否进一步细分的对比度阈值，值越大则细分量越少，反之细分量越大，默认值为 5.0。

向下细分至：细分的最小间距，值越大则渲染时间越短、渲染质量越低，默认值为"2×2"。

显示采样：在勾选该复选框后，渲染图像采样位置会显示小红点，默认不勾选。

11.5　Arnold（阿诺德）渲染器

Arnold（阿诺德）渲染器是跨平台的电影级别 API（应用编程接口），由 Solid Angle SL 公司开发，在安装 3ds Max 软件时可以选择是否安装。Arnold 最早应用于 Maya 上，后来集成到 3ds Max 2017 及更高的版本上，总体来说 Maya 版的 Arnold 渲染器功能较为完善，但 3ds Max 版的 Arnold 渲染器功能也非常强大。Arnold 渲染器目前没有出官方中文版，所以均为英文界面。

下面详细介绍 Arnold 渲染器的主要功能。

在"渲染设置"窗口中选择 Arnold Render 选项卡，展开 Sampling and Ray Depth（采样和光线深度）卷展栏，如图 11.40 所示。

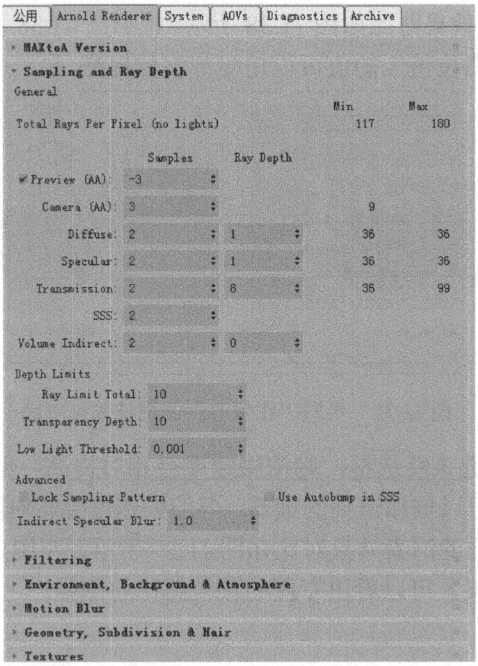

图 11.40　Sampling and Ray Depth 卷展栏

1. General 选区

Preview(AA)：该值对采样精度和渲染效果没有任何影响，只对预览起到一些作用，一般保持默认设置。

Camera(AA)：摄影机采样。当 Camera 的 Samples（采样）值增大时，渲染图像会变得更清晰，该值一般不超过 4，每递增一次数值，总体采样精度都会成倍增加，渲染时间也会成倍增加，在测试渲染时将该值设置为 0~3 即可。在官方手册中提示，当 Camera(AA)的 Samples

值为 4 时已能满足绝大部分渲染需求。

　　Diffuse：控制 GI（光线反弹）的质量，Diffuse 的 Samples 值越大则噪点越少，一般将该值控制在 3 左右。Ray Depth 值控制 GI（光线反弹）的距离。Diffuse 的 Ray Depth 取不同的值的渲染效果对比如图 11.41 所示，观察可知，Diffuse 的 Ray Depth 的值越大，光线反弹效果越明显。

Diffuse：3　Ray Depth：1　　　　　　　Diffuse：3　Ray Depth：3

图 11.41　Diffuse 的 Ray Depth 取不同值的渲染效果对比

　　Specular：控制高光的强弱，Specular 的 Samples 值越大则高光越强烈，渲染设置是一个总控制，而直接起作用的是 Standard Surface 材质球（要切换成 Arnold 渲染器才能使用 Arnold 材质）中的 Specular 的 Samples 值。Specular 的 Samples 取不同值的渲染效果对比如图 11.42 所示。

Specular Samples：0.1　　　　　　　　Specular Samples：0.5

图 11.42　Specular 的 Samples 取不同值的渲染效果对比

　　Transmission：计算材质及光线折射效果。Transmission 的 Samples 的默认值为 0，当 Standard Surface 材质球的 Transmission 卷展栏中的 General 的值为 1.0 时完全开启折射，同时带有类似玻璃透明的效果。在渲染设置中只是一个总控制，直接起作用的还是材质球，如图 11.43 所示。

Transmission：1

图 11.43　折射效果

SSS：3S 效果，即次表面散射，质感类似皮肤、玉器等，值越大则噪点越少。在简单几何模型上的 3S 效果不明显，可以使用结构相对复杂的模型测试。

我们在"龙雕"模型上添加 3S 效果。在 Standard Surface 材质中将 Subsurface（次表面散射）的值设置为 1，设置 SSS 的值至少为 1，可以渲染出类似玉石通透的质感。在"渲染设置"窗口中分别设置 SSS 值为 3 和 1，选择"渲染"→"比较 RAM 播放器中的媒体"命令，导入两张渲染图进行对比，如图 11.44 所示，左图的 SSS 值为 3，右图的 SSS 值为 1。明显左图中的噪点比右图中的噪点少很多，但左图的渲染时间也相应地比右图的渲染时间长。具体渲染方法会在实例中详细讲解。

图 11.44　不同 SSS 值的渲染效果对比

2．Depth Limits 选区

Ray Limit Total：除透明度外的参数的光线追踪次数总限制。例如，如果该值为 10，则 General 选区中的 Ray Depth 的值无论是否超过 10，都会被限制在 10 以内（包括 10）。

Transparency Depth：透明度光线追踪次数总限制，作用同上。

Low Light Threshold：针对光线削减的阈值，值越大则灯光范围越小。不同 Low Light Threshold 值的渲染效果对比如图 11.45 所示。

Low Light Threshold：0.001　　　　　　　　Low Light Threshold：3

图 11.45　不同 Low Light Threshold 值的渲染效果对比

11.6　渲染器应用实例

11.6.1　扫描线渲染器

步骤 1：打开"第 11 章案例\蘑菇林写实.max"场景文件，本案例使用了摄影机漫游动画，

按 Shift+F 组合键调出渲染安全框，如图 11.46 所示。

图 11.46　调出渲染安全框的"蘑菇林写实"文件的场景

步骤 2：按 C 快捷键切换到摄影机视图，按 F10 快捷键打开"渲染设置"窗口，在"公用参数"卷展栏中的"时间输出"选区中选择"范围"单选按钮，并且设置右边数值框中的值为 0 和 100，表示时间输出范围为第 0～100 帧，在"输出大小"选区中的下拉列表中选择"70mm 宽银幕电影（电影）"选项，如图 11.47 所示。

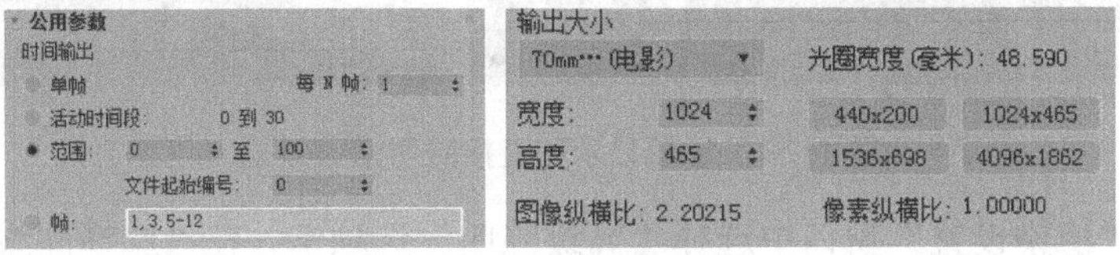

图 11.47　动画设置

步骤 3：单击"渲染输出"选区中的"文件"按钮，弹出"渲染输出文件"对话框，在"文件名"文本框中输入要输出的文件的文件名，在"保存类型"下拉列表中选择"AVI 文件"选项，再单击"保存"按钮，弹出"AVI 文件压缩设置"对话框，如图 11.48 所示。

图 11.48　渲染输出设置

步骤 4：选择"渲染器"选项卡，勾选"启用全局超级采样器"复选框，在下面的下拉列表中选择"Max 2.5 星"选项，如图 11.49 所示。

步骤 5：单击"渲染"按钮渲染动画。"蘑菇林"模型的渲染样图如图 11.50 所示。

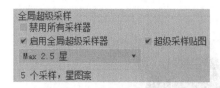

图 11.49 全局超级采样　　　　　图 11.50　"蘑菇林"模型的渲染样图

11.6.2 光能传递高级照明

步骤 1：打开"第 11 章案例\沙发.max"文件，按 C 快捷键切换到摄影机视图，在该场景中已经具有一盏泛光灯、一盏目标聚光灯、一盏光度学自由灯和一台物理摄影机，效果如图 11.51 所示。此步骤主要用于测试直接照明（不开高级照明）的初步明暗效果。

图 11.51　场景显示和直接照明渲染效果

步骤 2：在"渲染设置"窗口中选择"高级照明"选项卡，在"选择高级照明"卷展栏中的下拉列表中选择"光能传递"选项；在"光能传递处理参数"卷展栏中，设置"处理"选区中的"优化迭代次数（所有对象）"的值为 10；在"交互工具"选区中，将"间接灯光过滤"和"直接灯光过滤"的值均设置为 3，单击"设置"按钮，弹出"环境和效果"窗口，在"环境"选项卡中的"曝光控制"卷展栏中的下拉列表中选择"线性曝光控制"选项，在"线性曝光控制参数"卷展栏中，设置"对比度"的值为 55.0，如图 11.52 所示。这样设置可以使渲染图像明暗过渡更加平滑、减少噪点，并且提升图像明暗色调。

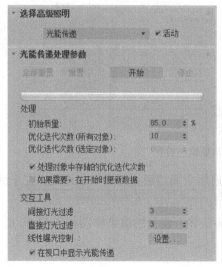
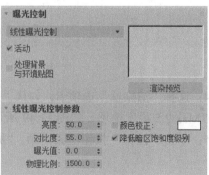

图 11.52　"光能传递处理参数"卷展栏中的参数设置

步骤 3：在"光能传递网格参数"卷展栏中勾选"使用自适应细分"复选框，设置"最大网格大小"的值为 18.0，其余参数保持默认设置；在"渲染参数"卷展栏中选择"渲染直接照明"单选按钮，勾选"钳位值（cd/m^2）"复选框并设置其值为 1000.0。勾选"自适应采样"复选框，设置"初始采样间距"的值为"16×16"，其余参数保持默认设置。"光能传递网格参数"和"渲染参数"卷展栏中的参数设置如图 11.53 所示。

图 11.53　"光能传递网格参数"和"渲染参数"卷展栏中的参数设置

步骤 4：在设置好以上参数后，单击"光能传递处理参数"卷展栏中的"开始"按钮计算光能传递。在计算完成后，单击"渲染设置"窗口右上方的"渲染"按钮，"沙发"模型的最终渲染效果如图 11.54 所示。

图 11.54　"沙发"模型的最终渲染效果

11.6.3　Arnold 次表面散射渲染

本案例我们使用前面提到过的"SSS 玉石"材质为例，主要讲解次表面散射材质的原理及应用。注意，使用旧版 3ds Max 的读者可能没有 Arnold 渲染器。

步骤 1：选择"文件"→"导入"→"导入"命令，导入"第 11 章案例\玉器龙\dragon.obj"模型文件，打开"渲染设置"窗口，在"渲染器"下拉列表中选择 Arnold 选项，即可使用 Arnold 渲染器进行渲染，如图 11.55 所示。

图 11.55　导入 dragon.obj 模型文件并使用 Arnold 渲染器进行渲染

步骤 2：按 M 快捷键打开材质编辑器，单击 Standard 按钮，在弹出的"材质/贴图浏览器"对话框中选择 Standard Surface 材质（阿诺德万能材质），将该材质赋予"玉器龙"模型，将该材质球命名为"玉器龙"。然后将另一个 Standard Surface 材质赋予"地面"模型，将该材质球命名为"地面"。Standard Surface 材质的参数暂时保持默认设置，如图 11.56 所示。

图 11.56　Standard Surface 材质的默认参数设置

步骤 3：选择"玉器龙"材质，设置 Base（漫反射权重）的值为 0.6，设置 Base Color（漫反射颜色）的值为 R:1.0、G:0.67、B:0.32，设置 Specular（高光）的值为 2.0，设置 Specular Roughness（高光光泽度）的值为 0.3，设置 Specular IOR（高光折射系数）的值为 1.33，设置 Transmission（折射）的值为 0.1，设置 Transmission Color（折射颜色）的值和 Base Color 相同，设置 Transmission Depth（光线折射深度）的值为 0.5，设置 Subsurface（次表现散射权重）的值为 1.0，设置 Subsurface Color（散射颜色）和 Base Color 相同（也可以设置其他颜色）。"玉器龙"材质的参数设置如图 11.57 所示。

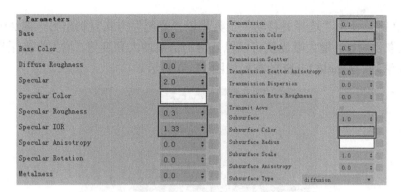

图 11.57　"玉器龙"材质的参数设置

步骤 4：选择"地面"材质，单击 Base Color 旁边的色块，选择"位图"贴图（节点）方式，选择"第 11 章案例\沙发\木地板.jpg"贴图，将该材质赋予"地面"模型，单击材质编辑器中的"视口中显示明暗处理材质"按钮，在场景中显示贴图。然后将该"位图"贴图节点链接到 Specular（高光）通道，同时链接到 Bump2d（平面凹凸）贴图和 Normal（法线）通道。材质网络和场景效果如图 11.58 所示。

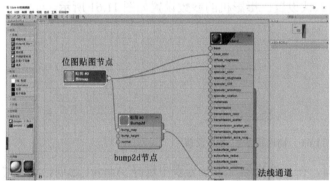

图 11.58　材质网络和场景效果

步骤 5：在"创建"命令面板中的"灯光"面板中的下拉列表中选择 Arnold 选项，单击 Arnold Light 按钮，在场景中创建一盏 Arnold Light，在 Shape 卷展栏中，将 Quad X 和 Quad Y 的值均设置为 100.0，将 Intensity（亮度）的值设置为 8.0，将 Exposure（曝光）的值设置为 14.0；在 Rendering 卷展栏中，将 Samples（灯光采样值）的值设置为 6。Arnold Light 的参数设置如图 11.59 所示。

图 11.59　Arnold Light 的参数设置

　　按住 Shift 键，使用"选择并移动"工具 ✛ 以"复制"方式复制出另一盏 Arnold Light 作为补光，并且取消阴影，增大曝光值可以以几倍的倍数增大亮度值，增大灯光采样值可以使灯光及阴影更加清晰。Arnold Light 的布局如图 11.60 所示。

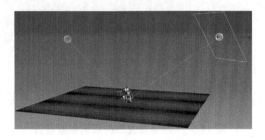

图 11.60　Arnold Light 的布局

　　步骤 6：在透视图中选择合适的视角，按 Ctrl+C 组合键创建一台物理摄影机，并且切换到摄影机视图。选中该摄影机，在"修改"命令面板中的"曝光"卷展栏中，在"曝光增益"选区中选择"手动"单选按钮并设置其值为 7000.0，该值为曝光程度，可以提高画面的亮度，使渲染画面不会太暗；在"白平衡"选区中选择"光源"单选按钮并在下面的下拉列表中选择"日光 6500K"选项；其他参数保持默认设置。摄影机的参数设置如图 11.61 所示。

图 11.61　物理摄影机曝光设置

　　步骤 7：打开"渲染设置"窗口，在"渲染器"下拉列表中选择 Arnold 选项，选择"公用"选项卡，在"公用参数"卷展栏中，设置"输出大小"为 640×480；选择 Arnold Render 选项卡，在 Sampling and Ray Depth 卷展栏中，将 Camera(AA) 的值设置为 3（摄影机精度，值越高则噪点越少，但渲染时间也越长，如果读者的 CPU 频率较低，则可以设置为 1 或 2），如图 11.62 所示。

图 11.62　Arnold 渲染器的参数设置

　　单击"渲染"按钮，"玉器龙"模型的最终渲染效果如图 11.63 所示。

图 11.63 "玉器龙"模型的最终渲染效果

本章小结

本章讲解了默认的扫描线渲染器和 Arnold 渲染器的使用流程和技巧,包括渲染器的基本参数、灯光与材质的搭配、灯光阴影及采样精度等,然后精选了 3 个案例进行讲解,覆盖本章的大部分知识点,同时适配了不同制作方向的要求,以供读者选择。默认的扫描线渲染器的渲染速度最快,但在全局光照效果方面不如 Arnold 渲染器;Arnold 渲染器的渲染速度较慢,但渲染质量比默认的扫描线渲染器好,属于电影级别的渲染器。读者可以根据实际情况选择不同的渲染器。

课后练习

打开"第 11 章案例\苹果\apple.max"文件,使用本章所学知识,添加材质和灯光,选择合适的渲染器,调整相应的渲染参数,渲染效果如图 11.64 所示。

图 11.64 "苹果"模型的渲染效果

第 12 章

三维动画基础

动画是基于视觉创建的一系列连续快速的画面，在观看的过程中，会感觉这是一组不间断的动作，其中的每张画面称为一帧。在以前的动画制作中，需要一帧一帧地绘画，花费的精力比较多，随着技术的发展，现在只需记录相关的关键帧及中间的过渡帧，软件就会自行计算生成。

学习目标

➢ 了解动画制作的原理。

➢ 掌握关键帧动画的设置方法。

➢ 掌握粒子动画的制作方法。

学习内容

➢ 动画制作的软件、硬件。

➢ 关键帧动画设置。

➢ 曲线编辑器的应用。

➢ "运动"命令面板的应用。

12.1 三维动画制作基础

12.1.1 三维动画制作工具

三维动画的制作工具分为两类，分别为软件和硬件，软件分为前期软件和后期软件，前期软件包含 3ds Max、Maya、Softimage、Mudbox、ZBrush、Photoshop 等，后期软件包含 After Effects、Premiere、Fusion、Nuke 等；硬件主要是专业的工作室硬件，一般会配备工作站电脑、WACOM 绘图仪、录音室、非编系统，更专业的会配备动作捕捉仪等体感设备。

12.1.2　动画控制区

动画播放时间的基本单位是帧，一帧就是一幅图像。3ds Max 2019 中提供了多种播放媒体的帧率，默认帧率是 NTSC 视频，每秒 30 帧；也可以选择电影帧率，每秒 24 帧；或者选择 PAL 帧率，每秒 25 帧或自定义帧速。动画控制区在 3ds Max 界面下方，包括时间滑块、动画控制按钮和播放按钮，如图 12.1 所示。

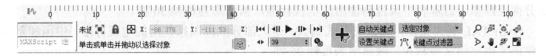

图 12.1　动画控制区

"转至开头"按钮 ⊪：返回动画的开始帧；

"上一帧"按钮 ⊪：将时间滑块向前移动一帧，如果当前帧是第 0 帧，则移动到结束帧。

"播放动画"按钮 ▶：在当前视图中播放动画。

"下一帧"按钮 ⊩：将时间滑块向后移动一帧，如果当前帧是结束帧，则移动到第 0 帧。

"转至结尾"按钮 ⊩：前进到动画的结束帧。

"关键点模式切换"按钮 ⊹：当该按钮处于激活状态时，"上一帧"按钮 ⊪ 与"下一帧"按钮 ⊩ 会变为"上一关键点"按钮 ⊣ 与"下一关键点"按钮 ⊢，并且时间滑块两侧的箭头按钮含义都发生了改变，由逐帧的移动变为了关键点之间的移动，这有助于对关键点进行修改。

"当前帧数信息"数值框 ：在数值框中输入数值，使时间滑块直接移动到指定帧位置。

12.1.3　动画时间设置

单击"当前帧数信息"数值框右边的"时间配置"按钮 ，弹出"时间配置"对话框，可以在该对话框中对 3ds Max 的动画时间进行设置，如图 12.2 所示。

图 12.2　"时间配置"对话框

　　"时间配置"对话框分为 5 部分，分别为"帧速率"选区、"时间显示"选区、"播放"选区、"动画"选区、"关键点步幅"选区。

　　"帧速率"选区中的参数主要用于设置动画播放使用哪种速率计时方式，系统会根据设置的帧速率播放动画。如果达不到连续播放要求，则会在保证时间的前提下减帧播放，会有跳格的感觉。

　　NTSC：NTSC 制式又称为国家电视标准委员会制式，是北美国家、大部分中美国家、大部分南美国家、日本和中国台湾使用的电视标准，帧速率为每秒 30 帧。

　　PAL：PAL 制式又称为相位交替式制式，是大部分欧洲国家使用的电视标准，中国和新加坡等国家也使用这种制式，帧速率为每秒 25 帧。

　　电影：电影胶片的计数标准，帧速率为每秒 24 帧。

　　自定义：在选择该单选按钮后，可以在其下的 FPS 数值框中输入自定义的帧速率，它的单位为"帧/秒"。例如，在计算机上播放动画，帧速率最低可以设置为每秒 12 帧。自定义制式可以由用户自定义帧速率，从而满足一些特殊场合的播放需求。

12.1.4　关键帧的编辑

　　关键帧分为两种，分别为自动关键帧和手动关键帧。如果要编辑自动关键帧，则单击时间滑块下的"自动关键点"按钮，这时按钮会变成红色，即可对模型进行相应变动，软件会自动将变动的数据记录在关键帧上。如果要编辑手动关键帧，则单击"设置关键点"按钮，对模型进行相应变动，再单击"设置关键点"按钮，即可将变动的数据记录在关键帧上。对于关键帧记录的数据类型，我们可以单击"关键点过滤器"按钮，打开"设置关键点过滤器"对话框，勾选需要的复选框，如图 12.3 所示。

图 12.3　"设置关键点过滤器"对话框

12.2　动画制作案例

12.2.1　案例 I——制作"飞机飞行"动画

　　步骤 1：打开"第 12 章\飞机\飞机初始.max"场景文件，在顶视图中用样条线或 NURBS 曲线创建一条平滑的曲线作为"飞机"模型的轨迹曲线，如图 12.4 所示。

　　步骤 2：选中"飞机"模型，选择"动画"→"约束"→"路径约束"命令，这时会从"飞机"模型延伸出一条虚线，移动光标至轨迹曲线上，当光标变为十字光标时单击，"飞机"模型就会开始运动了。但此时"飞机"模型只沿 *Y* 轴方向运动，并没有沿轨迹曲线运动。在"运动"命令面板中的"路径参数"卷展栏中勾选"跟随"复选框，在"轴"选区中选择 Y 单选按钮，"飞机"模型就会沿轨迹曲线运动了，如图 12.5 所示。

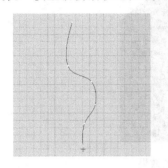

图 12.4 "飞机"模型的轨迹曲线   图 12.5 "飞机"模型沿轨迹曲线运动

12.2.2 案例 Ⅱ——制作"灯光舞动"动画

"灯光舞动"的动画效果可以使用目标聚光灯和体积光表现，并且使用关键帧记录光源目标点位移的变换。

步骤 1：在场景中创建两盏目标聚光灯，调整大致位置和角度，如图 12.6 所示。

步骤 2：在"修改"命令面板中，在"常规参数"卷展栏中的"阴影"选区中勾选"启用"复选框；在"强度/颜色/衰减"卷展栏中，设置"倍增"的值为 1.0，将"远距衰减"选区中的"开始"和"结束"的值分别设置为 20.0 和 400.0；在"聚光灯参数"卷展栏中，设置"聚光区/光束"的值为 15.0，设置"衰减区/区域"的值为 45.0。在"大气和效果"卷展栏中单击"添加"按钮，选择"体积光"选项（本参数仅是参考值，可根据实际情况进行调整）。目标聚光灯的参数设置如图 12.7 所示。

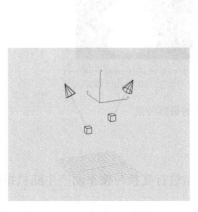

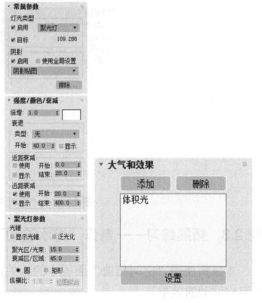

图 12.6 创建并调整两盏目标聚光灯   图 12.7 目标聚光灯的参数设置

步骤 3：在场景中创建一个白色平面作为"地面"模型，灯光照射的效果如图 12.8 所示。

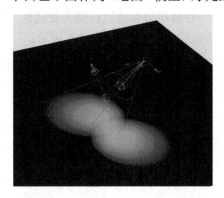

图 12.8　场景中灯光照射的效果

步骤 4：选中其中一盏目标聚光灯，单击"自动关键点"按钮，将时间滑块拖动到第 0 帧处，单击"设置关键点"按钮，在第 0 帧处创建一个关键帧。以相同的方法在第 100 帧处创建一个关键帧，这时开始帧和结束帧是相同的，即可形成一个循环，如图 12.9 所示。

图 12.9　设置开始帧和结束帧为关键帧

步骤 5：将时间滑块拖动到第 20 帧处，随意拖曳目标聚光灯的目标点控制器，即可自动设置该帧为关键帧。对第 46 帧和第 71 帧使用相同的方法设置关键帧。然后以同样的方法设置第 2 盏目标聚光灯，目标点的位移可以随机。"灯光舞动"动画的最终效果如图 12.10 所示。

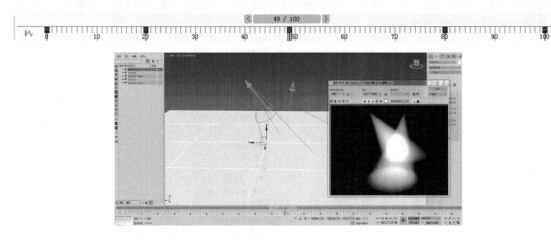

图 12.10　"灯光舞动"动画的最终效果

12.2.3　拓展练习——制作"海水波动"动画

本案例使用"空间扭曲"面板中的相关命令对模型进行变换，使平面产生随机扭曲来模拟海水波动的效果。

步骤 1：在场景中创建一个平面，将"长度分段"和"宽度分段"的值均设置为 50，具体参数设置如图 12.11 所示。

步骤 2：在"创建"命令面板中的"空间扭曲"面板中的下拉列表中选择"几何/可变形"选项，在"对象类型"卷展栏中单击"涟漪"按钮，创建 2 个"涟漪"空间扭曲器，如图 12.12 所示。

图 12.11　平面参数设置

图 12.12　单击"涟漪"按钮

步骤 3：选中 2 个"涟漪"空间扭曲器，单击主工具栏中的"绑定到空间扭曲"按钮 ，按住鼠标左键将 2 个空间扭曲器拖曳到平面上，使平面产生扭曲效果，如图 12.13 所示。

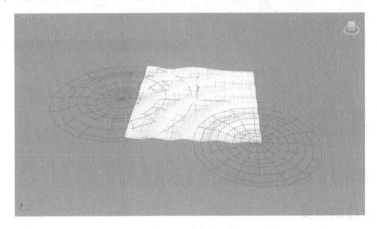

图 12.13　扭曲效果

步骤 4：设置 2 个"涟漪"空间扭曲器的参数，如图 12.14 所示。

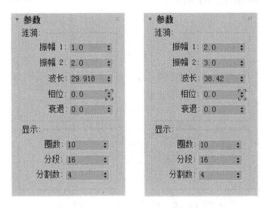

图 12.14　两个"涟漪"空间扭曲器的参数设置

步骤 5：单击"自动关键点"按钮，将时间滑块拖动到第 100 帧，选中第 1 个"涟漪"空间扭曲器，设置"相位"的值为 2.0；选中第 2 个"涟漪"空间扭曲器，设置"相位"的值为 1.0，海平面会随着"涟漪"空间扭曲器"相位"值的变化而变化。再次单击"自动关键点"按钮退出编辑状态，播放动画，"海水波动"的动画效果如图 12.15 所示。

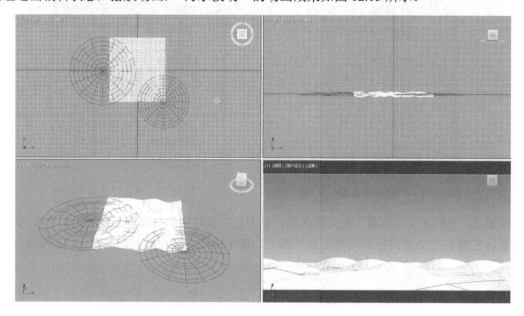

图 12.15 "海水波动"的动画效果

12.3 粒子系统

利用粒子系统可以实现普通模型实现不了的特殊效果。

12.3.1 粒子系统的分类

3ds Max 2019 的粒子系统有 7 种对象类型，分别是粒子流源、喷射、雪、超级喷射、暴风雪、粒子阵列、粒子云，如图 12.16 所示。

图 12.16 粒子系统的对象类型

粒子流源：默认的粒子发射器，带有图标，可以改变其形状，通常用于控制粒子流事件。

喷射：可以喷射粒子群，通常用于模拟自然界中液体流动，如雨水、喷泉、水滴等效果。

雪：模拟下雪或下落的纸屑，与"喷射"粒子发射器相似，但"雪"粒子发射器具有雪花自由旋转的参数，渲染更逼真。

超级喷射：在"喷射"粒子发射器的基础上增加了所有新类型粒子发射器的功能，效果更真实。

暴风雪："雪"粒子发射器的增强版。

粒子阵列：可以在模型上生成实体碎片及在模型上发射粒子。

粒子云：模拟水滴及云雾效果，与前面提到的"水滴"粒子不同的是，"粒子云"粒子能模拟结合在一起及分离的水滴动画，而不是简单的水滴粒子。

12.3.2　粒子系统参数设置

粒子系统的参数起着控制整体效果及调整细节效果的作用，不同类型的粒子发射器都有自己独特的参数，而大部分参数都是有共同点的，下面以"超级喷射"粒子发射器为例讲解常用参数的设置。"超级喷射"粒子发射器的基本参数设置如图 12.17 所示。

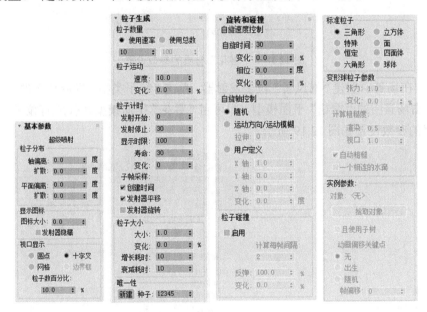

图 12.17　"超级喷射"粒子发射器的基本参数设置

12.4　粒子动画案例

12.4.1　案例Ⅰ——制作"雪花飘落"动画

创建一个单一的"雪花"模型，并且替换所有粒子，再设置适合的粒子运动属性。

步骤 1：在前视图中创建一个长和宽相等的"雪花"平面模型，创建一个"标准"材质（Blinn），在"漫反射颜色"通道和"不透明度"通道中添加素材贴图"snow.png"，勾选"双面"复选框，同时在"位图参数"卷展栏中的"单通道输出"选区中选择 Alpha 单选按钮，"雪花"材质的参数设置如图 12.18 所示。

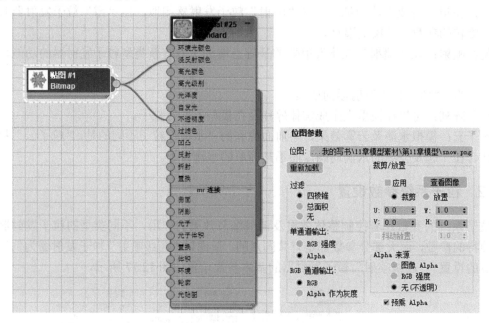

图 12.18 "雪花"材质的参数设置

步骤 2：在场景中创建"暴风雪"粒子发射器，单击"粒子类型"卷展栏下的"拾取对象"按钮，再单击场景中的"雪花"平面模型，即可用"雪花"平面模型替代所有粒子。"暴风雪"粒子发射器的参数设置如图 12.19 所示。

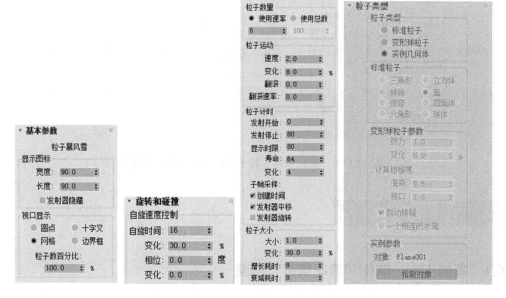

图 12.19 "暴风雪"粒子发射器的参数设置

步骤 3：在透视图中调整出一个较好的角度，按 Ctrl+C 组合键创建一台摄影机，将透视图转换为摄影机视图，如图 12.20 所示。

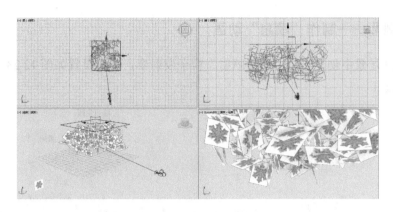

图 12.20　创建摄影机

步骤 4：选中摄影机，使摄影机渲染产生景深效果，参数设置如图 12.21 所示，其余参数保持默认设置。注意图中的参数设置仅是参考值，可以根据实际情况修改。

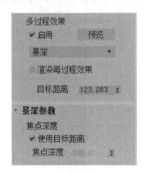

图 12.21　摄影机参数设置

步骤 5：按 F10 快捷键，打开"渲染设置"窗口，在"输出大小"选区中的下拉列表中选择"70mm 宽银幕电影（电影）"选项。"渲染设置"窗口的具体参数设置及效果如图 12.22 所示。

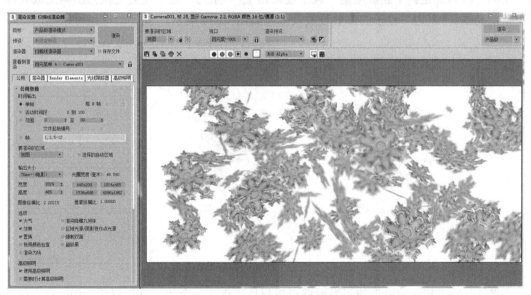

图 12.22　"渲染设置"窗口的具体参数设置及效果

12.4.2　案例Ⅱ——制作"喷泉"动画

步骤 1：在场景中创建一个"超级喷射"粒子发射器，参数设置如图 12.23 所示，其余参数保持默认设置。

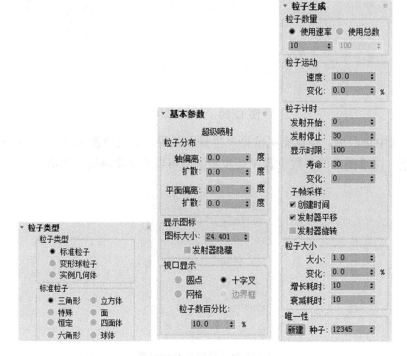

图 12.23　"超级喷射"粒子发射器的参数设置

步骤 2：在场景中创建一个"重力"粒子，参数保持默认设置，并且使用"绑定到空间扭曲"工具 将其绑定到"超级喷射"粒子发射器上，"重力"粒子便会受重力影响生成先向上再下落的动画。"重力"粒子的参数设置及效果如图 12.24 所示。

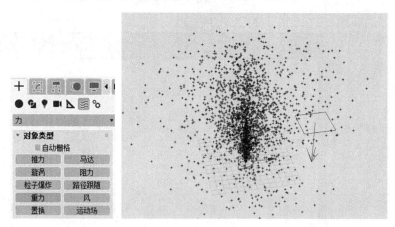

图 12.24　"重力"粒子的参数设置及效果

步骤 3：给"超级喷射"粒子发射器设置材质。创建一个"标准"材质（Blinn），在"反射"通道中添加"光线跟踪"贴图，在"折射"通道中添加"反射/折射"贴图，将该材质赋予"超级喷射"粒子发射器,具体参数设置如图 12.25 所示。

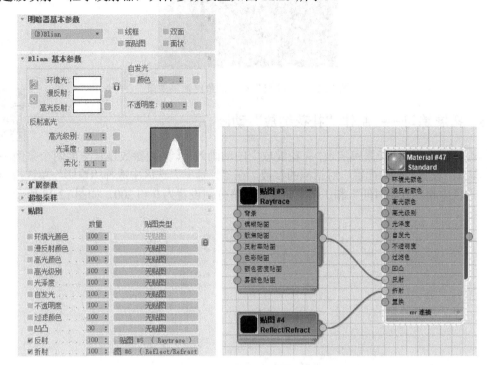

图 12.25 "超级喷射"粒子发射器的材质的参数设置

步骤 4:按照上一节的方法创建一台摄影机,按 F10 快捷键打开"渲染设置"窗口,在"渲染器"下拉列表中选择"扫描线渲染器"选项;选中"超级喷射"粒子发射器,在"修改"命令面板中的"旋转和碰撞"卷展栏中,在"自旋轴控制"选区中选择"运动方向/运动模糊"单选按钮,并且设置"拉伸"的值为 100,如图 12.26 所示。"喷泉"动画的最终渲染效果如图 12.27 所示。

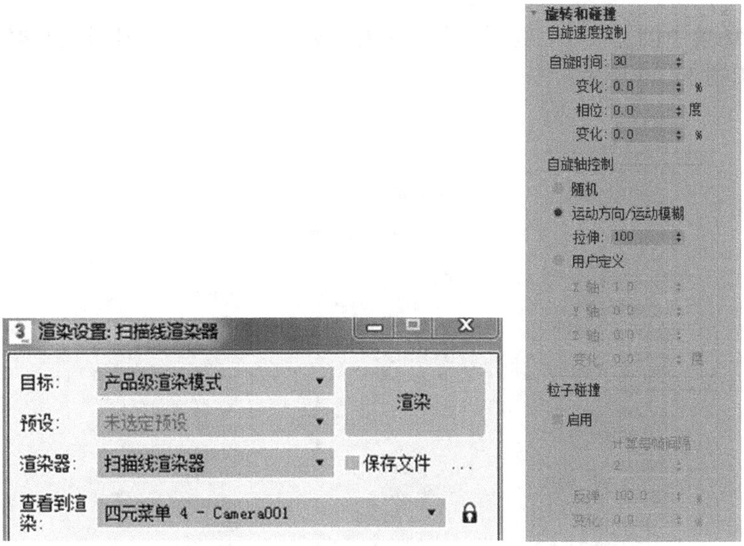

图 12.26 渲染参数设置

图 12.27　"喷泉"动画的最终渲染效果

12.4.3　拓展练习——制作"礼花绽放"动画

本案例主要使用粒子繁殖实现"礼花绽放"的动画效果，其他参数设置与前两个案例相似。

步骤 1：设置"时间配置"对话框的参数，在"帧速率"选区中选择"电影"单选按钮，在"动画"选区中将"开始时间"和"结束时间"的值分别设置为 0 和 200，如图 12.28 所示。

图 12.28　"时间配置"对话框的参数设置

步骤 2：在场景中创建一个"粒子云"粒子发射器，让该粒子发射器只发射 10 发"礼花"，具体参数设置如图 12.29 所示。

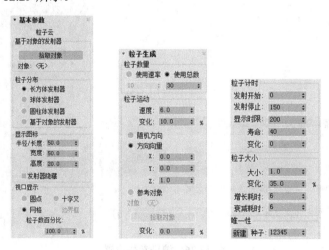

图 12.29　"粒子云"粒子发射器的具体参数设置

步骤 3：设置参数使粒子在消失后产生新的粒子，模拟"礼花"的动画效果，具体参数设置如图 12.30 所示。

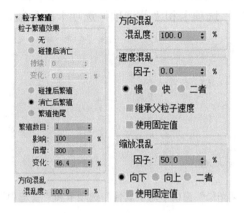

图 12.30 "粒子繁殖"卷展栏中的参数设置

步骤 4：给"粒子云"粒子发射器设置材质。创建一个"标准"材质（Blinn），将"粒子年龄"贴图添加到"漫反射颜色"通道中，设置适当的"自发光"的值，并且设置"粒子年龄"贴图的 3 个颜色为红（R:255、G:12、B:0）、黄（R:255、G:226、B:34）、绿（R:182、G:255、B:103），具体参数设置如图 12.31 所示。

步骤 5：选中"粒子云"粒子发射器，在"修改"命令面板中的"旋转和碰撞"卷展栏中，在"自旋轴控制"选区中选择"运动方向/运动模糊"单选按钮，并且设置"拉伸"的值为 4，具体参数设置如图 12.32 所示。

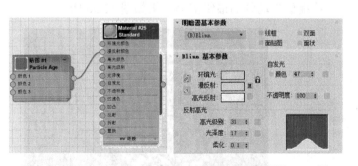

图 12.31 "粒子云"粒子发射器的材质的具体参数设置　　图 12.32 "粒子云"粒子发射器的具体参数设置

步骤 6：选择"渲染"→"视频后期处理"命令，打开"视频后期处理"窗口。在"视频后期处理"窗口中单击"添加场景事件"按钮，在弹出的"添加场景事件"对话框中的下拉列表中选择默认的"透视"选项，单击"确定"按钮；在"视频后期处理"窗口中单击"添加图像过滤事件"按钮 🔲，在弹出的"添加图像过滤事件"对话框中的下拉列表中选择"镜头效果光晕"选项，再单击"设置"按钮，打开"镜头效果光晕"窗口，单击激活"预览"按钮和"VP 队列"按钮，对"属性"选项卡和"首选项"选项卡的参数设置如图 12.33 所示。

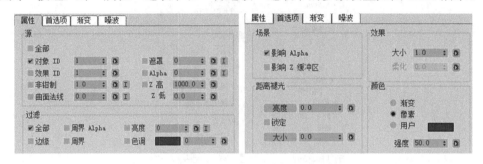

图 12.33　"镜头效果光晕"窗口中对"属性"选项卡和"首选项"选项卡的参数设置

　　步骤 7：在"视频后期处理"窗口中单击"添加图像过滤事件"按钮 🔲，在弹出的"添加图像过滤事件"对话框中的下拉列表中选择"镜头效果高光"选项，再单击"设置"按钮，打开"镜头效果高光"窗口，对"属性"选项卡和"首选项"选项卡的参数设置如图 12.34 所示。

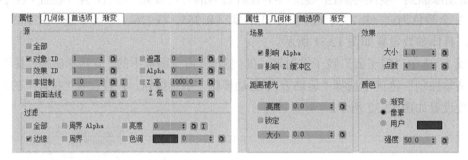

图 12.34　"镜头效果高光"窗口中对"属性"选项卡和"首选项"选项卡的参数设置

　　步骤 8：在"视频后期处理"窗口中单击"添加图像输出事件"按钮 🔲，在弹出的"添加图像输出事件"对话框中单击"文件"按钮，选择输出路径，设置输出格式为 AVI 文件格式。在"视频后期处理"窗口中单击"执行序列"按钮 🔲，弹出"执行视频后期处理"对话框，该对话框的参数设置如图 12.35 所示。"礼花绽放"动画的最终渲染效果如图 12.36 所示。

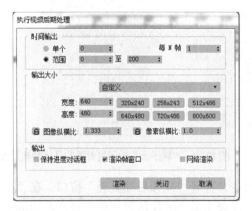

图 12.35　"执行视频后期处理"对话框的参数设置

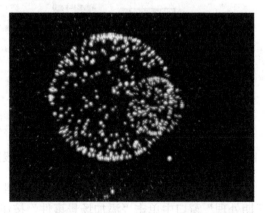

图 12.36　"礼花绽放"动画的最终渲染效果

本章小结

本章介绍了 3ds Max 动画制作的基本方法，包括时间轴的运用、关键帧的设置、运动轨迹的设置等；还介绍了粒子系统及其使用方法，与前面的关键帧紧密结合可以制作出令人满意的效果。本章仅介绍了部分动画入门方法，但对这些方法灵活运用就能制作出更加复杂的动画。

课后练习

制作"粒子超级喷射"动画，粒子类型为"标准粒子"的"特殊"，调整粒子大小及发射速率等，在"标准"材质（Blinn）的"明暗器基本参数"卷展栏中勾选"双面"复选框和"面贴图"复选框，完成如图 12.37 所示的效果。

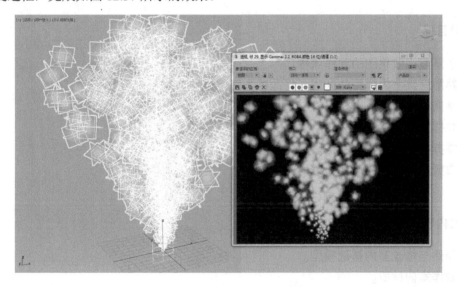

图 12.37　"粒子超级喷射"动画的效果

第 13 章

室内效果图表现

3ds Max 在室内效果图表现方面一直深受用户喜爱，它可以配合 CAD 图纸创建室内空间模型。3D 室内效果图能表达设计师的创意构思，将创意构思进行形象化再现，它可以对物体的造型结构、色彩、质感等因素进行适当的参数设置，从而真实地表现出室内的写实光影与质感。

学习目标

➢ 了解室内效果图的制作流程。
➢ 熟悉三维室内模型的创建与修改的方法。
➢ 掌握材质的制作方法。
➢ 掌握布光的原则及方法。
➢ 掌握摄影机的设置方法。
➢ 掌握渲染输出和后期处理的方法。

学习内容

➢ 创建与修改室内基础模型。
➢ 制作室内材质。
➢ 渲染与合成。

13.1 室内效果图

室内效果图经常被应用于在室内装修行业，它以鲜明的色彩和严谨的构图将效果展现给客户。客户在观看效果图之后对套房进行装修，可大大提高施工效率。

室内效果图运用各种色彩、造型、光影来表现家居的和谐之美，包含各种类型的风格，如中国古典风格、古埃及风格、哥特式风格、巴洛克风格、现代风格、日韩风格、欧美风格等，也有另类混搭风格。室内设计效果如图 13.1 所示。

图 13.1　室内设计效果

13.2　室内效果图制作流程

室内效果图的制作流程如下。

（1）草图设计。制作初期要先确定草图方案，可以使用 CAD 软件画出室内布局，或者以手绘草图的方式绘制初步设想，在此基础上进行模型创建。

（2）模型创建。根据导入的 DWG 图纸，确定实际长度单位，创建"墙体""天花板""门""窗"等模型，然后导入"家具""电器"等素材模型，调整模型的大小和空间位置。

（3）选择适合的渲染器，设置材质和灯光，创建摄影机并调整视角。

（4）渲染输出。在渲染时可以根据不同的渲染器输出相应的通道，如"灯光""阴影""高光"等通道。

（5）后期合成。在 Photoshop 中打开渲染出来的主图和通道图，调整主图的明暗色调、色彩饱和度等，再将通道图以图层的方式与主图融合在一起。

13.3　制作"阳光卧室"效果图

步骤 1：打开"第 13 章案例\素材\阳光卧室\底图.max"场景文件，在该文件中预先导入了 CAD 的 DWG 图纸，在场景中可以看到卧室的平面图，设置单位为毫米。

选中所有底图线框对象并右击，在弹出的快捷菜单中选择"对象属性"命令，打开"对象属性"对话框。在"对象属性"对话框中，勾选"交互性"选区中的"冻结"复选框，同时取消勾选"显示属性"选区中的"以灰色显示冻结对象"复选框，如图 13.2 所示。这样可以使被冻结的对象不会被选中，避免在操作中误选。

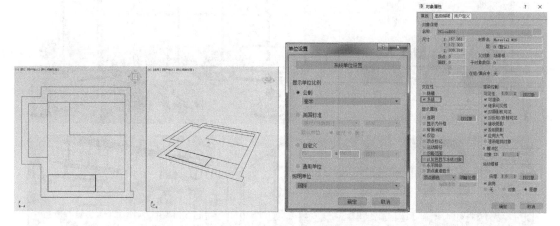

图 13.2　底图线框对象设置

步骤 2：在主工具栏中长按"捕捉开关"按钮，在弹出的下拉列表中选择"2.5D 捕捉"选项，再右击"捕捉开关"按钮，打开"栅格和捕捉设置"窗口，在"捕捉"选项卡中勾选"顶点"复选框，在"选项"选项卡中勾选"捕捉到冻结对象"复选框，如图 13.3 所示。这样就可以在底图上以捕捉顶点并画线的方式绘制线条了。

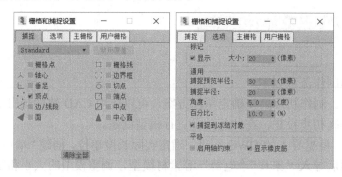

图 13.3　"栅格和捕捉设置"窗口

步骤 3：在"创建"命令面板中的"图形"面板中的下拉列表中选择"样条线"选项，在"对象类型"卷展栏中单击"线"按钮，在顶视图中配合顶点捕捉创建"墙"模型的封闭线条（"墙体"内外共两条封闭线条），在创建完成后选择最外围的线条，使用"选择并移动"工具配合 Shift 键向上复制出一条线条，将其命名为"天花板"。使用"附加"命令在底图中将创建的 2 条线条附加成一个对象，在"修改"命令面板中将其命名为"墙"，如图 13.4 所示。

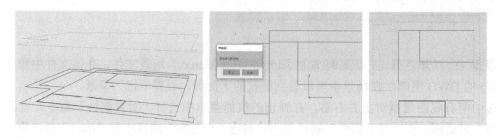

图 13.4　克隆与附加线条

步骤 4：选择"墙"线条，在"修改"命令面板中添加"挤出"修改器，在"参数"卷展栏中设置"数量"的值为 2600.0mm（卧室高度一般为 2.4～2.6 米），即可挤出"墙体"模型。"挤出"修改器的参数设置及效果如图 13.5 所示。

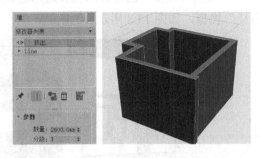

图 13.5 "挤出"修改器的参数设置及效果

步骤 5：选中"天花板"线条并右击，在弹出的快捷菜单中选择"转换为："→"转换为可编辑多边形"命令，在"修改"命令面板中添加"壳"修改器，在"参数"卷展栏中，设置"内部量"的值为 6.0mm，设置"外部量"的值为 0.0mm，即可使"天花板"模型产生厚度（"天花板"模型必须有厚度，否则外部光源会透过"天花板"模型背面直射进"室内"，从而影响真实效果）。"壳"修改器的参数设置及效果如图 13.6 所示。按 Ctrl+V 组合键对"天花板"模型进行克隆，设置视图下方的 Z 坐标为 0，将克隆体命名为"地板"。

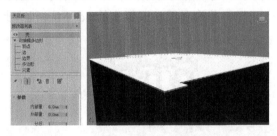

图 13.6 "壳"修改器的参数设置及效果

步骤 6：切换到前视图，将"墙"模型隐藏，在"创建"命令面板中的"图形"面板中的下拉列表中选择"样条线"选项，在"对象类型"卷展栏中单击"矩形"按钮，创建一个矩形并将其转换为可编辑样条线。进入"样条线"子对象层级，在场景中选中矩形样条线，在"修改"命令面板中的"几何体"卷展栏中单击"轮廓"按钮，在场景中按住鼠标左键拖曳出线条轮廓，退出所有子对象层级。

在"修改"命令面板中添加"挤出"修改器生成实体模型，如图 13.7 所示。将该实体模型转换为可编辑多边形，

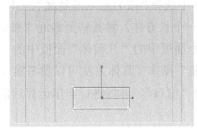

图 13.7 使用"挤出"修改器使矩形样条线生成实体模型

步骤 7：选择步骤 6 制作的可编辑多边形，按数字键 1 进入"顶点"子对象层级，反复克隆，然后选中侧边或上部的顶点拖曳产生随机的变形，并且堆叠成书架形状；在下方创建 1 个长方体"底座"模型和 4 个"支脚"模型（创建方法在多边形建模的相关章节已介绍，此处不再阐述），从而生成"书架"模型，如图 13.8 所示。

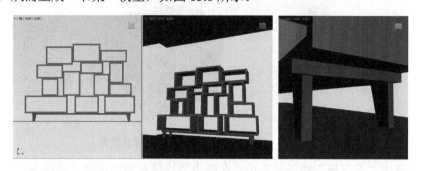

图 13.8 "书架"模型

步骤 8：选择"文件"→"导入"→"合并"命令，将"书桌""椅子""台灯"素材模型合并到场景中，并且调整其大小和位置。选择导入的"书桌""椅子""台灯"模型，选择"组"→"组"命令，将所选模型组成一个群组，然后选择"组"→"按递归方式打开"命令，从而实现在成组的情况下单选组内的对象，如图 13.9 所示。这是 3ds Max 2019 的功能，可以将多个模型组成一个选择集替换群组，旧版本的 3ds Max 没有此项功能。

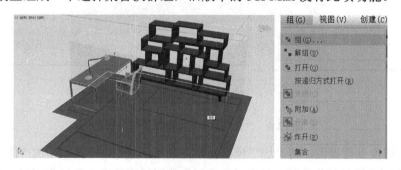

图 13.9 导入模型与群组

如果要选择一个选择集中的所有模型，那么可以在主工具栏中的"命名选择集"下拉列表中选择相应的选择集；如果要选择一个选择集中的多个模型，那么可以单击主工具栏中的"管理选择集"按钮，在弹出的"命名选择集"对话框中选择所需选择集中的模型对象，在该对话框中也可以修改选择集的名称。

步骤 9：在场景视图中右击，在弹出的快捷菜单中选择"按名称取消隐藏"→"墙"命令，将"墙"模型转换为可编辑多边形。在场景中创建一个长方体，将其移至靠近"书桌"模型的位置并调整大小。选择"墙"模型，在"创建"命令面板中的"几何体"面板中的下拉列表中选择"复合对象"选项，然后进行"布尔"的"差集"操作（具体方法可以参考第 5 章相关内容），减掉长方体的体积，给"墙体"模型开出一个"窗口"，再将进行布尔运算后的"墙"模型转换为可编辑多边形，如图 13.10 所示。

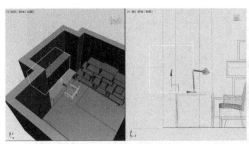

图 13.10 布尔差集运算

步骤 10：选择"墙"模型，进入"边"子对象层级，按 Ctrl 键对"窗"模型外围的边进行多段选取；然后右击选取的多条边，在弹出的快捷菜单中选择"创建图形"命令，弹出"创建图形"对话框，"图形类型"选择"线性"单选按钮，克隆连续线段，并且将克隆出来的连续线段命名为"窗线"。选择"窗线"线段，在"修改"命令面板中的"渲染"卷展栏中勾选"在渲染中启用"复选框和"在视口中启用"复选框，选择"矩形"单选按钮并设置"长度"的值为 30.0mm、"宽度"的值为 80.0mm（此处仅为参考值，读者可以根据具体情况设置），最后创建两个长方体作为"窗架"模型，如图 13.11 所示。

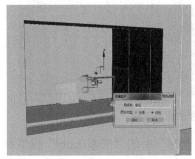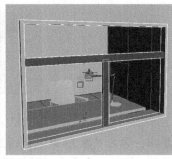

图 13.11 "窗"模型的创建和设置

步骤 11：使用步骤 10 的方法克隆出内墙的边线，将其命名为"墙线"。通过绘制截面图形，放样（先选择"墙线"线段，再拾取截面）获得"天花板"模型周围的"石膏线"模型，如图 13.12 所示。

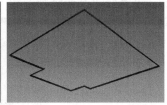

图 13.12 "石膏线"模型

步骤 12：选择"墙线"线段，使用"选择并移动"工具配合 Shift 键向下克隆出另一条"墙角线"线段，设置样条线呈实体显示，并且将其移至"墙"模型与"地板"模型的交接处。此时可选择"墙"模型，按 Ctrl+X 组合键使其呈透明显示，从而方便观察各模型的位置。"墙角线"线段的参数设置和位置如图 13.13 所示。

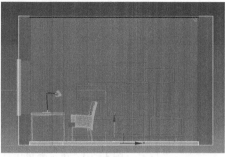

图 13.13 "墙角线"线段的参数设置和位置

步骤 13：制作"挂画"模型，在"创建"命令面板中勾选"自动栅格"复选框，在"墙"模型上创建一个长方体；将这个长方体转换为可编辑多边形，选中前面的面并右击，在弹出的快捷菜单中单击"插入"命令左方的设置按钮▣，设置"插入"的值为 15.0mm；再次右击该长方体前面的面，在弹出的快捷菜单中单击"挤出"命令左方的设置按钮▣，设置"挤出多边形"的值为-10.0mm。"挂画"模型的参数设置及效果如图 13.14 所示。

图 13.14 "挂画"模型的参数设置及效果

步骤 14：导入"第 13 章案例\素材\阳光卧室\模型素材"中的"书本 1.obj"模型和"书本 2.obj"模型，将其克隆多个并随机排列。选择 5 个默认材质球，分别在"漫反射通道"中添加"第 13 章案例\素材\阳光卧室\贴图"中的"书本 1"～"书本 5"贴图，并且分别将这 5 个材质球命名为"书本 1"～"书本 5"，然后将这 5 个材质随机赋予不同的书模型。

选择一个空白材质球，将其命名为"书架"，设置"漫反射"颜色为 R:42、G:29、B:24，然后将"书架"材质赋予"书架"模型。同法制作"支脚"材质，设置"漫反射"颜色为 R:29、G:28、B:23，并且将"高光级别"和"光泽度"的值均设置为 30，然后将"支脚"材质赋予"支脚"模型。"书架"材质和"支脚"材质的参数设置及效果如图 13.15 所示。

图 13.15 "书架"材质和"支脚"材质的参数设置及效果

步骤 15：选择一个空白材质球，将其命名为"乳黄漆"，设置"漫反射"颜色为 R:254、G:254、B:244，然后将"乳黄漆"材质赋予"墙"、"天花板"和"石膏线"模型。"乳黄漆"

材质的参数设置如图 13.16 所示。此时"墙"模型会挡住内部视线，可以选中"墙"模型，然后按 Alt+X 组合键使其呈透明显示，以便观察，如图 13.17 所示。

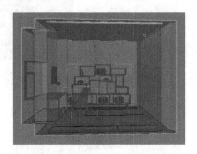

图 13.16 "乳黄漆"材质的参数设置   图 13.17 使"墙"模型呈透明显示

步骤 16：选择一个空白材质球，将其命名为"窗架"，设置"漫反射"颜色为 R:63、G:73、B:55，然后将"窗架"材质赋予"窗架"模型。

制作"书桌脚"材质，在"明暗器基本参数"卷展栏中的下拉列表中选择"金属"选项，设置"漫反射"颜色为 R:34、G:32、B:32，设置"高光级别"的值为 426。同理制作"台灯"材质，设置"漫反射"颜色为 R:62、G:56、B:56。

制作"书桌"材质（Blinn），在"漫反射颜色"通道中以"位图"方式添加"第 13 章案例\素材\阳光卧室\贴图\书桌木纹.jpg"贴图文件，在"凹凸"通道中添加"第 13 章案例\素材\阳光卧室\贴图\书桌木纹 bump.jpg"贴图文件。

"窗架"、"书桌脚"、"台灯"和"书桌"材质的参数设置设置如图 13.18 所示。

图 13.18 "窗架"、"书桌脚"、"台灯"和"书桌"材质的参数设置

步骤 17：制作"墙角线"（Blinn）材质，设置"漫反射"颜色为 R:71、G:51、B:42，其他参数保持默认设置。

制作"地板"材质，在"漫反射颜色"通道中以"位图"方式添加"第 13 章案例\素材\阳光卧室\贴图\室内地板.jpeg"贴图文件，在"凹凸"通道以"位图"方式添加"第 13 章案例\素材\阳光卧室\贴图\室内地板 bump.jpeg"贴图文件，并且设置"凹凸"值为 30；在"修改"命令面板中添加"UVW 贴图"修改器，将"U 向平铺"和"V 向平铺"的值均设置为 3，如图 13.19 所示。

步骤 18：制作"椅子皮革"材质，分别将"第 13 章案例\素材\阳光卧室\贴图"中的"皮革.jpeg"文件贴图和"皮革 bump.jpeg"文件贴图添加进"漫反射颜色"通道和"凹凸"通道中，并且设置"凹凸"的值为 30，将"椅子皮革"材质赋予"椅子"模型的上半部分，如图 13.20 所示。同时将"书架"模型的"支脚"材质赋予"椅子脚"模型。

图 13.19　"地板"材质及 UV 设置

图 13.20　"椅子皮革"材质的参数设置及效果

步骤 19：制作"挂画"材质，选择内凹的面，选择一个默认材质球，在其"漫反射颜色"通道中添加"第 13 章案例\素材\阳光卧室\贴图\挂画.jpeg"贴图文件，将该材质赋予该面（可以直接将材质赋予所选的面，同时自动生成"多维子对象"材质）。按 Ctrl+I 组合键反选其他面，选择另一个默认材质球并将其命名为"挂画框"，设置"漫反射"颜色为 R:44、G:32、B:26，将该材质赋予反选的面。如图 13.21 所示。

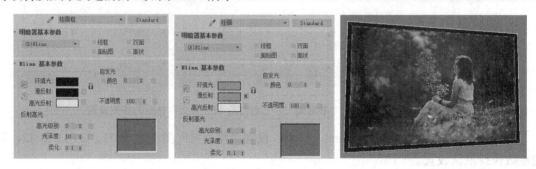

图 13.21　"挂画"材质

步骤 20：创建一盏泛光灯，用于模拟室内环境光，主要起大面积铺光作用。在"强度/颜色/衰减"卷展栏中，设置"倍增"的值为 0.2，设置灯光颜色为 R:255、G:255、B:226，使用"阴影贴图"作为计算阴影的方式；在"阴影贴图参数"卷展栏中，设置"大小"的值为 128（值越大则越清晰），设置"采样范围"的值为 50.0（值越大则阴影边缘越柔和）。模拟室内环境光的泛光灯的参数设置及效果如图 13.22 所示。

步骤 21：在"窗外"创建一盏目标平行光，用于模拟窗外阳光。在"强度/颜色/衰减"卷展栏中，设置"倍增"的值为 0.4，设置灯光颜色为 R:255、G:255、B:235；在"常规参数"卷展栏中的"阴影"选区中，勾选"启用"复选框和"使用全局设置"复选框，其他参数保持默认设置。模拟窗外阳光的目标平行光的参数设置及效果如图 13.23 所示。

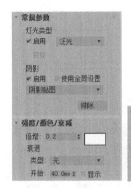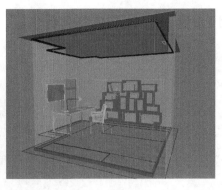

图 13.22 模拟室内环境光的泛光灯的参数设置及效果

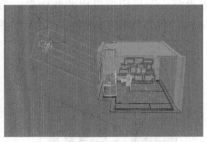

图 13.23 模拟窗外阳光的目标平行光的参数设置及效果

步骤 22：打开"渲染设置"窗口，在"公用"选项卡中的"输出大小"下拉列表中选择"70mm IMAX（电影）"选项，并且设置"宽度"的值为 1024，设置"高度"的值为 751。

设置摄影机。在透视图中按 Shift+F 组合键调出安全框（可渲染范围），调整适合的角度，然后按 Ctrl+C 组合键创建一台物理（目标）摄影机，同时将透视图切换为摄影机视图，摄影机参数保持默认设置，如图 13.24 所示。

图 13.24 设置摄影机

步骤 23：在"渲染设置"窗口中，选择"高级照明"选项卡，在"选择高级照明"卷展栏中的下拉列表中选择"光能传递"选项；在"光能传递参数处理"卷展栏中，设置"初始质量"的值为 50.0（在测试时可降低到 10.0），设置"优化迭代次数（所有对象）"的值为 5，将"间接灯光过滤"和"直接灯光过滤"的值均设置为 3，单击"设置"按钮打开"环境和效果"窗口，在"曝光控制"卷展栏中的下拉列表中选择"线性曝光控制"选项，在"线性曝光控制参数"卷展栏中设置"亮度"的值为 55.0，其他参数保持默认设置；选择 Render Elements 选项卡，在"渲染元素"卷展栏中单击"添加"按钮，添加"照明"通道，此项包括整体光影效果，用于后期合成，如图 13.25 所示。

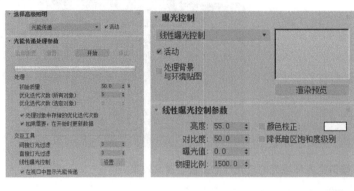

图 13.25　光能传递及曝光设置

步骤 24：单击"渲染"按钮渲染出两张图像，分别为"颜色"渲染图和"照明"通道图，如图 13.26 所示。单击"保存图像"按钮 ，将两张图保存为 TGA 格式，分别命名为"颜色"和"照明"。

图 13.26　"颜色"渲染图和"照明"通道图

步骤 25：在 Photoshop 中打开这两个图像文件，选择"颜色"渲染图，双击其背景图层将其更改为图层 0（解锁背景层）。在"通道"选项卡中按住 Ctrl 键并单击 Alpha 通道图标，载入该通道选区，再按 Ctrl+Shift+I 组合键反选，按 Delete 键删除图中"窗外"黑色部分的像素，按 Ctrl+D 组合键取消选区。

按住 Shift 键，使用移动工具将"照明"图像拖动（中心定位复制）到"颜色"渲染图的图层上，将图层模式更改为"柔光"，将图层透明度更改为 30%。

在 Photoshop 中打开"第 13 章案例\素材\阳光卧室\贴图\天空.jpeg"图像文件并将其拖动到"颜色"图层的下方，按 Ctrl+T 组合键将图像调整至合适尺寸。按 Ctrl+U 组合键打开"色相饱和度"面板，将"明度"的值调节至 64。

单击"图层"面板下方的"创建新的填充或调整图层"按钮 ，选择"色相/饱和度"图层，将"饱和度"的值调节至 16，其他参数保持默认设置。

选择"颜色"图层，选择"滤镜"→"锐化"→"USM 锐化"命令，将"锐化量"的值调节至 16，其他参数保持默认设置。

参数设置及最终效果如图 13.27 所示。

图 13.27 参数设置及最终效果

本章小结

本章综合前面章节的知识（包括建模、材质、灯光、摄影机、渲染等内容），详细讲解了室内效果图的制作流程。材质、灯光和摄影机构图非常重要，其中材质与灯光之间存在相辅相成的关系。细节决定作品的质量，制作优质作品的前提是对参数有透彻的理解。

课后练习

使用本章所学知识制作欧式室内效果图，如图 13.28 所示。

图 13.28 欧式室内效果图

第 14 章

综合案例——影视片头动画

影视包装在商业营销中具有重要意义,主要包括两个方面，一是对影视、节目的美化，包括电视台及其频道的整体形象设计风格；二是商业广告与企业宣传片等影视广告的制作。影视包装的涉及面广，包括前期策划、拍摄、剪辑、三维元素的制作及后期合成等。

学习目标

➤ 掌握影视片头的制作流程与方法。
➤ 掌握三维软件 3ds Max 和后期合成软件 After Effects 的综合运用技巧。

学习内容

➤ 影视片头的制作思路。
➤ 后期合成。
➤ 片头渲染输出。

14.1　影视片头制作流程

影视片头是影视包装中最重要的内容之一，主要运用实际拍摄素材、三维制作素材及平面素材，通过合成软件将这些素材进行特效处理与合成，最终生成成品。影视片头的制作流程大致如下。

（1）确定影视片头的基本格调与色调，设计好分镜头。

（2）创建模型。

（3）设置材质。

（4）调整灯光和摄影机。

（5）制作动画。

（6）渲染输出序列帧。

（7）剪辑与后期合成，输出成片。

14.2　影视片头动画制作

14.2.1　建立模型和场景

下面按照影视片头制作的常规流程制作一个难度适中的影视片头。

步骤 1：启动 3ds Max 2019，选择"自定义"→"单位设置"命令，弹出"单位设置"对话框，如图 14.1 所示。单击"单位设置"对话框中的"系统单位设置"按钮，弹出"系统单位设置"对话框，在"系统单位比例"选区中设置 1 单位=1.0 毫米，如图 14.2 所示。

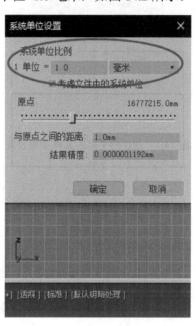

图 14.1　"单位设置"对话框　　　图 14.2　"系统单位设置"对话框

步骤 2：设置视口背景图片。在 3ds Max 2019 中，视口背景图片不能像以前的版本那样可以设置"锁定缩放/平移"参数，只能创建一个平面并给其贴一张背景图片。选择"创建" ✛ →"几何体" ● →"平面" 平面 命令，在顶视图中创建一个平面，具体参数设置如图 14.3 所示。按 M 快捷键打开材质编辑器，选择一个"标准"材质球（Blinn），单击其"Blinn 基本参数"卷展栏中"漫反射"右边的"无"按钮⬚，在打开的"材质/贴图浏览器"对话框中选择"位图"选项，单击"确定"按钮，选择图片，在材质编辑器中设置贴图，如图 14.4 所示。选择刚才创建的平面，单击材质编辑器中的"将材质指定给选定对象"按钮⬚，即可将该材质赋予刚才创建的平面，再单击"视口中显示明暗处理材质"按钮⬚，即可在顶视图中显示贴图，如图 14.5 所示。

步骤 3：为了避免误操作，我们先将平面冻结。右击创建的平面，在弹出的快捷菜单中选择"对象属性"命令，在弹出的"对象属性"对话框中，取消勾选"显示属性"选区中的"以灰色显示冻结对象"复选框，如图 14.6 所示，单击"确定"按钮。再次右击创建的平面，在弹出的快捷菜单中选择"冻结当前选择"命令，如图 14.7 所示，即可冻结该平面。

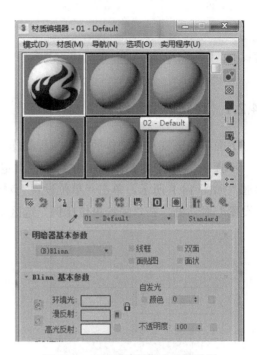

图 14.3　创建的平面的具体参数设置　　　　图 14.4　在材质编辑器中设置贴图

图 14.5　在顶视图中显示贴图

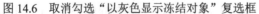

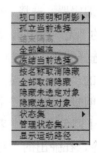

图 14.6　取消勾选"以灰色显示冻结对象"复选框　　　图 14.7　选择"冻结当前选择"命令

步骤 4：绘制 Logo 轮廓。选择"创建" [+]→"图形" [⊙]→"线" [线] 命令，在顶视图中参照贴图描绘出 Logo 图形，然后调整顶点，从而完善图形。选择其中一个图形，在"修改"命令面板中选择"样条线"子对象，单击"几何体"卷展栏中的"附加"按钮，将该图形与另外 2 个图形附加为一个图形。绘制的 Logo 轮廓如图 14.8 所示。

图 14.8　绘制的 Logo 轮廓

步骤 5：绘制剖面图形。选择"创建" ➕ →"图形" 🔾 →"矩形" 矩形 命令，在顶视图中创建一个矩形，然后在"创建"命令面板中的"参数"卷展栏中，设置"长度"的值为 60.0mm，设置"宽度"的值为 40.0mm，设置"角半径"的值为 5.0mm。创建矩形及参数设置如图 14.9 所示。右击刚才创建的矩形，在弹出的快捷菜单中选择"转换为："→"转换为可编辑样条线"命令，将该矩形转换为可编辑样条线。然后进入"线段"子对象层级，删除左侧的线段。删除线段前后对比如图 14.10 所示。

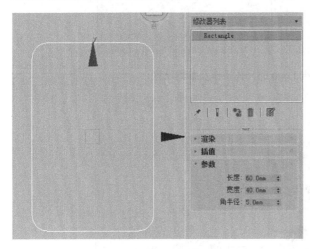

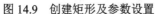

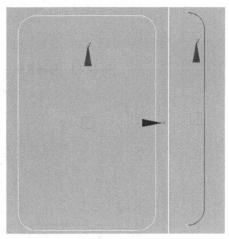

图 14.9　创建矩形及参数设置　　　　　　　图 14.10　删除线段前后对比

步骤 6：制作三维 Logo。选择 Logo 图形，添加"倒角剖面"修改器，"倒角剖面"修改器的参数设置及效果如图 14.11 所示。

步骤 7：在左视图中选择上一步制作的三维 Logo，按住 Shift 键，将其沿 Y 轴方向向上移动复制，如图 14.12 所示。单击"修改"命令面板中的"移除"按钮 🔳，将"倒角剖面"修改器删除。然后添加"挤出"修改器，"挤出"修改器的参数设置及效果如图 14.13 所示。

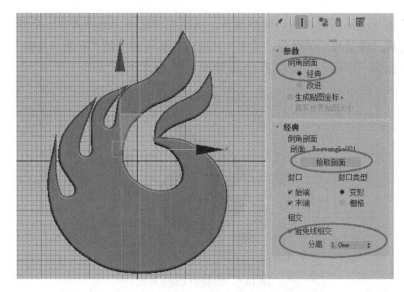

图 14.11 "倒角剖面"修改器的参数设置及效果

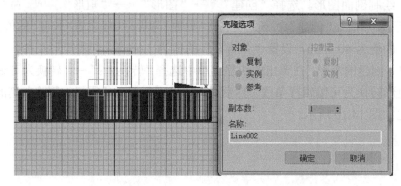

图 14.12 移动复制三维 Logo 的具体操作及参数设置

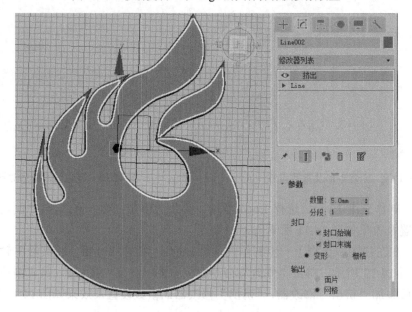

图 14.13 "挤出"修改器的参数设置及效果

按 M 快捷键打开材质编辑器，创建两种颜色的材质，设置白色材质的"漫反射"的颜色为 R:255、G:255、B:255；设置蓝色材质的"漫反射"的颜色为 R:0、G:0、B:255，将"高光级别"和"光泽度"的值都设置为 62，具体参数设置如图 14.14 所示。设置材质后的效果如图 14.15 所示。

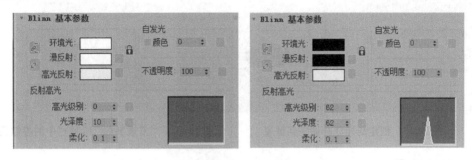

图 14.14　材质编辑器中两种材质的具体参数设置

图 14.15　设置材质后的效果

步骤 9：选择"创建" ➕ → "几何体" ⬤ → "平面" ▭ 平面 命令，在顶视图中创建一个平面，将"长度"和"宽度"的值均设置为 800.0mm，在左视图中调整该平面的位置，使其与三维 Logo 接触，如图 14.16 所示。

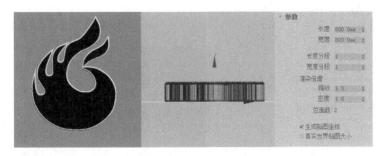

图 14.16　创建平面并调整其位置

步骤 10：在场景中创建一盏泛光灯，结合各个视图调整其位置，如图 14.17 所示。在"常规参数"卷展栏中，勾选"阴影"选区中的"启用"复选框，在"启用"复选框下方的下拉列表中选择"光线跟踪阴影"选项，如图 14.18 所示。

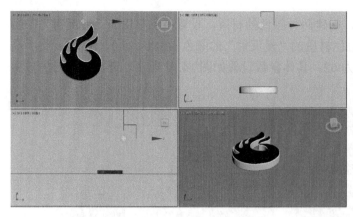 

图 14.17　创建泛光灯并调整其位置　　　图 14.18　　"常规参数"卷展栏中的参数设置

14.2.2　创建动画

步骤 1：创建摄影机。激活透视图，选择"视图"→"从视图创建物理摄影机"命令（或按 Ctrl+C 组合键）；单击"时间配置"按钮，在弹出的"时间配置"对话框中的"帧速率"选区中选择 PAL 单选按钮，设置 FPS 的值为 25，设置"动画"选区中的"长度"的值为 200，具体参数设置如图 14.19 所示。

步骤 2：删除第一次创建的平面 plane01。利用右下角的摄影机工具制作摄影机动画，单击"自动关键点"按钮，将时间滑块移动到第 0 帧位置，激活摄影机视图，通过"环游摄影机"工具和"平移摄影机"工具调节摄影机至如图 14.20 所示的位置；将时间滑块移动到第 45 帧位置，通过"推拉摄影机"工具和"平移摄影机"工具调节摄影机至如图 14.21 所示的位置；将时间滑块移动到第 95 帧位置，通过"推拉摄影机"工具、"侧滚摄影机"工具、"平移摄影机"工具调节摄影机至如图 14.22 所示的位置。

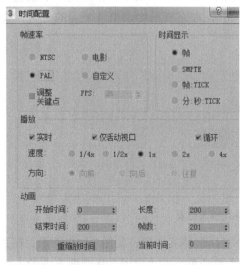 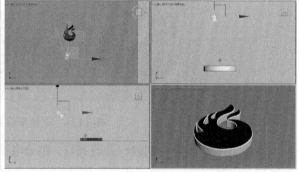

图 14.19　"时间配置"对话框的参数设置　　　图 14.20　第 0 帧位置摄影机位置

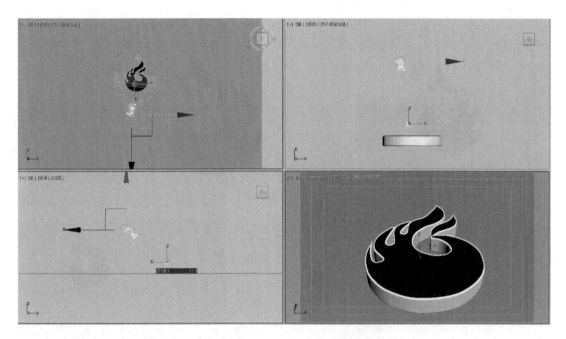

图 14.21 第 45 帧位置摄影机位置

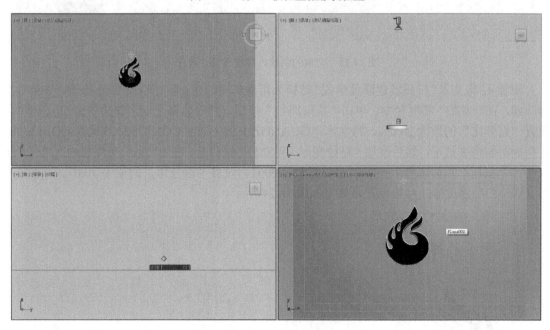

图 14.22 第 95 帧位置摄影机位置

步骤 3：制作文字环绕效果。选择"创建"→"图形"→"圆"命令，在三维 Logo 旁边创建一个圆。然后选择"创建"→"图形"→"文本"命令，在"参数"卷展栏中的"文本"文本域中输入"广州城建职业学院"，并且设置其字体为"黑体"，在顶视图中的空白处单击即可创建相应文字。选中文本"广州城建职业学院"，切换至前视图，添加"挤出"修改器，在"参数"卷展栏中设置"数量"的值为 15.0mm，即设置文本的挤出厚度为 15.0mm。用同样的方法创建并设置文本"GUANGZHOU GITY CONSTRUCTION COLLEGE"。文本的创建、参数设置及效果如图 14.23 所示。

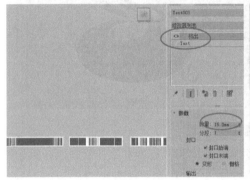
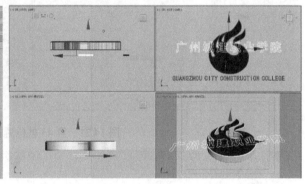

图 14.23　文本的创建、参数设置及效果

步骤 4：将文本"广州城建职业学院"转换为可编辑多边形，然后添加"路径变形（WSM）"修改器，在"参数"卷展栏中，单击"拾取路径"按钮，然后选择上一步创建的圆 Circle001，设置"百分比"的值为 20.0%。将文本 "GUANGZHOU GITY CONSTRUCTION COLLEGE"转换为可编辑多边形，然后添加"路径变形（WSM）"修改器，在"参数"卷展栏中，单击"拾取路径"按钮，然后选择上一步创建的圆 Circle001，设置"百分比"的值为 70.0%。"路径变形（WSM）"修改器的参数设置及效果如图 14.24 所示。

图 14.24　"路径变形（WSM）"修改器的参数设置及效果

步骤 5：选中文本"广州城建职业学院"，单击"自动关键点"按钮，分别在第 0 帧和第 95 帧处创建关键帧，右击文本"广州城建职业学院"，在弹出的快捷菜单中选择"对象属性"命令，弹出"对象属性"对话框，在"渲染控制"选区中，设置"可见性"的值为 0.0，这样，

在第 0～95 帧就看不到该文本了；同样的方法，在第 110 帧处创建关键帧，右击文本"广州城建职业学院"，在弹出的快捷菜单中选择"对象属性"命令，弹出"对象属性"对话框，在"渲染控制"选区中，设置"可见性"的值为 1.0，这样，在第 110 帧就可以看到该文本了。关键帧和透明度的参数设置如图 14.25 所示。再次选中文本"广州城建职业学院"，在第 0 帧和第 95 帧处，在"路径变形（WSM）"修改器的"参数"卷展栏中，设置"百分比"的值为 20.0%；在第 160 帧处创建关键帧，在"路径变形（WSM）"修改器的"参数"卷展栏中，设置"百分比"的值为-26.0%，这样就制作出动画效果了。动画效果的参数设置如图 14.26 所示。

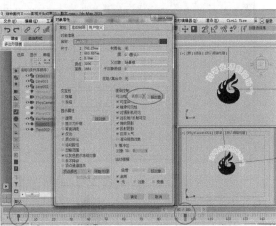

图 14.25　关键帧和透明度的参数设置

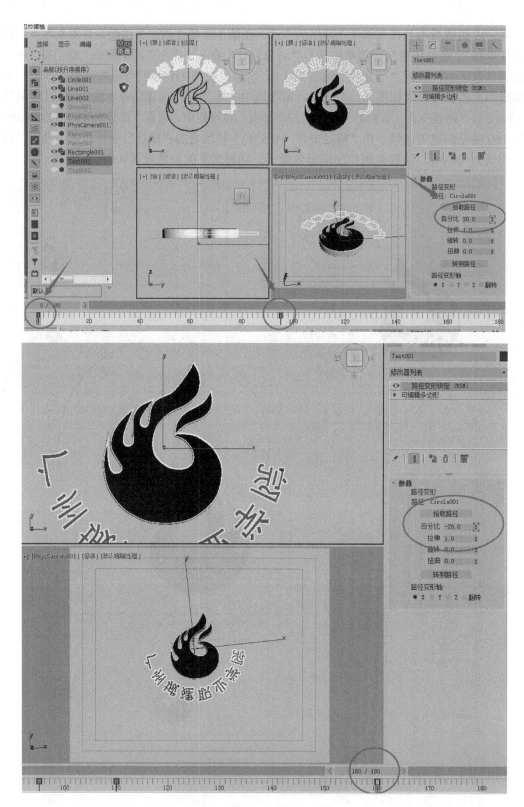

图 14.26　动画效果的参数设置（一）

步骤 6：用同样的方法设置文本"GUANGZHOU GITY CONSTRUCTION COLLEGE"的

关键帧、透明度和动画效果。不同的是，在设置动画效果时，在第 0 帧和第 95 帧处，设置"路径变形（WSM）"修改器的"百分比"的值为 70.0%；在第 160 帧处，设置"路径变形（WSM）"修改器的"百分比"的值为 24.0%，如图 14.27 所示。

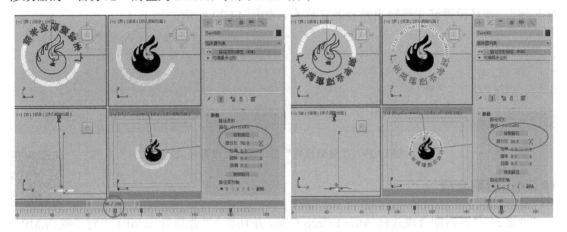

图 14.27　动画效果的参数设置（二）

14.2.3　渲染输出序列帧

步骤 1：选择"渲染"→"渲染设置"命令，打开"渲染设置"窗口，选择"公用"选项卡，在"公用参数"卷展栏中，在"时间输出"选区中选择"范围"单选按钮，并且将"范围"后面的两个数值框中的值分别设置为 0 和 100，在"输出大小"选区中，设置"宽度"的值为 720，设置"高度"的值为 576，然后单击"渲染输出"选区中的"文件"按钮，在弹出的"渲染输出文件"对话框中设置"保存类型"为"Targe 图像文件"，并且设置好文件输出路径及文件名，如图 14.28 所示。切换至摄影机视图，选中三维 Logo 的上层部分（"挤出"部分）并右击，在弹出的快捷菜单中选择"隐藏选定对象"命令，分两次输出当前场景。

图 14.28　"渲染设置"窗口的参数设置（一）

步骤 2：在场景中右击，在弹出的快捷菜单中选择"全部取消隐藏"命令，再次选中三维 Logo 的上层部分并右击，在弹出的快捷菜单中选择"隐藏未选定对象"命令。选择"渲染"→"渲染设置"命令,打开"渲染设置"窗口,选择"公用"选项卡,在"公用参数"卷展栏中,在"时间输出"选区中选择"活动时间段"单选按钮,然后单击"渲染输出"选区中的"文件"按钮,在弹出的"渲染输出文件"对话框中设置"保存类型"为"Targe 图像文件",并且设置好文件输出路径及文件名,如图 14.29 所示。

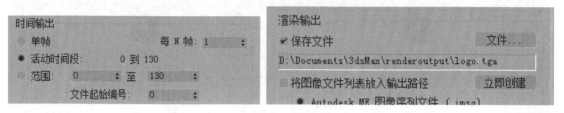

图 14.29 "渲染设置"窗口的参数设置(二)

14.2.4 后期合成

步骤 3:打开后期合成软件 After Effects CS6,并且导入"背景音乐.MP3""背景视频.MP4""影视 logo"素材文件。在导入 logo 序列图片时,选择第 1 张图片,然后勾选"Targe 序列"复选框,如图 14.30 所示。

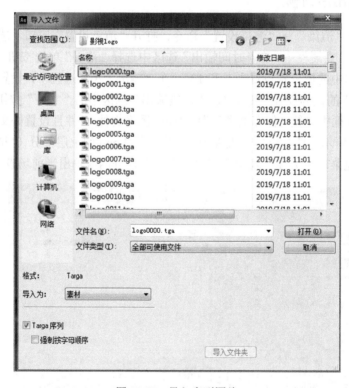

图 14.30 导入序列图片

步骤 4:选择"合成"→"新建合成"命令,弹出"图像合成设置"对话框,在"合成组名称"文本框中输入"影视片头",在"预设"下拉列表中选择"PAL D1/DV"选项,设置"持续时间"为 12 秒,如图 14.31 所示。

图 14.31 "图像合成设置"对话框的参数设置

步骤 5: 将"背景音乐.MP3"和"背景视频.MP4"素材文件分别拖曳至"时间线"面板中, 选择"图层"→"新建"→"固态层"命令, 弹出"固态层设置"对话框, 设置"颜色"为白色, 设置"名称"为"星空遮罩", 如图 14.32 所示。

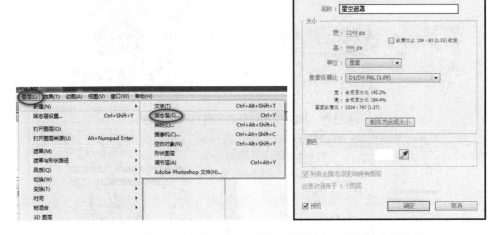

图 14.32 选择"固态层"命令及"固态层设置"对话框的参数设置

步骤 6: 使用"椭圆形遮罩"工具 在"星空遮罩"层上画一个椭圆形遮罩, 使用"选择"工具 移动椭圆形遮罩至合适的位置, 如图 14.33 所示。

图 14.33 移动椭圆形遮罩至合适的位置

步骤 7：在"背景视频"面板中设置"星空遮罩"的"遮罩形状""遮罩羽化""遮罩透明度""遮罩扩展"参数，如图 14.34 所示，效果如图 14.35 所示。

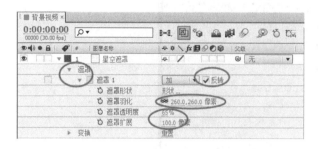

图 14.34 　"星空遮罩"的参数设置　　　　　　图 14.35 　"星空遮罩"的效果

步骤 8：将 logo 序列图片拖曳至"背景视频"面板中，并且放置在最上层，观察发现 Logo 图案与背景视频的颜色非常接近，如图 14.36 所示，因此需要对背景视频的颜色进行设置。在"背景视频"面板中选中"背景视频.MP4"素材文件，选择"效果"→"色彩校正"→"色相位/饱和度"命令，在效果控制台中将"主色调"设置为"0×-48.0°"，如图 14.37 所示。

图 14.36 　logo 序列图片的位置设置及效果

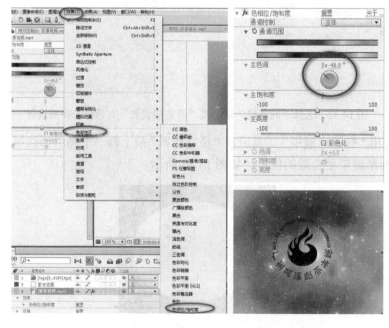

图 14.37 　"背景视频.MP4"素材文件的参数设置

步骤 9：对视频进行裁剪，以 logo 视频为基准，将时间标尺放在 logo 视频的末尾（6 秒的位置），依次对"星空遮罩""背景视频""背景音乐"进行裁剪（可以按 Shift+Ctrl+D 组合键进行裁剪），这样就在 6 秒的位置将这些视频、音频切割了，再选择 6 秒后面的视频，按 Delete 键删除，然后在时间线上将"时间标尺"移动至 logo 视频末尾，如图 14.38 所示。

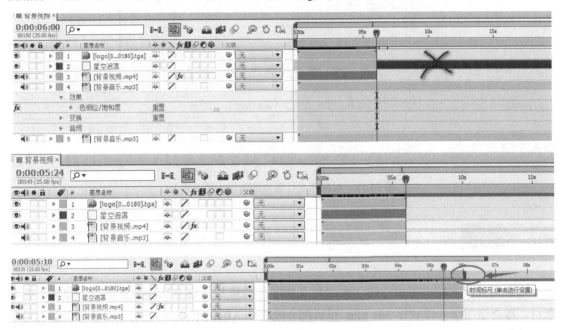

图 14.38 对视频和音频进行裁剪

步骤 10：选择"图像合成"→"添加到渲染队列"命令，弹出"渲染队列"对话框，单击"无损"按钮，弹出"输出组件设置"对话框，在"格式"下拉列表中选择 AVI 选项，单击"视频输出"选区中的"格式选项"按钮，弹出"AVI 选择"对话框，在"视频编解码器"下拉列表中选择 DV PAL 选项，在连续单击两次"确定"按钮后，打开"渲染队列"面板，然后单击"渲染"按钮，即可对视频进行渲染，如图 14.39 所示。

图 14.39 对视频进行渲染的操作步骤

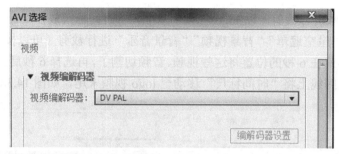

图 14.39 对视频进行渲染的操作步骤（续）

本章小结

本章通过案例较全面地介绍了影视片头的制作流程与一般方法，并且整合了视频、音频素材，综合运用了三维软件 3ds Max 和后期合成软件 After Effects，有利于读者掌握影视包装的常用思路与方法。

课后练习

综合运用本章所学知识制作如图 14.40 所示的片头动画。

图 14.40 文字片头动画